U0143611

新世纪 AutoCAD 2009 中文版 建筑制图应用教程

邵谦谦 王 晓 朱 敬 等编著

电子工业出版社

Publishing House of Electronics Industry

北京·BEIJING

内 容 简 介

本书共分 12 章，全面系统地介绍了利用 AutoCAD 2009 中文版绘制建筑图形的方法和技巧。内容包括 AutoCAD 2009 软件的基本介绍、建筑制图的基本规定、绘图环境及辅助工具、二维绘图和编辑命令、表格的创建、文字和表格的创建、三维绘图和编辑命令。在讲解的过程中，配合大量的案例详细介绍了各种建筑施工图说明、小区总平面图、建筑平立剖面图形、建筑详图、结构平面图形、三维单体、室内和小区效果图的内容和绘制方法。每章所附的大量精心设计的习题，可以使读者对所学的知识融会贯通。

本书内容丰富，可读性强，既适合建筑设计专业人员使用，又适合作为大中专院校相关专业学生的教材，也可以用做计算机培训班、辅导班和短训班的教材。对于希望快速掌握 AutoCAD 软件的入门者，也是一本不可多得的参考资料。

未经许可，不得以任何方式复制或抄袭本书之部分或全部内容。
版权所有，侵权必究。

图书在版编目（CIP）数据

新世纪 AutoCAD 2009 中文版建筑制图应用教程 / 邵谦谦等编著.—北京：电子工业出版社，2009.3
（新世纪电脑应用教程）
ISBN 978-7-121-08393-8

I. 新… II. 邵… III. 建筑制图－计算机辅助设计－应用软件，AutoCAD 2009－教材 IV.TU204

中国版本图书馆 CIP 数据核字（2009）第 025391 号

责任编辑：祁玉芹
印　　刷：北京市天竺颖华印刷厂
装　　订：三河市鑫金马印装有限公司
出版发行：电子工业出版社
　　　　　北京市海淀区万寿路 173 信箱　邮编　100036
开　　本：787×1092　1/16　印张：20　字数：512 千字
印　　次：2009 年 3 月第 1 次印刷
印　　数：5000 册　　　定价：29.80 元

凡所购买电子工业出版社图书有缺损问题，请向购买书店调换。若书店售缺，请与本社发行部联系，联系及邮购电话：(010) 88254888。

质量投诉请发邮件至 zlts@phei.com.cn，盗版侵权举报请发邮件至 dbqq@phei.com.cn。

服务热线：(010) 88258888。

出 版 说 明

电脑作为一种工具，已经广泛地应用到现代社会的各个领域，正在改变各行各业的生产方式以及人们的生活方式。在进入新世纪之后，不掌握电脑应用技能就跟不上时代发展的要求，这已成为不争的事实。因此，如何快速、经济地获得使用电脑的知识和应用技术，并将所学到的知识和技能应用于现实生活和实际工作中，已成为新世纪每个人迫切需要解决的新问题。

为适应这种需求，各种电脑应用培训班应运而生，目前已成为我国电脑应用技能教育队伍中一支不可忽视的生力军。而随着教育改革的不断深入，各类高等和中等职业教育中的电脑应用专业也有了长足的发展。然而，目前市场上的电脑图书虽然种类繁多，但适合我国国情的、学与教两相宜的教材却很少。

2001 年推出的《新世纪电脑应用培训教程》丛书，正好满足了这种需求。由于其定位准确、实用性强，受到了读者好评，产生了广泛的影响。但是，三年多来，读者的需求有了提高，培训模式和教学方法都发生了深刻的变化，这就要求我们与时俱进，萃取其精华，推出具有新特色的《新世纪电脑应用教程》丛书。

《新世纪电脑应用教程》丛书是在我们对目前人才市场的需求进行调查分析，以及对高等院校、职业院校及各类培训机构的师生进行广泛调查的基础上，约请长期工作在教学第一线并具有丰富教学与培训经验的教师和相关领域的专家编写的一套系列丛书。

本丛书是为所有从事电脑教学的老师和需要接受电脑应用技能培训或自学的人员编写的，可作为各类高等院校及下属的二级学院、职业院校、成人院校的公修电脑教材，也可用作电脑培训班的培训教材与电脑初、中级用户的自学参考书。它的鲜明的特点就是"就业导向，突出技能，实用性强"。

本丛书并非目前高等教育教材的浓缩和删减，或在较低层次上的重复，亦非软件说明书的翻版，而是为了满足电脑应用和就业现状的需求，对传统电脑教育的强有力的补充。为了实现就业导向的目标，我们认真调研了读者从事的行业或将来可能从事的行业，有针对性地安排内容，专门针对不同行业出版不同版本的教材，尽可能地做到"产教结合"。这样也可以一定程度地克服理论（知识）脱离实际、教学内容游离于应用背景之外的问题，培养适应社会就业需求的"即插即用"型人才。

传统教材以罗列知识点为主，学生跟着教材走，动手少，练习少，其结果是知其然而不知其所以然，举一反三的能力差，实际应用和动手能力差。为了突出技能训练，本丛书在内容安排上，不仅符合"由感性到理性"这一普遍的认知规律，增加了大量的实例、课后的思考练习题和上机实践，使读者能够在实践中理解和积累知识，在知识积累的基础上进行有创造性的实践，而且在内容的组织结构上适应"以学生为中心"的教学模式，强调"学"重于"教"，使教师从知识的传授者、教学的组织领导者转变成为学习过程中的咨询者、指导者和伙伴，充分发挥老师的指导作用和学习者的主观能动性。

为了突出实用性，本丛书采用了项目教学法，以任务驱动的方式安排内容。针对某一具体任务，以"提出需求—设计方案—解决问题"的方式，加强思考与实践环节，真正做到"授人以渔"，使读者在读完一本书后能够独立完成一个较复杂的项目，在千变万化的实际应用中能够从容应对，不被学习难点所困惑，摆脱"读死书"所带来的困境。

本丛书追求语言严谨、通俗、准确，专业词语全书统一，操作步骤明确且采用图文并茂的描述方法，避免晦涩难懂的语言与容易产生歧义的描述。此外，为了方便教学使用，在每本书中每章开头明确地指出本章的教学目标和重点、难点，结尾增加了对本章的小结，既有助于教师抓住重点确定自己的教学计划，又有利于读者自学。

目前本丛书所涉及到的应用领域主要有程序设计、网络管理、数据库的管理与开发、平面与三维设计、网页设计、专业排版、多媒体制作、信息技术与信息安全、电子商务、网站建设、系统管理与维护，以及建筑、机械等电脑应用最为密集的行业。所涉及的软件基本上涵盖了目前的各种经典主流软件与流行面虽窄但技术重要的软件。本丛书对于软件版本的选择原则是：紧跟软件更新步伐，以最近半年新推出的成熟版本为选择的重点；对于兼有中英文版本的软件，尽量舍弃英文版而选用中文版，充分保证图书的技术先进性与应用的普及性。

我们的目标是为所有读者提供读得懂、学得会、用得巧的教学和自学教程，我们期盼着每个阅读本丛书的教师满意、读者成功。

电子工业出版社

前　言

Autodesk 公司发行的 AutoCAD 软件一经问世，便以其快速、准确的优势迅速取代了手工制图。使用 AutoCAD 专业软件绘制建筑图形，可以提高绘图精度，缩短设计周期，还可以成批量地生产建筑图形，缩短出图周期。AutoCAD 软件已成为建筑设计行业中的通用软件，熟练地掌握 AutoCAD 专业绘图软件，已经成为建筑设计师们迫切想要掌握的技能，也是建筑设计师们必须掌握的一项基本能力。使用 AutoCAD 软件的熟练程度，也已经成为衡量建筑设计水平高低的重要尺度。

目前国内出版的 AutoCAD 方面的书籍，大多涉及的内容很单一，要么介绍 AutoCAD 的基本命令，要么主要介绍利用 AutoCAD 绘制建筑图形的具体实例。本书将全面介绍 AutoCAD 绘制建筑图形所需要的各方面的知识。从基本的命令到详尽丰富的实例，再到建筑结构的基本知识，使全书的内容更加丰富多彩，同时也使得本书与同类书籍相比，使用性大为增强。本书将 AutoCAD 2009 中文版软件和绘制建筑图形有机地结合起来，通过一些精美的实例，详细地介绍了建筑设计过程中各种图形的绘制方法。

本书结构紧凑，内容前后呼应且详实而全面，涉及了多方面的知识。读者在使用本书的过程中，应该重视本书采用的实例的绘图步骤，通过学习掌握这些绘图步骤，做到融会贯通，并借此设计其他的建筑方案。在本书的编写过程中，根据设计工作的实际需要，实例的选择很好地融入了现代建筑设计思路，贴合广大设计工作者的要求，让设计工作者有章可循，是很好的辅导材料。

本书共分 12 章，内容如下：

第 1 章对 AutoCAD 2009 中文版做一个大体上的介绍。重点讲解 AutoCAD 2009 中文版的系统界面、坐标系系统、文件操作、图形的输出以及建筑制图的一般流程。

第 2 章介绍 AutoCAD 2009 中文版提供的二维和三维视图显示功能。

第 3 章介绍国家建筑标准中有关建筑制图的主要内容和规定。

第 4 章介绍 AutoCAD 2009 中文版功能强大的制图环境，便捷的图层管理系统和提高制图效率与精度的辅助工具。

第 5 章介绍了二维图形的绘制与编辑功能，内容包括各种常见的绘图和编辑命令，填充功能以及图块功能，并通过大量的案例介绍了建筑制图中的标准图形和常见图形的绘制方法。

第 6 章介绍了文字创建和尺寸标注创建的相关内容，通过具体案例演示了建筑制图中建筑施工说明和相关表格的创建方法。

第 7 章以 A2 图幅的样板图为例，详细介绍了建筑样板的绘制过程。

第 8 章介绍了建筑总平面图的绘制内容和一般步骤，并通过一个具体的案例为用户演示了绘制建筑总平面图的全过程。

第 9 章以一个双拼别墅为例，为用户介绍了建筑平立剖面图以及建筑详图的绘制内容和绘制方法。

第 10 章介绍一些常用的结构施工图，包括楼层结构施工图、构件详图、楼梯结构图、基础图等。

第 11 章介绍了三维制图的一些常用功能，内容包括用户坐标系的创建，三维表面图形和实体图形的创建，三维实体的编辑以及渲染功能的实现。

第 12 章介绍了建筑效果图中三维单体，三维室内，以及三维小区效果图的创建，并通过具体的案例为用户演示了创建三维室内效果图的不同思路和方法，演示了创建巡游动画的方法。

本书内容全面、理论与实际相结合，充分注意保证知识的相对完整性、系统性和时效性，各章实例的安排也按照从易到难的层次，初级实例使读者明了概念，中级实例使读者理解和运用概念，高级实例开拓读者眼界，让 AutoCAD 2009 中文版真正成为读者所掌握的一项基本绘图技能。

本书由邵谦谦、王晓和朱敬主持编写。由于作者水平有限，书中难免有不妥之处，欢迎读者提出宝贵的意见。

我们的电子邮件地址是：qiyuqin@phei.com.cn。

作　者

2009 年 1 月

编　辑　提　示

《新世纪电脑应用教程》丛书自出版以来，受到广大培训学校和读者的普遍好评，我们也收到许多反馈信息。基于读者反馈的信息，为了使这套丛书更好地服务于授课教师的教学，我们为本丛书中新出版的每一本书配备了多媒体教学课件。使用本书作为教材授课的教师，如果需要本书的教学课件，可到网址 www.tqxbook.com 下载。如有问题，可与电子工业出版社天启星文化信息公司联系。

通信地址：北京市海淀区翠微东里甲 2 号为华大厦 3 层　　鄂卫华（收）

邮编：100036

E-mail：qiyuqin@phei.com.cn

电话：（010）68253127（祁玉芹）

目 录

第 1 章

AutoCAD 2009 基础

教学目标:

AutoCAD 2009 中文版（本书简称 AutoCAD 2009）是美国 Autodesk 公司推出的最新版本的 AutoCAD。新版本在旧版本的基础上，新增了一些功能。本章将要对 AutoCAD 2009 做一个大体上的介绍。重点讲解 AutoCAD 2009 的系统界面、启动和退出、命令行、工具栏和文件操作。通过本章的学习，读者可了解如何新建、打开和保存 AutoCAD 图形文件，并了解一些基本的命令。

教学重点与难点:

1. AutoCAD 2009 的启动和退出。
2. AutoCAD 2009 的系统界面。
3. AutoCAD 2009 的基本操作。
4. AutoCAD 2009 的文件操作。

AutoCAD 是由美国 Autodesk 公司于二十世纪八十年代初为微机上应用 CAD 技术而开发的绘图程序软件包，经过不断的完善，现已经成为国际上广为流行的绘图工具。AutoCAD 可以绘制任意二维和三维图形，并且同传统的手工绘图相比，用 AutoCAD 绘图速度更快、精度更高，而且便于个性，它已经在航空航天、造船、建筑、机械、电子、化工、美工、轻纺等很多领域得到了广泛应用，并取得了丰硕的成果和巨大的经济效益。

1.1 AutoCAD 2009 系统界面

AutoCAD 2009 版本是 AutoDesk 公司推出的最新版本，在界面设计、三维建模和渲染等方面进行了加强，可以帮助用户更好地从事图形设计。

启动 AutoCAD 2009，弹出"新功能专题研习"窗口。若选中"是"单选按钮，再单击"确认"按钮，则可以观看 AutoCAD 2009 的新功能介绍。

若选中其他单选按钮，再单击"确认"按钮，则进入 AutoCAD 2009 的"二维草图与注释"
工作空间的绘图工作界面，效果如图 1-1 所示。

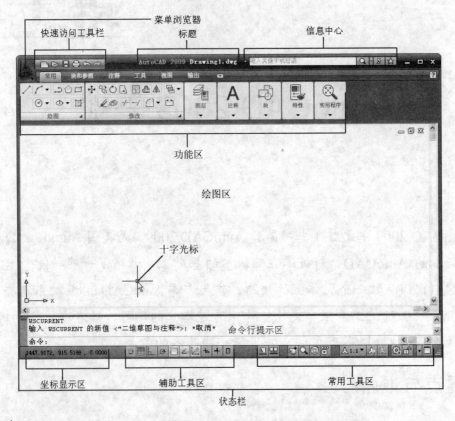

图 1-1　　"二维草图与注释"工作空间的绘图工作界面

系统给用户提供了"二维草图与注释"、"AutoCAD 经典"和"三维建模"3 种工作空间。
所谓工作空间，是指由分组组织的菜单、工具栏、选项板和功能区控制面板组成的集合，通俗
地说也就是我们可见到的一个软件操作界面的组织形式。对于老用户来说，比较习惯于传统的"AutoCAD 经典"工作空间的界面，它延续了 AutoCAD 从 R14 版本以来的一直保持的界面，用户可以通过单击如图 1-2 所示的按钮，在弹出的菜单中切换工作空间。

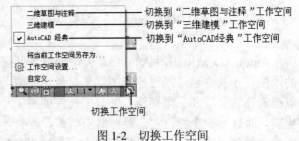

图 1-2　切换工作空间

图 1-3 为传统的"AutoCAD 经典"工作空间的界面的效果，如果用户想进行三维图形的绘制，可以切换到"三维建模"工作空间，它的界面上提供了大量的与三维建模相关的界面项，与三维无关的界面项将被省去，方便了用户的操作。

我们首先以"AutoCAD 经典"工作空间的界面为例，为用户介绍其界面组成。AutoCAD
2009 界面中的大部分元素的用法和功能与 Windows 软件一样，AutoCAD 2009 应用窗口主要
包括以下元素：标题栏、菜单栏、工具栏、绘图区、命令行提示区、状态栏等。

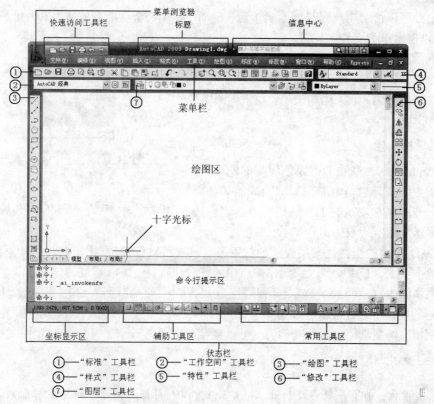

图 1-3　传统的"AutoCAD 经典"工作空间的界面

提示：在 AutoCAD 2009 的"工作空间"工具栏中，提供了"AutoCAD 经典"、"二维草图与注释"和"三维建模" 3 种不同的工作空间，用户也可以通过"工作空间"工具栏来切换工作空间。

1. 标题栏

标题栏位于软件主窗口最上方，在 2009 版本中由菜单浏览器、快速访问工具栏、标题、信息中心和最小化按钮、最大化（还原）按钮、关闭按钮组成。

菜单浏览器将菜单栏中所有可用的菜单命令都显示在一个位置，如图 1-4 所示。用户可以在菜单浏览器中查看最近使用过的文件和菜单命令，还可以查看打开文件的列表，菜单下有"最近使用的文档"、"打开文档"和"最近执行的动作"视图。

快速访问工具栏定义了一系列经常使用的工具，单击相应的按钮即可执行相应的操作，用户可以自定义快速访问工具，系统默认提供新建、打开、保存、打印、放弃和重做等 6 个快速访问工具，用户将光标移动到相应按钮上，会弹出功能提示。

图 1-4　菜单浏览器效果

信息中心可以帮助用户同时搜索多个源（例如，帮助、新功能专题研习、网址和指定的文件），也可以搜索单个文件或位置。

标题显示了当前文档的名称，最小化按钮、最大化（还原）按钮、关闭按钮控制了应用程序和当前图形文件的最小化、最大化和关闭，效果如图 1-5 所示。

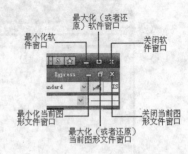

图 1-5　控制软件和图形文件的最大最小化

2.　工具栏

执行 AutoCAD 命令除了可以使用菜单外，还可以使用工具栏。工具栏是附着在窗口四周的长条，其中包含一些由图标表示的工具按钮，单击这些按钮，则执行该按钮所代表的命令。

AutoCAD 2009 的工具栏采用浮动的放置方式，也就是说可以根据需要将它从原位置拖动，放置在其他位置上。工具栏可以放置在窗口中的任意位置，还可以通过自定义工具栏中的方式改变工具栏中的内容，可以隐藏或显示某些工具栏，方便用户使用自己最常用的工具栏。另外，工具栏中的工具显示与否可以通过选择"工具"|"工具栏"|"AutoCAD"命令，在弹出的子菜单中控制相应的工具栏的显示与否，也可以直接右击任意一个工具栏，在弹出的快捷菜单中选择是否选中即可。

提示：如果是第一次打开 AutoCAD 2009，可能与图 1-2 所示的界面稍有区别，但内容基本一致。

3.　菜单栏

菜单栏通常位于标题栏下面，其中显示了可以使用的菜单命令。传统的 AutoCAD 包含 11 个主菜单项，用户也可以根据需要将自己或别人的自定义菜单加进去。单击任意菜单命令，将弹出一个下拉式菜单，可以选择其中的命令进行操作。

对于某些菜单项，如果后面跟有符号⋯，则表示选择该选项将会弹出一个对话框，以提供进一步的选择和设置。如果菜单项右面跟有一个实心的小三角形▶，则表明该菜单项尚有若干子菜单，将光标移到该菜单项上，将弹出子菜单。如果某个菜单命令是灰色的，则表示在当前的条件下该项功能不能使用。

选定主菜单项有两种方法，一种是使用鼠标，另一种是使用键盘，具体使用哪种方法可根据个人的喜好而定。每个菜单和菜单项都定义有快捷键。快捷键用下画线标出，如 $\underline{S}$ave，表示如果该菜单项已经打开，只需按 S 键即可完成保存命令。下拉菜单中的子菜单项同样定义了快捷键。

在下拉菜单中的某些菜单项后还有组合键，如"打开"菜单项后的"Ctrl+O"组合键。该组合键被称为快捷键，即不必打开下拉菜单，便可通过按该组合键来完成某项功能。例如，使用"Ctrl+O"组合键来打开图形文件，相当于选择"文件"|"打开"命令。AutoCAD 2009 还提供了一种快捷菜单，当右击鼠标时将弹出快捷菜单。快捷菜单的选项因单击环境的不同而变化，快捷菜单提供了快速执行命令的方法。

提示：牢记常用的快捷键（比如保存命令的快捷键"Ctrl+S"等）有利于提高绘图效率。试着在不同的地方右击鼠标，看一看弹出的快捷菜单有什么不同。

4. 状态栏

状态栏位于 AutoCAD 2009 工作界面的底部，坐标显示区显示十字光标当前的坐标位置，鼠标左键单击一次，则呈灰度显示，固定当前坐标值，数值不再随光标的移动而改变，再次单击则恢复。辅助工具区集成了用于辅助制图的一些工具，常用工具区集成了一些在制图过程中经常会用到的工具，其功能如图 1-6 所示。

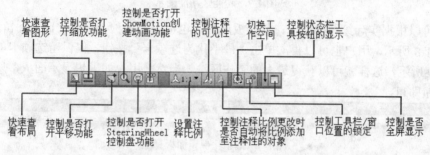

图 1-6　常用工具区各工具功能

5. 十字光标

十字光标用于定位点、选择和绘制对象，由定点设备（如鼠标、光笔）控制。当移动定点设备时，十字光标的位置会作相应的移动，这就像手工绘图中的笔一样方便，并且可以通过选择"工具"|"选项"命令，在弹出的"选项"对话框中改变十字光标的大小（默认大小是 5）。

6. 命令行提示区

命令行提示区是通过键盘输入的命令、数据等信息显示的地方，用户通过菜单和工具栏执行的命令也将在命令行中显示执行过程。每个图形文件都有自己的命令行，默认状态下，命令行位于系统窗口的下面，用户可以将其拖动到屏幕的任意位置。

7. 文本窗口

文本窗口是记录 AutoCAD 命令的窗口，是放大的命令行窗口，它记录了用户已执行的命令，也可以用来输入新命令。在 AutoCAD 2009 中，用户可以通过下面 3 种方式打开文本窗口：选择"视图"|"显示"|"文本窗口"命令；在命令行中执行 Textscr 命令；按 F2 键。

1.1.1　功能区的使用

在"二维草图与注释"工作空间，2009 版本新增了功能区，应该说，功能区就类似于 2009 版本的控制台，只是比控制台的功能有所增强。

功能区为与当前工作空间相关的操作提供了一个单一简洁的放置区域。使用功能区时无需显示多个工具栏，这使得应用程序窗口变得简洁有序。功能区由若干个选项卡组成，每个选项卡又有若干个面板组成，面板上放置了与面板名称相关的工具按钮，效果如图 1-7 所示。

图 1-7　功能区功能演示

用户可以根据实际绘图的情况，将面板展开，也可以将选项卡最小化，仅保留面板标题，效果如图 1-8 所示，用户也可以再次单击"最小化为选项卡"按钮，仅保留选项卡的名称，效果如图 1-9 所示，这样就可以获得最大的工作区域。当然，用户如果想显示面板，只需要再次单击该按钮即可。

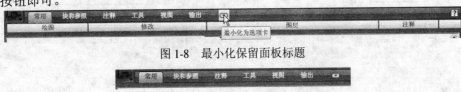

图 1-8　最小化保留面板标题

图 1-9　最小化保留选项卡标题

功能区可以水平显示、垂直显示或显示为浮动选项板。创建或打开图形时，默认情况下，在图形窗口的顶部将显示水平的功能区。用户可以在选项卡标题、面板标题或者功能区标题处单击鼠标右键，会弹出相关的快捷菜单，从而可以对选项卡、面板或者功能区进行操作，可以控制显示，可以控制是否浮动等。

1.1.2　AutoCAD 2009 的坐标系统

利用 AutoCAD 绘制图形需要用到 AutoCAD 的坐标系统来确定一系列的点，AutoCAD 才可以根据这些点绘制出想要的图形。这就需要了解 AutoCAD 的坐标系统，下面将介绍 AutoCAD 提供的几种坐标系统。

1.　绝对坐标

绝对坐标是指相对于当前坐标系坐标原点的坐标。而用户以绝对坐标的形式输入一个点的时候，可以采用直角坐标、极坐标、球面坐标和柱面坐标的方式实现。

（1）直角坐标。

用直角坐标输入点时是输入一个点的 X、Y、Z 坐标值，坐标间要用逗号隔开。例如，要输入一个点，其 X 轴的坐标为 10，Y 轴的坐标为 8，Z 轴的坐标为 6，则可以在输入坐标点的提示后输入：（10，8，6）。

如果不输入 Z 轴坐标值，则 Z 轴取为当前的高度值。当绘制二维图形时，用户只需要输入点的 X，Y 轴坐标即可，图 1-10 表示了直角坐标的几何意义。

（2）极坐标。

极坐标适用于二维点的输入。在 XOY 坐标平面中，某一点的极坐标即为该点距离坐标系原点的长度（r）以及这点与坐标系原点的连线与 *X* 轴正方向的夹角（α，逆时针为正）。在 AutoCAD 系统中输入时两个参数用"<"号隔开（r<α）。例如，在 *XOY* 坐标平面中，一个二维点距离坐标系原点 O 的长度为 15，并且该点与坐标系原点 O 的连线与 *X* 轴正方向的夹角为45°，那么这一点的极坐标的输入形式为：（15<45）。图 1-11 表示了极坐标的几何意义。

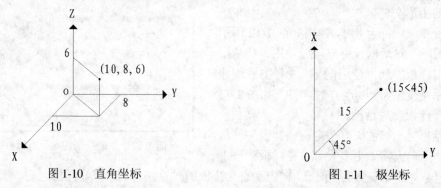

图 1-10　直角坐标　　　　　　　　　　图 1-11　极坐标

（3）球面坐标。

球面坐标是二维的极坐标格式在三维空间的推广，此格式采用以下三项参数描述空间点的位置：该点距离当前坐标系原点的长度（R）、该点在 XOY 平面的投影同当前坐标系原点的连线与 X 轴正方向的夹角（α，逆时针为正），以及该点与当前坐标系原点连线同 XOY 坐标平面的交角（β，逆时针为正）。同时在 AutoCAD 系统中输入 3 个参数时它们之间用"<"隔开（R<α<β）。

（4）柱面坐标。

柱面坐标是二维极坐标格式在三维空间的另一种推广形式，它所描述一个空间点所用的参数为以下三项：该点在 *XOY* 平面的投影距离当前坐标系原点的长度（r）、在 *XOY* 平面的投影同当前坐标系原点的连线与 *X* 轴正方向的夹角（α，逆时针为正），以及该点的 *Z* 轴坐标值（Z）。长度（r）和角度（α）之间用"<"隔开，紧接这后面的 *Z* 轴坐标值用"，"隔开。

2．相对坐标

在绘图过程中，我们没有必要，也不太可能通过算出所要绘制图形上面所有点的绝对坐标，然后再进行绘图。而我们常常用到的是点的相对坐标值。相对坐标是指当前输入点相对于前一个输入点的坐标，即前一个输入点成为了当前坐标系的坐标原点，输入的坐标是当前输入点在新坐标系下的坐标值。

相对坐标也有直角坐标、极坐标、球面坐标和柱坐标 4 种方式，不同方式输入坐标的形式与相应的绝对坐标输入形式相同，但是要求在所输坐标的前面加上一个"@"。例如，已知前一点的坐标为（10,12,14），如果在输入点的提示后输入：（@4,7,-4），则相当于输入点的绝对坐标为（14,19,10）。

1.2　文件操作

使用任何软件进行设计工作，文件管理都是一个很重要的部分，必须掌握。AutoCAD 2009 图形文件管理功能主要包括新建图形文件、打开图形文件、保存图形文件，以及输入和输出图形文件等。

1.2.1 新建图形文件

选择"文件"|"新建"命令，单击"标准"工具栏或者"快速访问"工具栏中的"新建"按钮，均可创建新的图形文件。

当系统变量 startup＝1 时，弹出如图 1-12 所示的"创建新图形"对话框。用户可以使用"从草图开始"、"使用样板"和"使用向导"3 种方式创建新图形，当系统变量 startup＝0 时，打开如图 1-13 所示的"选择样板"对话框。

打开对话框之后，系统自动定位到样板文件所在的文件夹，用户无需做更多设置，在样板列表中选择合适的样板，并在右侧的"预览"框内观看到样板的预览图像，选择好样板之后，单击"打开"按钮即可创建出新图形文件。

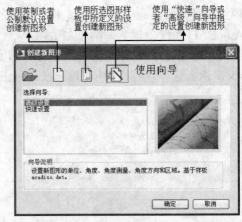

图 1-12 "创建新图形"对话框

图 1-13 "选择样板"对话框

也可以不选择样板，单击"打开"按钮右侧的下三角按钮，弹出附加下拉菜单，用户可以从中选择"无样板打开-英制"或者"无样板打开-公制"命令来创建新图形，新建的图形不以任何样板为基础。

1.2.2 打开图形文件

选择"文件"|"打开"命令，单击"标准"或者"快速访问"工具栏中的"打开"按钮，均可打开如图 1-14 所示的"选择文件"对话框。该对话框用于打开已经存在的 AutoCAD 图形文件。

在此对话框中，用户可以在"搜索"下拉列表框中选择文件所在的位置，然后在文件列表中选择文件，单击"打开"按钮即可打开文件。

单击"打开"按钮右边的下拉按钮，在弹出的下拉菜单中有 4 个选项，"打开"表示以正常的方式打开文件；"以只读方式打开"表示打开的图形文件只能查看，不能编辑和修改；"局部打开"表示只打开指定图层部分，从而提高系统运行效率；"以只读方式局部打开"表示局部打开指定的图形文件，并且不能对打开的图形文件进行编辑和修改。

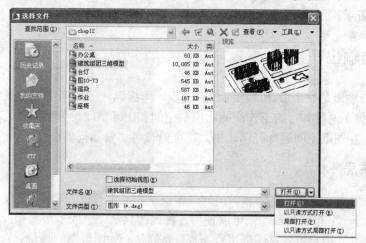

图 1-14 "选择文件"对话框

1.2.3 保存图形文件

选择"文件"|"保存"命令，单击"标准"或者"快速访问"工具栏中的"保存"按钮 ，均可对图形文件进行保存。若当前的图形文件已经命名保存过，则按此名称保存文件。如果当前图形文件尚未保存过，则弹出如图 1-15 所示的"图形另存为"对话框，该对话框用于保存已经创建但尚未命名保存过的图形文件。

另外，用户也可以选择"文件"|"另保存"命令，直接打开"图形另存为"对话框，对图形进行重命名保存。

在"图形另存为"对话框中，"保存于"下拉列表框用于设置图形文件保存的路径；"文件名"文本框用于输入图形文件的名称；"文件类型"下拉列表框用于选择文件保存的格式。在保存格式中 DWG 是 AutoCAD 的图形文件，DWT 是 AutoCAD 样板文件，这两种格式最常用。

此外，AutoCAD2009 还提供了自动保存文件的功能，这样在用户专注于设计开发时，可以避免未能及时保存文件带来的损失。选择"工具"|"选

图 1-15 "图形另存为"对话框

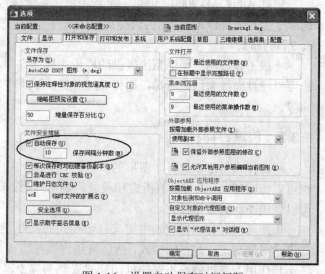

图 1-16 设置自动保存时间间隔

项"命令，在打开的"选项"对话框中的"打开和保存"选项卡中可以设置自动保存的时间间隔，如图 1-16 所示。

1.3 图形的输出

建筑图形的输出是整个设计过程的最后一步，即将设计的成果展示在图纸上。AutoCAD 2009 为用户提供了两种并行的工作空间：模型空间和图纸空间。一般来说，用户在模型空间进行图形设计，在图纸空间进行打印输出，下面给读者讲解如何输出图形。

1.3.1 创建布局

在模型空间工作，能够创建任意类型的二维模型和三维模型，图纸空间实际上提供了模型的多个"快照"。一个布局代表一张可以使用各种比例显示一个或多个模型视图的图纸。

在图纸空间中，用户可以对图纸进行布局。布局是一种图纸空间环境，它模拟显示中的图纸页面，提供直观的打印设置，主要用来控制图形的输出，布局中所显示的图形与图纸页面上打印出来的图形完全一样。

在图纸空间中可以创建浮动视口，还可以添加标题栏或其他几何图形。另外，可以在图形中创建多个布局以显示不同视图，每个布局可以包含不同的打印比例和图纸尺寸。

在从 AutoCAD 2009 中建立一个新图形时，AutoCAD 会自动建立一个"模型"选项卡和两个"布局"选项卡，用户可以通过 ◄ ◄ ► ► \ 模型 \ 布局1 \ 布局2 进行切换。"模型"选项卡可以用来在模型空间中建立和编辑图形，该选项卡不能被删除和重命名；"布局"选项卡用来编辑打印图形的图纸，其个数没有要求，可以进行删除和重命名操作。如果用户看不到 ◄ ◄ ► ► \ 模型 \ 布局1 \ 布局2 选项卡，则可在状态栏的 图标上执行右键快捷菜单"显示布局和模型选项卡"命令。

AutoCAD 2009 提供了从开始建立布局、利用样板建立布局和利用向导建立布局 3 种创建新布局的方法。

启动 AutoCAD 2009，创建一个新图形，系统会自动给该图形创建两个布局。在"布局 2"选项卡上右击鼠标，从弹出的快捷菜单中选择"新建布局"命令，系统会自动添加一个名为"布局 3"的布局。

一般不建议用户使用系统提供的样板来建立布局，系统提供的样板不符合中国的国标。用户可以通过向导来创建布局，选择"工具"|"向导"|"创建布局"命令，即可启动创建布局向导。

1.3.2 创建打印样式

打印样式用于修改打印图形的外观。在打印样式中，用户可以指定端点、连接和填充样式，也可以指定抖动、灰度、笔指定和淡显等输出效果。如果需要以不同的方式打印同一图形，也可以使用不同的打印样式。

用户可以在打印样式表中定义打印样式的特性，可以将它附着到"模型"标签和布局上去。如果给对象指定一种打印样式，然后将包含该打印样式定义的打印样式表删除，则该打印样式将不起作用。通过附着不同的打印样式表到布局上，可以创建不同外观的打印图纸。

选择"工具"|"向导"|"添加打印样式表"命令，可以启动添加打印样式表向导，创建

新的打印样式表。选择"文件"|"打印样式管理器"命令，弹出 Plot Styles 窗口，用户可以在其中找到新定义的打印样式管理器，以及系统提供的打印样式管理器。

1.3.3 打印图形

选择"文件"|"打印"命令，弹出如图 1-17 所示的"打印-模型"对话框。在该对话框中可以对打印的一些参数进行设置。

在"页面设置"选项组中的"名称"下拉列表框中可以选择所要应用的页面设置名称，也可以单击"添加"按钮添加其他的页面设置。如果没有进行页面设置，可以选择"无"选项。

在"打印机/绘图仪"选项组中的"名称"下拉列表框中可以选择要使用的绘图仪。选择"打印到文件"复选框，则图形输出到文件后再打印，而不是直接从绘图仪或者打印机打印。

在"图纸尺寸"选项组的下拉列表框中可以选择合适的图纸幅面，并且在右上角可以预览图纸幅面的大小。

在"打印区域"选项组中，用户可以通过 4 种方法来确定打印范围。"图形界限"选项表示打印布局时，将打印指定图纸尺寸的页边距内的所有内容，其原点从布局中的（0,0）点计算得出。从"模型"选项卡打印时，将打印图形界限定义的整个图形区域。"显示"选项表示打印选定的"模型"选项卡当前视口中的视图或布局中的当前图纸空间视图。"窗口"选项表示打印指定的图形的任何部分，这是直接在模型空间打印图形时最常用的方法。选择"窗口"选项后，命令行会提示用户在绘图区指定打印区域。"范围"选项用于打印图形的当前空间部分（该部分包含对象），当前空间内的所有几何图形都将被打印。

在"打印比例"选项组中，当选中"布满图纸"复选框后，其他选项显示为灰色，不能更改。取消"布满图纸"复选框，用户可以对比例进行设置。

单击"打印"对话框右下角的 按钮，则展开"打印"对话框，如图 1-18 所示。

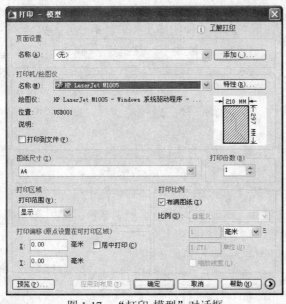

图 1-17 "打印-模型"对话框　　　　　图 1-18 "打印"对话框展开部分

在展开选项中，可以在"打印样式表"选项组的下拉列表框中选择合适的打印样式表，在"图纸方向"选项组中可以选择图形打印的方向和文字的位置，如果选中"反向打印"复选框，则打印内容将要反向。

单击"预览"按钮可以对打印图形效果进行预览，若对某些设置不满意可以返回修改。在预览中，按 Enter 键可以退出预览返回"打印"对话框，单击"确定"按钮进行打印。

1.3.4 创建 Web 页

网上发布向导为创建包含 AutoCAD 图形的 dwf、JPEG 或 PNG 图像的格式化网页提供了简化的界面。

（1）dwf 格式不会压缩图形文件。

（2）JPEG 格式采用有损压缩，即丢弃一些数据以减小压缩文件的大小。

（3）PNG（便携式网络图形）格式采用无损压缩；即不丢失原始数据就可以减小文件的大小。

使用网上发布向导，即使不熟悉 HTML 编码，也可以快速且轻松地创建出精彩的格式化网页。创建网页之后，可以将其发布到 Internet 或 Intranet 上。

使用网上发布向导的操作步骤如下。

（1）选择"文件"|"网上发布"命令，打开网上发布向导，如图 1-19 所示。

（2）单击"下一步"按钮，继续执

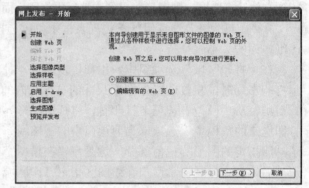

图 1-19　网上发布向导

行向导。在"网上发布－创建 Web 页"对话框中的"指定 Web 页的名称"文本框中输入 Web 文件名称，在"指定文件系统中 Web 页文件夹的上级目录"中通过设置文件的保存位置，在"提供显示在 Web 页上的说明"文本框中输入说明。

（3）单击"下一步"按钮，继续执行向导。选择一种图像类型，包括 dwf、JPEG 和 PNG 共 3 种格式；选择图像大小，包括小、中、大、极大 4 种大小，这里选择 dwf。

（4）单击"下一步"按钮，继续执行向导。选择 4 种样板中的一种，在右侧可以预览其基本样式。

（5）单击"下一步"按钮，继续执行向导。选择 7 种主题中的一种，在下侧可以预览其效果。

（6）单击"下一步"按钮，继续执行向导。为了方便他人使用创作的 AutoCAD 文件，建议选中"启用 i-drop"复选框。

（7）单击"下一步"按钮，继续执行向导。在"图形"下拉列表框中可以选择需要发布的图形文件，或者单击 按钮打开"网上发布"对话框，从对话框中选择需要发布的图形对象，单击"添加"按钮将需要生成的图像添加到右侧的图像列表中。

（8）单击"下一步"按钮，继续执行向导。选择生成图像的方式。

（9）单击"下一步"按钮，继续执行向导。网上发布开始进行，弹出"打印作业进度"对话框，完成后，打开"网上发布－预览并发布"对话框。

（10）单击"预览"按钮，在 Internet Explorer 中预览 Web 页效果。

（11）单击"立即发布"按钮，打开"发布 Web"对话框，发布 Web 页。发布 Web 页后才可单击"发送电子邮件"按钮，启动发送电子邮件的软件发送邮件。

（12）单击"完成"按钮，结束页面的发布。

如果在"网上发布-选择图像类型"向导文本框中设置为图像类型"JPEG"，图像大小为"小"，则发布出的 Web 页如图 1-20 所示。

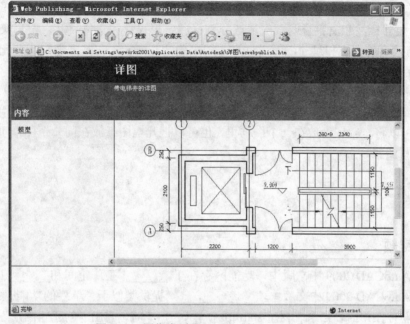

图 1-20　图像类型为 JPEG 时的 Web 发布页

1.4　AutoCAD 建筑设计一般操作步骤

利用 AutoCAD 进行建筑制图，无论绘制什么样的图形，操作步骤大致相同，本节将其归纳如下。

（1）确定绘制图样的数量。

对建筑图形的内容和数量要做全面的规划，防止重复和遗漏。在保证施工按时、按质顺利完成任务的前提下，图样的数量应尽量少。

（2）图形分析。

对拟画图样的各部分进行分析，明确每一段的形状、大小和相对位置，以便分段画出。

（3）选择合适的比例。

在保证图样能清晰表达其内容的情况下，根据不同图样的不同要求、图形大小和图幅尺寸，选用不同的比例。

（4）进行合理的图面布置。

图面布置包括图样、图名、尺寸、文字说明及表格，要主次分明、排列均匀紧凑、表达清晰，尽量保持各图之间的投影关系，以便对照查询。

（5）绘制图样。

绘制建筑图形，一般按照平面图、立面图、剖面图和建筑详图的顺序进行，也可先画平面图，再画剖面图，最后根据"长对正"和"高平齐"的关系，画立面图。

用计算机绘制建筑图形时，应按照下面的步骤：

- 进行图层分配和颜色设定，将不同种类的图形放在不同的层中，并赋予不同的颜色。
- 进行轴线定位，建筑图形中一般尺寸都与轴线相联系，故只要与轴线有关联的图样，都必须先画出轴线。
- 绘制建筑图形。
- 进行尺寸标注和文字说明，应注意分别标注定形尺寸和定位尺寸，定形尺寸用来确定几何元素的大小和尺寸，而定位尺寸用来确定几何元素与基准之间或各元素之间相对位置的尺寸，有的还可以起定位作用。

（6）画图框和图签。

根据图纸的比例和实际图形的大小，选择图幅的大小，根据图幅的大小绘制相应的图框和图签。用户可以将一幅图纸放在一个图框里，也可以把几幅图纸放在同一个图框里，放置完成后，需要填写图签。

1.5 习题

1.5.1 填空题

（1）AutoCAD 2009 中文版中，功能区存在于_____工作空间和_____工作空间。

（2）AutoCAD 2009 中文版中，_____提供类似于菜单栏的功能。

（3）新建图形时，当系统变量 startup＝_____时，弹出"创建新图形"对话框，当系统变量 startup＝_____时，打开"选择样板"对话框。

（4）AutoCAD 样板文件的缩写是_____。

（5）创建 Web 发布页时，可以提供_____3 种不同类型的图像。

1.5.2 选择题

（1）打开 AutoCAD 文本窗口的热键是（　　）。
A. F1　　　　　　B. F2　　　　　　C. F3　　　　　　D. F4

（2）打开图形文件的命令是（　　）。
A. START　　　　B. BEGIN　　　　C. OPEN　　　　D. ORIGIN

（3）AutoCAD 采用的坐标系统有（　　）。
A. 球面坐标　　B. 柱面坐标　　C. 直角坐标　　D. 极坐标

（4）AutoCAD 自动保存的最大间隔时间是（　　）分钟。
A. 60　　　　　　B. 120　　　　　　C. 180　　　　　　D. 240

1.5.3 简答题

（1）简述采用计算机绘图的步骤。

（2）如何打开已有的图形文件？如何保存图形文件？

第 2 章

视 图 显 示

教学目标：

AutoCAD 提供了多种视图显示命令来满足绘图人员在视图显示方面的需要。通过 AutoCAD 提供的视图显示功能，可以选择各种角度以及在屏幕上的大小和位置来观察图形。本章将要介绍 AutoCAD 提供的二维和三维视图显示功能。通过本章的学习，读者可以了解平移、放大和缩小平面图形视图的方法，以及选择合适的角度观察三维模型的方法。

教学重点与难点：

1. 平移、缩放、鸟瞰视图等二维视图显示功能。
2. 三维动态观察器、视点预置等三维视图显示功能。

在绘制二维图形或三维图形时，用户经常需要在不同的位置、方向，按不同的比例观察图形。视图就是图形在与视线方向相垂直的平面上的投影。因此，AutoCAD 提供了强大的视图显示功能以满足绘图人员在视图显示方面的需要。AutoCAD 提供的视图显示命令主要分为二维视图命令和三维视图命令两种。二维视图命令主要包括二维图形的平移、缩放以及多视口显示等，三维视图命令主要包括三维视图的视点预置以及三维动态观察器。在本章中，我们将分别介绍如何使用这些二维视图命令或者三维视图命令。

2.1 二维视图显示

AutoCAD 提供的二维视图功能包括二维图形的平移、缩放以及多视口显示等。我们可以使用"标准"工具栏中的相关按钮以及"视图"菜单中的相关选项来实现这些二维视图功能，如图 2-1 和图 2-2 所示。

图 2-2 "视图"菜单

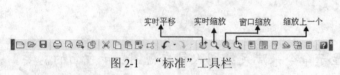

图 2-1 "标准"工具栏

下面将一一介绍这些二维视图显示命令。

2.1.1 平移

视图命令中的平移不同于图形编辑命令中的平移,前者仅仅是改变整个图形相对于绘图窗口的位置,并不改变图形中各元素相互之间的距离,而图形编辑命令中的平移是改变整个图形中的某个元素或者某一部分图形相对于整个图形的位置。

用户可以通过"标准"工具栏或者"视图"菜单选择"平移"命令。单击"标准"工具栏中的图标🖑,或者在"视图"菜单中选择"平移"选项,在弹出的子菜单中选择相应的选项来完成平移操作,如图 2-3 所示。此时十字光标变为🖑,用户可以通过按住鼠标左键并拖动鼠标,拖动图形到合适位置。

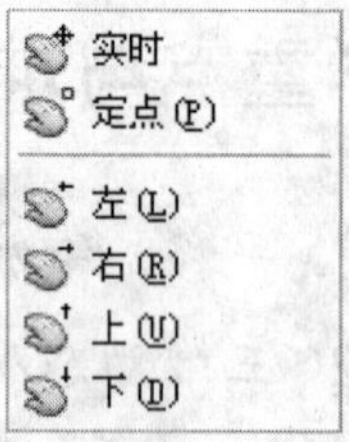

下面具体介绍"平移"子菜单中各选项的含义。

图 2-3 "平移"子菜单

1. 实时

选择该选项后,将调用"实时平移"命令,用户不需要选择任何对象,只需按住鼠标左键便可以通过拖动鼠标来拖动图形至合适的位置,命令行提示如下。

命令:'_pan
按 Esc 或 Enter 键退出,或单击右键显示快捷菜单。

此时单击鼠标右键,便可以在弹出的快捷菜单中选择其他的视图命令,如图 2-4 所示。

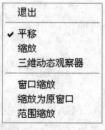

图 2-4 快捷菜单

2. 定点

选择该选项后,将调用"定点平移"命令,此时系统将会要求用户用十字光标在绘图窗口选择两个点或者通过键盘输入两个点的坐标值,以这两点之间的距离和方向决定整个图形平移的距离和方向,命令行提示如下。

命令:'_-pan 指定基点或位移: 指定第二点:

利用"定点平移"命令的步骤如下。

（1）指定基点，这是要平移的点。

（2）指定第二点（要平移到的目标点），这是第一个选定点的新位置。

3. 左、右、上、下

选择该系列选项中的任何一个之后，图形将在绘图窗口向选择的方向移动一段距离，例如，当选择"左"选项时，图形将在绘图窗口向左移动一段距离。

2.1.2 缩放

在实际绘图的过程中，并不需要每时每刻将整个图形都显示于绘图窗口，这样不利于选择图形元素的准确性，也不利于局部图形的编辑和修改。因此 AutoCAD 提供了缩放图形的功能。和平移功能一样，缩放功能并不改变图形的实际大小，它只是改变了图形与绘图窗口之间的相对大小，使某一部分图形能够清晰地显示于绘图窗口，从而方便局部图形的编辑和修改。"标准"工具栏中的"实时缩放"按钮、"缩放上一个"按钮和"窗口缩放"浮出工具栏，如图2-5 所示，这些按钮可以实现 AutoCAD 的各种缩放功能。另外，"缩放"子菜单，如图 2-6 所示，也能够实现 AutoCAD 的各种缩放功能。下面将给用户介绍 AutoCAD 的几个常用的缩放功能。

图 2-5　"窗口缩放"浮出工具栏

图 2-6　"缩放"子菜单

1. 实时

该选项是最常用的缩放功能，选择该选项后，系统将调用"实时缩放"命令，十字光标将变为，命令行提示如下：

命令：'_zoom
指定窗口的角点，输入比例因子（nX 或 nXP），或者
[全部(A)/中心(C)/动态(D)/范围(E)/上一个(P)/比例(S)/窗口(W)/对象(O)] <实时>：

其中命令行各种提示项变为各种缩放方式，下文将有介绍。

实时缩放方式用于将当前图形区域确定缩放因子。实时缩放命令以移动窗口高度的一半距离表示缩放比例为 100%。在窗口的中点按住左键并垂直移动到窗口顶部，则放大 100%。反之，在窗口的中点按住左键并垂直向下移动到窗口底部，则缩小 100%。

注意： 若将光标置于窗口底部，按住左键并垂直向上移动到窗口顶部，则放大比例为200%。当达到放大极限时光标的加号消失，表示不能再放大；当达到缩小极限时光标的减号消失，表示不能再缩小。松开左键时缩放终止。可以在松开左键后将光标移动到图形的另一个位置，然后再按住左键便可从该位置继续缩放显示。要在新的位置上退出缩放，请按 Enter 键或 Esc 键。

在使用实时缩放过程中，单击鼠标右键，则弹出快捷菜单，用户可以根据需要选择其他视图显示功能，与图 2-5 类似。

2. 上一个缩放

选择该选项后，系统将调用"上一个缩放"命令，即恢复到本次缩放前的图形，例如，图 2-7 所示为缩小前的图形，图 2-8 所示为缩小后的图形，则使用"上一次缩放"命令后又恢复至图 2-9 所示。

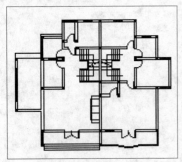

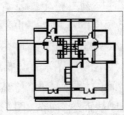

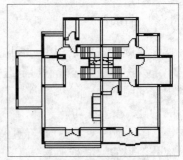

图 2-7　缩小前的平面图　　　　图 2-8　缩小后的平面图　　　　图 2-9　恢复的平面图

注意： 如果用 Shademode 命令更改着色，视图将更改。如果在更改着色后输入 Zoom 的"上一个"选项，它将恢复上一个不同着色的视图，而不是不同缩放的视图。

3. 窗口缩放

选择该选项后，系统将调用"窗口缩放"命令，该命令用于缩放显示由两个角点定义的矩形窗口框定的区域。命令行提示如下：

命令：'_zoom
指定窗口的角点，输入比例因子 (nX 或 nXP)，或者
[全部(A)/中心(C)/动态(D)/范围(E)/上一个(P)/比例(S)/窗口(W)/对象(O)] <实时>：_w
指定第一个角点：//指定矩形窗口的第一个角点
指定对角点：//指定矩形窗口的第二个角点

4. 动态缩放

选择该选项后，系统将调用"动态缩放"命令，该命令用于缩放显示在视图框中的部分图形。视图框表示视口，可以改变它的大小，或在图形中移动。移动视图框或调整它的大小，将其中的图像平移或缩放，以充满整个视口。

5. 比例缩放

选择该选项后，系统将调用"比例缩放"命令，该命令用于将图形以指定的比例因子缩放显示。命令行提示如下：

命令：'_zoom
指定窗口的角点，输入比例因子 (nX 或 nXP)，或者
[全部(A)/中心(C)/动态(D)/范围(E)/上一个(P)/比例(S)/窗口(W)/对象(O)] <实时>：_s
输入比例因子 (nX 或 nXP)：

输入的值后面跟着 x，根据当前视图指定比例。例如，输入.5x 使屏幕上的每个对象显示为原大小的二分之一。输入值并后跟 xp，指定相对于图纸空间单位的比例。如输入.5 xp 以图纸空间单位的二分之一显示模型空间。创建每个视口以不同的比例显示对象的布局。输入值，指定相对于图形界限的比例。例如，如果缩放到图形界限，则输入 2 将以对象原来尺寸的两倍显示对象。

6. 全部缩放

选择该选项后，系统将调用"全部缩放"命令，该命令用于在当前视口中缩放显示整个图形。在平面视图中，AutoCAD 将图形缩放到栅格界限或当前范围两者中较大的区域中。在三维视图中，Zoom 的"全部"选项与它的"范围"选项等价。即使图形超出了栅格界限也能显示所有对象。

7. 范围缩放

选择该选项后，系统将调用"范围缩放"命令，该命令用于缩放以显示图形范围并使所有对象最大显示。

2.1.3 视口

在绘制图形的过程中，有时需要将图形分别显示于几个不同的视口，以便于同时观察图形的几个不同的局部。所谓视口就是位于绘图窗口中的矩形绘图区域，多视口就是同时在绘图窗口创建几个视口，视口之间是相互独立的。AutoCAD 提供了"视口"子菜单以实现这些功能，如图 2-10 所示。AutoCAD 允许同时打开多达 32 000 个可视视口，同时还可以保留菜单和提示区域。AutoCAD 中的视口主要有两种，即平铺视口和浮动视口，前者使用于模型空间，后者使用于图纸空间。下面分别介绍这两种视口的用法。

图 2-10 "视口"子菜单

1. 平铺视口

通常，用户打开一个新图形时，仅有一个视口。要使用多视口，首先要将系统变量 Tilemode 设置为 1，具体操作如下。

```
命令: tilemode
输入 TILEMODE 的新值 <0>: 1
```

将系统变量的值改为 1 之后，用户便可以创建多视口。

注意：绘图过程中，只能在一个视口中工作，这个视口被称为当前视口，但可以切换视口；多个视口显示的是同一幅图形，在当前视口中改变图形，在其他视口中的图形也会发生相应的改变。例如在当前视口中关闭了某个图层，在其他视口中该图层均被关闭；当用户处于平铺视口中时，AutoCAD 也只允许用户工作在模型空间环境中。

下面介绍如何创建平铺视口，通常可以通过对话框或者-vports 命令创建平铺视口。

（1）以对话框形式创建平铺视口。

将系统变量 Tilemode 修改为 1 之后，在"视图"菜单中选择"视口"选项，在弹出的子菜单中选择"新建视口"选项；或者单击"布局"工具栏中的"显示'视口'对话框"按钮，如图 2-11 所示；或者在命令行中输入 vports 命令并按 Enter 键或者空格键，系统便会显示"视口"对话框，如图 2-12 所示。

图 2-11 "显示'视口'对话框"按钮　　　　　　　　图 2-12 "视口"对话框

"视口"对话框用于创建新的视口配置、命名或者保存已有的平铺视口配置。对话框中的选项要根据用户创建平铺视口还是浮动视口而定。"视口"对话框包括两个选项卡："新建视口"选项卡和"命名视口"选项卡。"新建视口"选项卡主要用来显示一个标准视口配置的列表和创建并设置新的平铺视口，"命名视口"选项卡则用来显示图形中已经保存的视口配置的列表。

（2）通过-Vports 命令创建平铺视口。

将系统变量 Tilemode 修改为 1 之后。在命令行中输入-vports 并按 Enter 键或者空格键，则命令行的提示如下。

```
命令: -vports
输入选项 [保存(S)/恢复(R)/删除(D)/合并(J)/单一(SI)/?/2/3/4] <3>:
```

各选项的含义如下。

- "保存"选项：此选项使用户保存当前视口的配置。这里所说的配置是指激活的视口数目和位置以及它们之间相关联的设置。用户可以保存任意多个配置并在任何时候调用。
- "恢复"选项：此选项用来重新显示一个已经保存的视口配置。
- "删除"选项：此选项用来删除一个已经命名的视口配置。
- "合并"选项：此选项用来将两个相邻的视口组合成一个单独的视口，所生成的视口的视图由主视口继承下来。当选择此项后，系统继续提示如下。

```
选择主视口 <当前视口>:　//输入主视口
```

用户直接按 Enter 键来把当前视口显示为主视口；或者使用光标移到所希望的视口中，并且单击鼠标左键，即可确认主视口。确认了主视口，系统继续提示如下。

```
选择要合并的视口:　//输入要合并的视口
```

同样采用光标移到所希望的视口中，并且单击鼠标左键，即可确认要合并的视口。如果选择的两个视口不相邻，或者不能形成一个矩形，AutoCAD 将显示一个错误信息，并且重新给出提示。

- "单一"选项：此选项使当前视口作为单独的视口。
- "?"选项：此选项用来显示视口的确切数目和屏幕位置。如果要列出所有保存的配置，只需按 Enter 键。用户也可以采用*来列出已经保存的视口的名称。AutoCAD 将切换到文本窗口显示当前视口的配置。所有视口都被 AutoCAD 赋予一个标识数字。此数字不同于用户可能给视口配置的任何名称。
- "2"选项：此选项表示把当前视口分成两部分。用户可以选择垂直平分或者水平平分视口，如图 2-13 所示。
- "3"选项：此选项是默认选项，表示把当前视口分成 3 个部分。此选项可以使用户以水平或者垂直方式剖分当前视口，其他几个选项可以让用户把当前视口分成两个

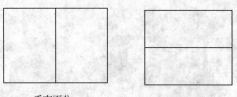

垂直平分　　　　　　水平平分

图 2-13　垂直或者水平平分视口

小的视口和一个大的视口，其中选项中的上、下、左、右表示较大的视口的位置，如图 2-14 所示。

- "4"选项：此选项表示把当前视口分成 4 个部分。当选择了此项后，则把当前视口分成水平和垂直 4 个视口，如图 2-15 所示。

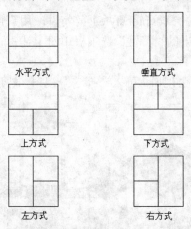

水平方式　　　　　　垂直方式

上方式　　　　　　　下方式

左方式　　　　　　　右方式

图 2-14　"3"选项视口形式

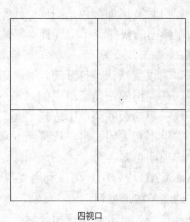

四视口

图 2-15　四视口

2. 浮动视口

浮动视口通常使用于图纸空间。在创建浮动视口之前，首先要将系统变量 Tilemode 设置为 0。当系统变量 Tilemode 设置为 0 并且处于图纸空间中时，用户可以采用一些标准的 AutoCAD 命令去修改或者去操作浮动视口，例如复制、移动和删除等命令。

注意： 在图纸空间绘制的图形只能显示于浮动视口，不能显示于平铺视口。但在模型空间绘制的图形可以显示于浮动视口。

下面介绍如何创建浮动视口，图 2-16 所示为创建的浮动视口。

（1）创建浮动视口。

将系统变量 Tilemode 修改为 0 之后，在"视图"菜单中选择"视口"选项，在弹出的子菜单中选择"新建视口"选项；或者单击"布局"工具栏中的"显示'视口'对话框"按钮；或者在命令提示符下，输入 vports 命令并按 Enter 键或者空格键，系统便会显示"视口"对话框，如图 2-17 所示。

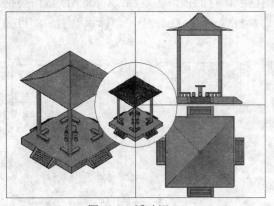

图 2-16　浮动视口

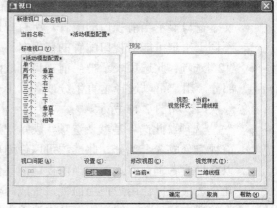

图 2-17　"视口"对话框

该对话框和"平铺视口"对话框的不同之处在于原来的"应用于"选项变成了现在"视口间距"选项，该选项用来控制各个浮动视口的间距。

（2）操作浮动视口。

浮动视口具有诸如颜色、图层、线型、线磅和绘图样式（plot style）等特性，用户可以单击右键，在弹出的快捷菜单中选择"特性"选项，在弹出的"特性"选项板中对上述每种特性进行更改。

新视口的设置默认是打开的，用户如果需要关闭某个视口，可以选择这个视口，然后单击鼠标右键，在弹出的快捷菜单中的"显示视口对象"选项后的级联菜单中选择"是"选项即可；如果不想关闭，可以选择级联菜单的"否"选项即可。

在 AutoCAD 中，用户可以利用"视口"子菜单中的"多边形视口"和"对象"命令，或者-vports 命令、mview 命令将任何一个具有封闭形状的对象转换成视口，从而创建出非矩形形状的视口，如图 2-18 所示就是将正六边形对象转换成了浮动视口。

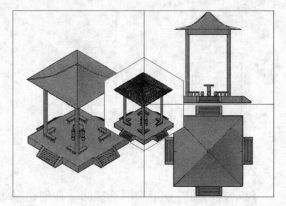

图 2-18　非矩形视口

2.1.4　鸟瞰视图

"鸟瞰视图"窗口是一种浏览工具，如图 2-19 所示。它在一个独立的窗口中显示整个图形的视图，以便快速定位并移动到某个特定区域。"鸟瞰视图"窗口打开时，不需要选择菜单选项或输入命令，就可以进行缩放和平移。在图纸空间，"鸟瞰视图"窗口只显示图纸空间对象，包括视口边界。在图纸空间不能从"鸟瞰视图"窗口对 AutoCAD 窗口进行实时更新。用户可以通过拖动的方式很方便地改变"鸟瞰视图"窗口的大小和位置。

图 2-19　"鸟瞰视图"窗口

1．利用"鸟瞰视图"窗口平移图形

在"鸟瞰视图"窗口中单击左键，则弹出平移框，用户只需通过移动鼠标来移动平移框，从而使绘图窗口中的图形也发生相应移动。

2．利用"鸟瞰视图"窗口缩放图形

在"鸟瞰视图"窗口中再次单击左键，则弹出缩放框，用户只需通过移动鼠标来改变缩放框的大小，从而使绘图窗口中的图形也发生相应放大或者缩小。

2.1.5　设置填充

在绘制复杂图形时，经常遇到图形填充的问题，但是过多的图形填充又会使图形复杂程度增加，从而导致绘图窗口刷新变慢或者 AutoCAD 执行命令速度变慢。因此，AutoCAD 设置了 fill 命令，用于暂时打开或者关闭图形填充，具体操作如下。

```
命令: fill
输入模式 [开(ON)/关(OFF)] <开>: off
```

2.2　三维视图显示

在绘制三维模型视图时，经常需要变换实现的方向，从各个角度观察所绘制的模型。AutoCAD 设置了三维视图功能，可以方便地转换实现方向，从而方便地进行三维模型的修改和编辑。

AutoCAD 主要通过"三维导航"工具栏来实现这些功能，如图 2-20 所示。另外，"视图"菜单中的"三维视图"子菜单和"动态观察"子菜单，也能方便地实现三维视图功能，如图 2-21 和图 2-22 所示。

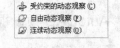

图 2-20　"三维动态观察器"　　　图 2-21　"三维视点"　　　图 2-22　"三维动态观察器"
　　　　　对话框　　　　　　　　　　　子菜单　　　　　　　　　　　选项

本节将按照菜单的顺序介绍如何使用 AutoCAD 的三维视图功能。

2.2.1 视点预置

从模型空间中的某点观察模型，该点就是视点。视点预置就是通过指定视点的位置来给出模型的三维视图。在"视图"菜单中选择"三维视图"|"视点预设"选项，则弹出"视点预设"对话框，如图 2-23 所示。

对话框中各项含义如下。

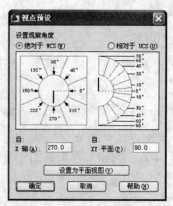

图 2-23 "视点预设"对话框

- 设置观察角度：相对于世界坐标系（WCS）或用户坐标系（UCS）设置查看方向。
- "绝对于 WCS"单选按钮：相对于 WCS 设置查看方向。
- "相对于 UCS"单选按钮：相对于当前 UCS 设置查看方向。
- "自 *X* 轴"文本框：指定与 *X* 轴的角度。
- "自 *XY* 平面"文本框：指定与 *XY* 平面的角度。

 注意： 也可以使用样例图像来指定查看角度。黑针指示新角度，灰针指示当前角度。通过选择圆或半圆的内部区域来指定一个角度。如果选择了边界外面的区域，那么就舍入到在该区域显示的角度值；如果选择了内弧或内弧中的区域，角度将不会舍入，结果可能是一个分数。

- "设置为平面视图"按钮：设置查看角度以相对于选定坐标系显示平面视图（*XY* 平面）。

2.2.2 平面视图

在"视图"菜单中选择"三维视图"|"平面视图"选项，弹出"平面视图"子菜单，如图 2-24 所示。

子菜单中各选项含义如下。

当前 UCS：重生成平面视图显示，以使图形范围布满当前
UCS 的当前视口。

图 2-24 "平面视图"子菜单

世界 UCS：重生成平面视图显示，以使图形范围布满世界坐标系屏幕。

命名 UCS：修改为以前保存的 UCS 的平面视图并重生成显示。命令行提示如下。

输入 UCS 名称或 [?]：// 输入名称或按 ? 列出图形中的所有 UCS

如果在提示下输入 ?，AutoCAD 将显示以下提示：

输入要列出的 UCS 名称<*>：//输入名称或输入*列出图形中的所有 UCS

2.2.3 AutoCAD 预设视点

除了上述确定视点的方法之外，在图 2-21 中我们还可以看到 AutoCAD 还自带了 10 种视图方式，分别为俯视、仰视、坐视、右视、主视、后视、西南等轴测、东南等轴测、东北等轴测和西北等轴测。表 2-1 演示了其中几个典型视图的效果。

表 2-1　典型视图对比效果

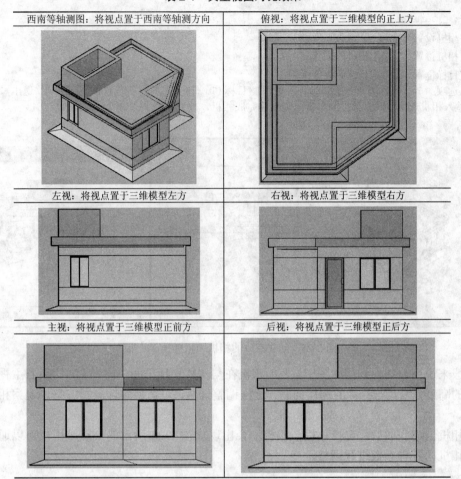

西南等轴测图：将视点置于西南等轴测方向	俯视：将视点置于三维模型的正上方
左视：将视点置于三维模型左方	右视：将视点置于三维模型右方
主视：将视点置于三维模型正前方	后视：将视点置于三维模型正后方

2.2.4　三维动态观察器

AutoCAD 2009 提供了"受约束的动态观察"、"自由动态观察"和"连续动态观察"3 种动态观察方式。

受约束的动态观察，是指观察三维对象时，仅沿 XY 平面或 Z 轴约束三维动态观察，光标图形为 。如果水平拖动光标，相机将平行于世界坐标系（WCS）的 XY 平面移动；如果垂直拖动光标，相机将沿 Z 轴移动。

自由动态观察，是指观察三维对象时，观察点不参照平面，用户可以在任意方向上进行动态观察。自由动态观察视图显示一个导航球，它被更小的圆分成四个区域。在导航球的不同部分之间移动光标将更改光标图标，以指示视图旋转的方向。

连续动态观察，是指用户可以动态地连续不断地观察图形，光标为 。使用连续动态观察三维对象时，用户在连续动态观察移动的方向上单击鼠标并拖动光标，然后释放鼠标，对象将拖动方向连续旋转，旋转的速度由光标移动的速度决定。

2.2.5　创建相机

在 AutoCAD 系统中，相机也可以用来创建三维视图，相机的作用类似于一个视点。选择

"视图" | "创建相机" 命令，命令行提示如下：

> 命令：_camera
> 当前相机设置：高度=0 镜头长度=50 毫米
> 指定相机位置：//指定相机的位置
> 指定目标位置：//指定目标的位置
> 输入选项 [?/名称(N)/位置(LO)/高度(H)/目标(T)/镜头(LE)/剪裁(C)/视图(V)/退出(X)] <退出>://输入相机选项，或直接按回车键，则创建完成相机，效果如图 2-25 所示

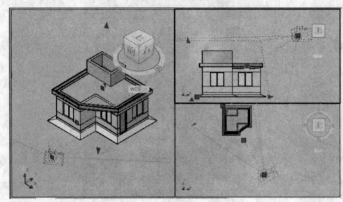

图 2-25　创建完成的相机和相机预览效果

一般来说用户切换到俯视图中，处理相机在与 XY 平行平面中的位置，切换到主视图中处理相机的高度，以及与目标的远近问题，这样调整好后，可切换到轴测图中整体观察相机的整体效果。

在相机创建完成后，选择相机，相机上会出现如图 2-26 所示的夹点，用户可以通过这些夹点对相机的各种参数进行调整。

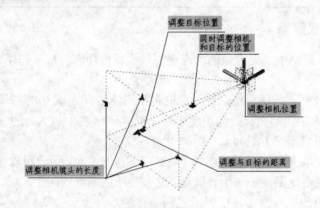

图 2-26　相机夹点

2.2.6　漫游和飞行

所谓漫游，是指交互式更改三维图形的视图，使用户就像在模型中漫游一样。选择"视图" | "漫游和飞行" | "漫游" 命令，绘图区窗口弹出是否切换到透视图窗口，单击"修改"按钮，切换到透视图窗口，弹出如图 2-27 所示的"定位器"选项板。默认情况下，"定位器"窗口将

打开并以俯视图形式显示用户在图形中的位置。

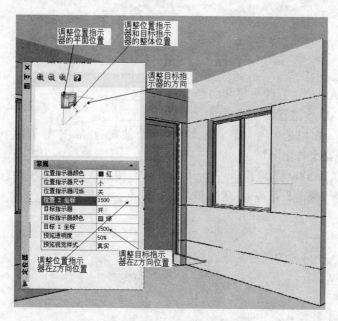

图 2-27　"定位器"窗口

当启用"漫游"命令时，"定位器"窗口会显示模型的俯视图，位置指示器显示模型关系中用户的位置，而目标指示器显示用户正在其中漫游或飞行的模型，在开始漫游模式或飞行模式之前或在模型中移动时，用户可以在"定位器"窗口中编辑位置设置。在执行"漫游"命令时，用户可以单击鼠标右键，弹出如图 2-28 所示的快捷菜单，用户可以切换到其他的三维视图操作模式。

图 2-28　"漫游和飞行设置"对话框

选择"视图" | "漫游和飞行" | "漫游和飞行设置"命令，可弹出"漫游和飞行设置"对话框。该对话框可以对漫游和飞行的相关参数进行设置，这里不赘述。

选择"视图" | "漫游和飞行" | "飞行"命令，同样也弹出"定位器"窗口，使用方法与漫游命令一致，在绘图区有十字光标，用户可以拖动十字光标进行飞行操作。

2.3 习题

2.3.1 填空题

（1） AutoCAD 中进行图形平移的命令是＿＿＿＿＿＿。

（2） AutoCAD 中进行图形缩放的命令是＿＿＿＿＿＿。

（3） ＿＿＿＿＿＿窗口是一种浏览工具，其在一个独立的窗口中显示整个图形的视图，以便快速定位并移动到某个特定区域。

（4） AutoCAD 2009 提供了＿＿＿＿＿、＿＿＿＿＿和 ＿＿＿＿＿＿三种动态观察方式。

（5） 当启用"漫游"命令时，"定位器"窗口会显示模型的＿＿＿＿＿视图。

2.3.2 选择题

（1） AutoCAD 自带的几种三维视图方式有（　　　）。

    A. 主视

    B. 左视

    C. 后视

    D. 仰视

（2） 在创建浮动视口之前，首先要将系统变量 Tilemode 设置为（　　　）。

    A. 0

    B. 1

    C. 2

    D. 3

（3） 打开"视口"对话框的命令是（　　　）。

    A. OPEN

    B. VPORTS

    C. ZOOM

    D. PAN

2.3.3 简答题

（1） 简述如何创建浮动视口。

（2） 简述如何使用"视点预置"对话框设置三维视图的视点。

（3） 简述如何在视图中调整相机的位置。

第 3 章

建筑制图基本规定

教学目标：

为了使建筑制图规格基本统一，图面清晰简明，提高制图效率，保证图面质量，符合设计、施工、存档的要求，以适应建筑工程建设的需要，我国颁布了许多有关建筑制图的国家标准（简称国标）。

国标是一项所有工程人员在设计、施工、管理中必须严格执行的国家规定。在学习建筑制图的一开始，就应该了解并遵守国标中各项规定，养成规范制图的好习惯。本章将对国标中的主要内容和规定分别进行介绍。通过本章的学习，读者应该了解在建筑制图的过程中应该遵守的基本规定。

教学重点与难点：

1. 图纸幅面规格。
2. 字体。
3. 尺寸标注。
4. 符号。

建筑图是工程施工、生产、管理等环节最重要的技术文件。它不仅包括按投影原理绘制的表明建筑形状的图形，还包括建筑的材料、做法、尺寸、有关文字说明等，所有这一切都必须有统一规定，才能使不同岗位的技术人员对建筑图有完全一致的理解，从而使建筑图真正起到技术语言的作用。因此由国家专门机关制定了相关的建筑制图标准，本章将对一些基本规定进行介绍。

3.1 图纸幅面规格

3.1.1 图纸幅面和图框格式

图纸的幅面是指图纸本身的大小规格。图框是图纸上所供绘图的范围的边线。为了合理使用图纸和便于管理装订，国标对绘制建筑图样的图纸幅面和图框格式作了规定。表 3-1 所示为图纸基本幅面的尺寸。图 3-1 表示其格式和尺寸代号的意义。图 3-1（a）所示为不留装订边图纸的图框格式；图 3-1（b）所示为留有装订边图纸的图框格式。

表 3-1　图纸幅面和边框尺寸（mm）

幅面代号	A0	A1	A2	A3	A4
B×L	841×1 189	594×841	420×594	297×420	210×297
E	20			10	
C	10			5	
A	25				

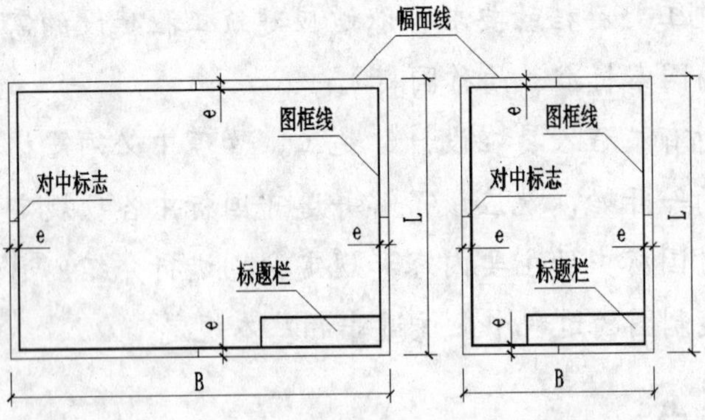

（a）

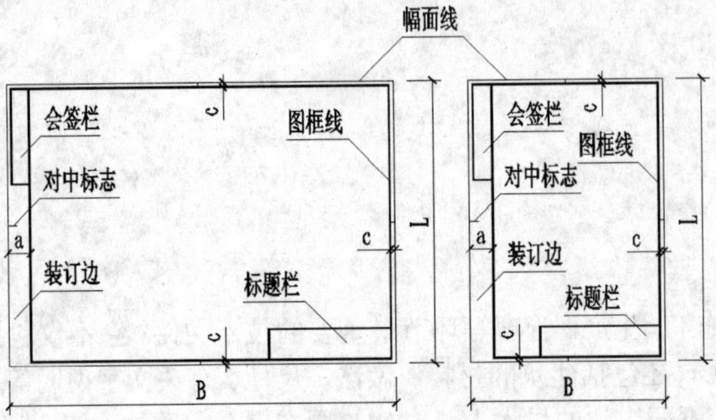

（b）

图 3-1　图纸幅面和图框格式

从表 3-1 可以看出，A1 幅面是 A0 幅面的对裁，A2 幅面是 A1 幅面的对裁，其余类推。同一项工程的图纸，不宜多于两种图幅。以长边作为水平边的图纸称为横式图幅，以短边作为水平边的图纸称为立式图幅。一般 A0～A3 图纸宜用横式。图纸短边不得加长，长边可以加长，但加长的尺寸必须符合表 3-2 的规定。

表 3-2 图纸幅面和边框尺寸（mm）

幅面尺寸	长边尺寸	长边加长后尺寸									
A0	1 189	1 486	1 635	1 783	1 932	2 080	2 230	2 378			
A1	841	1 051	1 261	1 471	1 682	1 892	2 102				
A2	594	743	891	1 041	1 189	1 338	1 486	1 635	1 783	1 932	2 080
A3	420	630	841	1 051	1 261	1 471	1 682	1 892			

注：由特殊需要的图纸，可采用 B×L 为 841 mm×891 mm 与 1 189 mm×1 261 mm 的幅面

3.1.2　标题栏与会签栏

在每张正式的建筑图纸上都应有工程名称、图名、图纸编号、设计单位、设计人、绘图人、校核人、审定人的签字栏目，把它们集中列成表格形式就是图纸的标题栏和会签栏。其位置参见图 3-1。标题栏应按图 3-2 所示，根据工程需要选择确定其尺寸、格式及分区。签字区应包含实名列和签名列。涉外工程的标题栏内，各项主要内容的中文下方应附有译文，设计单位的上方或左方，应加"中华人民共和国"字样。会签栏应按图 3-3 的格式绘制，其尺寸应为 100 mm×20 mm，栏内应填写会签人员所代表的专业、姓名、日期（年、月、日）；一个会签栏不够时，可另加一个，两个会签栏应并列；不需会签的图纸可不设会签栏。

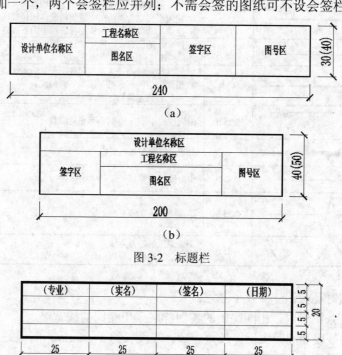

图 3-2　标题栏

图 3-3　会签栏

3.2　图线

每个建筑图形都是由最基本的图线组成的。国标规定图线宽度有粗线、中粗线和细线之分；粗、中粗、细线的宽度比率为 4:2:1。每个图样应先根据形体的复杂程度和比例的大小，确定基本线宽 b。b 值宜从下列线宽系列中选取：2.0、1.4、1.0、0.7、0.5、0.35 mm，常用的 b 值为 0.35～1 mm。选定基本线宽 b 后，再选用表 3-3 中相应的线宽组。

表 3-3　线宽组（mm）

线　宽　比	线　宽　组					
b	2	1.4	1.0	0.7	0.5	0.35
0.5 b	1.0	0.7	0.5	0.35	0.25	0.18
0.25 b	0.5	0.35	0.25	0.18	—	—

注：1. 需要微缩的图纸，不宜采用 0.18 mm 及更细的线宽
　　2. 同一张图纸内，各不同线宽中的细线，可统一采用较细的线宽组的细线

在建筑图纸中，图线除了有宽度之分，不同线型也表达着不同的含义。为避免混乱，国标也做了相应的规定，见表 3-4。

表 3-4　图线及用途

名　　称	线　　型	线宽	用　　途
粗实线		b	1. 平、剖面图中被剖切的主要建筑构造（包括构配件）的轮廓线 2. 建筑立面图或室内立面图的外轮廓线 3. 建筑构造详图中被剖切的主要部分的轮廓线 4. 建筑配件详图中的外轮廓线 5. 平、立、剖面图的剖切符号
中实线		0.5 b	1. 平、剖面图中配剖切的次要建筑构造（包括构配件）的轮廓线 2. 建筑平、立、剖面图中建筑构配件的轮廓线 3. 建筑构造详图及建筑配件详图中的一般轮廓线
细实线		0.25 b	小于 0.5b 的图形线、尺寸线、尺寸界限、图例线、索引符号、标高符号、详图材料做法引出线等
中虚线		0.5 b	1. 建筑构造详图及建筑构配件不可见的轮廓线 2. 平面图中的起重机（吊车）轮廓线 3. 拟扩建的建筑物轮廓线
细虚线		0.25 b	图例线、小于 0.5b 的不可见轮廓线
粗单点长画线		B	起重机（吊车）轨道线
细单点长画线		0.25 b	中心线、对称线、定位轴线
折断线	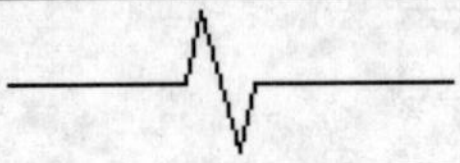	0.25 b	不需画全的断开界线
波浪线	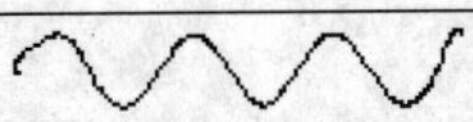	0.25 b	不需画全的断开界线 构造层次的断开界线

注：地平线的线宽可用 1.4 b

作图者在画线时还应该注意以下几点：

（1）在同一张图纸内，相同比例的各图样应采用相同的线宽组。

（2）虚线的线段和间距应保持长短一致。线段长约 3～6 mm，间距约为 0.5～1 mm。点长画线每一线段的长度应大致相等，约 15～20 mm。

（3）虚线与虚线、点长画线与点长画线、虚线或点长画线与其他线段相交时，应交于线段处。实线与虚线连接时，则应留一间距。

（4）点长画线的两端不应是点。

（5）图线不得与文字、数字或符号重叠、相交。不可避免时，应首先保证文字等的清晰。

图纸的图框线、标题栏线和会签栏线可采用表 3-5 所示的线宽。

表 3-5　图框线、标题栏线、会签栏线的宽度（mm）

幅面代号	图框线	标题栏外框线	标题栏分格线、会签栏线
A0、A1	1.4	0.7	0.35
A2、A3、A4	1.0	0.7	0.35

3.3　字体

建筑制图中除了用图形表达建筑物的形状和外观外,还须用文字来对图形不能表达的部分进行说明。建筑图中的字体包括:汉字、字母、数字和书写符号等。

国标规定建筑图中的字体应做到:字体工整、笔画清楚、间隔均匀、排列整齐。这样规定是因为,若建筑图中的字体潦草,容易造成误解,给生产和施工带来损失。利用 AutoCAD 2009 的文字功能,可以高效,高质量地进行建筑图中的文字操作,后面章节会详细讲到。这里先对字体的相关规定进行一些介绍。

3.3.1　汉字

国标规定建筑图中的汉字应采用国家公布的简化字,并用长仿宋体(对大标题、图册封面、地形图等的汉字也可书写成其他字体,但应易于辨认)。

长仿宋体字的字高与字宽的比例为 $1:1/\sqrt{2}$,约 1:0.7,笔画的宽度约为字高的 1/20。长用的仿宋体字的字高和字宽列于表 3-6 中。

表 3-6　长仿宋体字的高宽（mm）

字高	20	14	10	7	5	3.5
字宽	14	10	7	5	3.5	2.5

书写长仿宋体的要领是:横平竖直,结构均匀,填满方格。其各项要领在此不再详述,若读者感兴趣可参阅相关书籍。

3.3.2　字母和数字

建筑图中的字母和数字与汉字不同,须用黑体字,即粗细一致,不显笔锋。字母和数字分 A 型和 B 型。A 型字体的笔画宽度为字高的十四分之一,B 型字体的笔画宽度为字高的十分之一。在同一图样上,只允许选用一种形式的字体。字母和数字可写成斜体和直体。斜体字字头向右倾斜,与水平基准线成 75° 角。同时拉丁字母、阿拉伯数字与罗马数字的书写与排列,应符合表 3-7 的规定。

表 3-7　拉丁字母、阿拉伯数字与罗马数字的书写规则

书　写　格　式	一　般　字　体	窄　字　体
大写字母高度	h	h
小写字母高度（上下均无延伸）	7/10 h	10/14 h
小写字母伸出的头部或尾部	3/10 h	4/14 h
笔画宽度	1/10 h	1/14 h
字母间距	2/10 h	2/14 h
上下行基准线最小间距	15/10 h	21/14 h
词间距	6/10 h	6/14 h

3.3.3　字号及其使用

建筑图中除了字体不同之外,其字体高度也有不同。字高（h）也代表字体的号数,简称字号。如字高 h＝5 mm 的字即为 5 号字。国标规定常用字号的系列是:1.8、2.5、3.5、5、7、10、14、20 号。

表 3-8 推荐了各种字号的使用范围供参考。

表 3-8　各种字号的使用范围

字　　号	2.5	3.5	5	7	10	14	20
使用范围		(1)　详图的数字标题 (2)　标题的比例数字 (3)　剖视、断面名称代号 (4)　图标中部分文字 (5)　一般文字说明		各种图的标题		大标题和封面标题	
		尺寸、高程及其他数字	(1)　表格的名称 (2)　详图及附注标题				

3.3.4　关于字体的其他规定

除了上面所讲到的相关规定之外，为了实现建筑图中文字表达的统一，制图者还应注意以下几点。

（1）表示数量的数字，应采用正体阿拉伯数字。各种计量单位凡前面有量值的，均应采用国家颁布的单位符号注写。单位符号应采用正体字母。例如，三千五百毫米应写成 3 500 mm，二百五十吨应写成 250 t，六十千克每立方米应写成 60 kg/m^3。

（2）分数、百分数和比例数的注写，应采用阿拉伯数字和数学符号。例如：四分之三、百分之二十五和一比二十应分别写成 3/4、25% 和 1:20。页数标注应写成第 13 页共 46 页。

（3）当注写的数字小于 1 时，必须写出个位的"0"，小数点应采用圆点，齐基准线书写，例如 0.01、0.007 等。

（4）在图中书写的汉字不应小于 3.5 号，书写的数字和字母不应小于 2.5 号。

3.4　比例

在用图纸表达建筑图形时，图纸与实际建筑物不可能保持相同大小，因此必须对实物进行一定比例的放缩，再按这样的比例进行画图。建筑图的比例，即为图形与实物相对应的线型尺寸之比。比值为 1 的比例，即 1:1，称为原值比例；比值大于 1 的比例，如 2:1 等，称为放大比例；比值小于 1 的比例，如 1:2 等，称为缩小比例。可以看出比例的大小，是指其比值的大小，如 1:50 大于 1:100。

比例的符号为"："，比例应以阿拉伯数字表示，如 1:1、1:2、1:100 等。

绘图所用的比例，应根据图样的用途与被绘对象的复杂程度，从表 3-9 中选用，并优先用表中常用比例。

表 3-9　绘图所用的比例

常用比例	1:1、1:2、1:5、1:10、1:20、1:50、1:100、1:150、1:200、1:500、1:1 000、1:2 000、1:5 000、1:10 000、1:50 000、1:100 000、1:200 000
可用比例	1:3、1:4、1:6、1:15、1:25、1:30、1:40、1:60、1:80、1:250、1:300、1:400、1:600

比例一般应标注在标题栏中的比例栏内。必要时，可在视图名称的下方或右侧标注比例；比例的字高比图名的字高小一号或二号，如图 3-4 所示。

一般情况下，一张建筑图中应选用一种比例。根据专业制图需要，同一图样可选用两种比例。特

图 3-4　比例的注写

殊情况下也可自选比例，这时除应注出绘图比例外，还必须在适当位置绘制出相应的比例尺。

3.5 尺寸标注

建筑图除了画出建筑物及其各部分的形状外，还必须准确地、详尽地和清晰地标注尺寸，以确定其大小，作为施工时的依据。因此标注尺寸总的要求是：

（1）要正确合理，即标注方式符合国标规定。

（2）要完整划一，即尺寸必须齐全，不在同一张图纸上但相同部位的尺寸要一致。

（3）要清晰整齐，即注写的部位要恰当、明显和排列有序。

3.5.1 尺寸的组成

一个完整尺寸的组成应包括：尺寸界线、尺寸线、尺寸起止符号和尺寸数字 4 项，如图 3-5 所示。

1. 尺寸界线是被注长度的界限线

尺寸界线表示了尺寸标注的起点和终点。尺寸界线应用细实线画，必要时图样轮廓线可以作为尺寸界线。一般情况下，尺寸界线应与被注长度垂直，其一端应离开图样轮廓线不小于 2 mm，另一端宜超出尺寸线 2～3 mm，如图 3-6 所示。

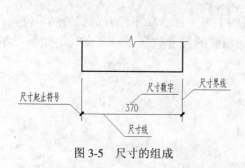

图 3-5　尺寸的组成

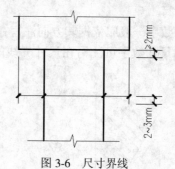

图 3-6　尺寸界线

2. 尺寸线是连接尺寸界线的界限线

尺寸线连接了两端的尺寸界线。尺寸线应用细实线画，不能用图样中的任何图线代替。尺寸线应与被注长度平行，其两端不宜超出尺寸界线。画在图样外围的尺寸线，与图样最外轮廓线的距离不宜小于 10 mm；平行排列的尺寸线间距为 7～10 mm，且应保持一致；相互平行的尺寸线，应从被注轮廓线按小尺寸近，大尺寸远的顺序整齐排列，如图 3-7 所示。

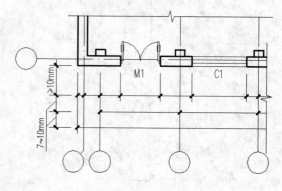

图 3-7　尺寸的排列

3. 尺寸起止符号是尺寸线起迄处所画的符号

尺寸起止符号一般应用中粗斜短线画，其倾斜方向应与尺寸界线成顺时针 45º 角，长度宜为 2～3 mm，如图 3-8（a）所示。半径、直径、角度与弧长的尺寸起止符号，宜用箭头表示，如图 3-8（b）所示。

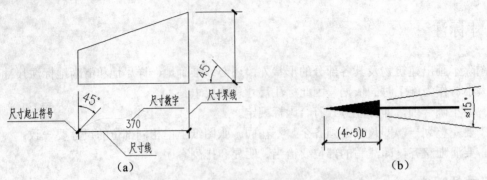

（a）　　　　　　　　（b）

图 3-8　起止符号

4. 其他注意事项

为了增加建筑图中尺寸标注的可读性，制图者与读图者都还应注意建筑图上的尺寸，应以尺寸数字为准，不得从图上直接量取。并且尺寸数字与绘图所用比例无关。对于线型尺寸，尺寸数字为被标注长度的实际尺寸。建筑图上的尺寸单位，除标高及总平面以米（m）为单位外，其他必须以毫米（mm）为单位，因此建筑图上标注的尺寸一律不写单位。

尺寸数字的方向，应按图 3-9（a）的规定注写。若尺寸数字在 30°斜线内，宜按图 3-9（b）的形式注写。

尺寸数字一般应依据其方向注写在靠近尺寸线的上方中部。如果没有足够的注写位置，最外边的尺寸数字可注写在尺寸界线的外侧，中间相邻的尺寸数字可错开注写，如图 3-10 所示。

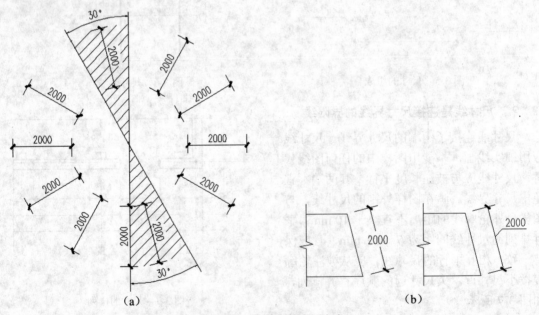

（a）　　　　　　　　　　　　　（b）

图 3-9　尺寸数字的注写方向

任何图线都不得穿过尺寸数字，不可避免时，应将尺寸数字处的图线断开，如图 3-11 所示。

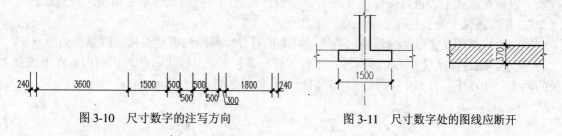

图 3-10　尺寸数字的注写方向　　　　　图 3-11　尺寸数字处的图线应断开

3.5.2　半径、直径、球的尺寸标注

前面主要针对线性标注的相关规定进行了说明,下面介绍径向标注的一些相关规定和注意事项。

1.　半径

一般情况下,对于半圆或小于半圆的圆弧应标注其半径。半径的尺寸线应一端从圆心开始,另一端画箭头指向圆弧。半径数字前应加注半径符号"R",如图 3-12 所示。

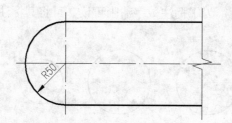

图 3-12　半径的标注方法

而对于较小圆弧的半径,可按图 3-13 形式标注。

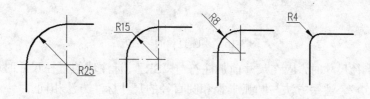

图 3-13　小圆弧半径的标注方法

较大圆弧的半径,可按图 3-14 形式标注。

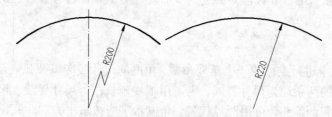

图 3-14　大圆弧半径的标注方法

2.　直径

直径与半径的标注基本相同,但也有不同之处。一般对于大于半圆的圆弧或圆应标注直径。

直径可以标在圆弧上，也可以标在圆成为直线的投影上，直径的尺寸数字前应加注直径符号"Φ"。标在圆弧上的直径尺寸应注意一下几点。

在圆内标注的尺寸线，应该是一条通过圆心的直径，两端画成箭头指至圆弧，如图 3-15（a）所示。同时直径尺寸还可以标注在平行于任一直径的尺寸线上，此时需画出垂直于该直径的两条尺寸界线，且起止符号改用45°斜短线，如图 3-15（b）所示。

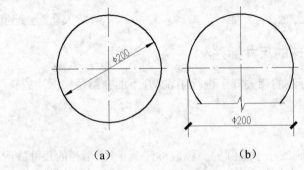

（a）　　　　　　　　　　（b）

图 3-15　直径的标注方法

对于较小圆的直径尺寸，为了标注数字清晰可读，可将其标注在圆外，如图 3-16 所示。

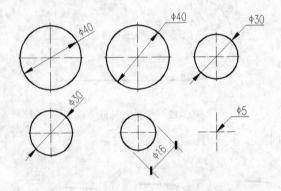

图 3-16　小圆直径的标注方法

标注球的半径尺寸时，应在尺寸前加注符号"SR"。标注球的直径尺寸时，应在尺寸数字前加注符号"SΦ"。注写方法与圆弧半径和圆直径的尺寸标注方法相同。

3.5.3　角度、弧长、弦长的尺寸标注

角度、弧长、弦长的尺寸标注是独立的 3 种标注方式，各自有其自己的特点和规定。下面将对其进行一一介绍。

1.　角度

角度是极坐标中进行定位的一个重要参数。角度的尺寸线应以圆弧表示。该圆弧的圆心应是该角的顶点，角的两条边为尺寸界线，也可用细线延长作为尺寸界线。起止符号应以箭头表示，如没有足够位置画箭头，可用圆点代替，角度数字应按水平方向注写，并在数字的右上角加注度、分、秒符号，如图 3-17 所示。

2.　弧长

弧长是指圆弧或椭圆弧的长度。标注圆弧的弧长时，尺寸线应以与该圆弧同心的圆弧线表

示,尺寸界线应垂直于该圆弧的弦,起止符号用箭头表示,弧长数字上方应加注圆弧符号"⌒",如图 3-18 所示。

3. 弦长

标注圆弧的弦长时,尺寸线应以平行于该弦的直线表示,尺寸界线应垂直于该弦,起止符号用中粗斜短线表示,如图 3-19 所示。

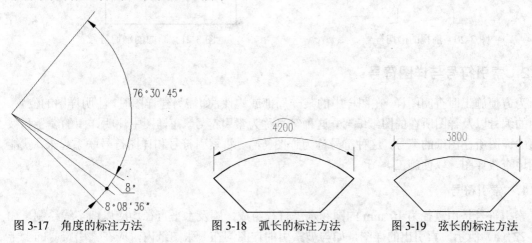

图 3-17　角度的标注方法　　　图 3-18　弧长的标注方法　　　图 3-19　弦长的标注方法

3.6　符号

建筑制图中,除了图形、文字和尺寸标注外,还有一系列的制图符号。其中包括剖切符号、索引符号和引出线等。这些符号可以很好地帮助制图者完善建筑图的表达,并且还可提高读图者的识图效率。因此国标上针对这些符号也制定了相关的规定。

3.6.1　剖切符号

剖切符号主要用于表示剖面图的剖切位置和所对应的剖面编号。主要分为剖视的剖切符号和断面的剖切符号。

1. 剖视的剖切符号

剖视的剖切符号由剖切位置线及投射方向线组成,均应以粗实线绘制。剖切位置线的长度宜为 6～10 mm;投射方向线应垂直于剖切位置线,长度一般应短于剖切位置线,宜为 4～6 mm,如图 3-20 所示。绘制时,剖视的剖切符号不应与其他图线相接触。

剖视剖切符号的编号采用阿拉伯数字,按顺序由左至右、由下至上连续编排,并应注写在剖视方向线的端部。需要转折的剖切位置线,在转角的外侧加注与该符号相同的编号。建筑物剖面图的剖切符号宜注在±0.00 标高的平面图上。

2. 断面的剖切符号

断面的剖切符号只用剖切位置线表示,并应以粗实线绘制,长度宜为 6～10 mm。断面剖切符号的编号宜采用阿拉伯数字,按顺序连续编排,并应注写在剖切位置线的一侧;编号所在的一侧应为该断面的剖视方向,如图 3-21 所示。

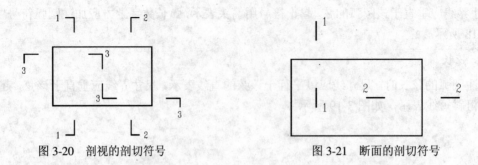

图 3-20 剖视的剖切符号   图 3-21 断面的剖切符号

3.6.2 索引符号与详图符号

为方便施工时查阅图样，在图样中的某一局部或构件，如需另建详图时，注明详图的位置、详图的编号以及详图所在的图纸编号，这种符号称为索引符号。在详图中注明详图的编号和被索引的详图所在图纸的编号，这种符号称为详图符号。将索引符号和详图符号联系起来，就能顺利地查找详图，以便施工。

1. 索引符号

索引符号是由直径为 10 mm 的圆和水平直径组成，圆及水平直径均应以细实线绘制，如图 3-22（a）所示。索引出的详图，如与被索引的详图同在一张图纸内，应在索引符号的上半圆中用阿拉伯数字注明该详图的编号，在下半圆中间画一段水平细实线，如图 3-22（b）所示。如果索引出的详图与被索引的详图不在同一张图纸内，应在索引符号的上半圆中用阿拉伯数字注明该详图的编号，在索引符号的下半圆中用阿拉伯数字注明该详图所在图纸的编号，如图 3-22（c）所示。数字较多时，可加文字标注。索引出的详图，如采用标准图，应在索引符号水平直径的延长线上加注该标准图册的编号，如图 3-22（d）所示。

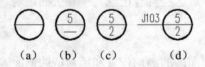

（a）   （b）   （c）   （d）

图 3-22 索引符号

索引符号如用于索引剖视详图，应在被剖切的部位绘制剖切位置线，并以引出线引出索引符号，引出线所在的一侧应为投射方向，如图 3-23 所示。

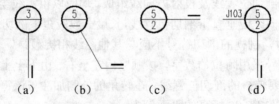

（a）   （b）   （c）   （d）

图 3-23 用于索引剖面图的索引符号

2. 详图符号

详图符号表示详图的位置和编号，详图符号的圆以直径为 14 mm 粗实线绘制。详图与被索引的图样同在一张图纸内时，应在详图符号内用阿拉伯数字注明详图的编号，如图 3-24（a）所示。而当详图与被索引的图样不在同一张图纸内，应用细实线在详图符号内画一水平直径，在上半圆中注明详图编号，在下半圆中注明被索引的图纸的编号，如图 3-24（b）所示。

3. 零件、钢筋、杆件、设备等的编号

此类编号以直径为 4～6 mm（同一图样应保持一致）的细实线圆表示，其编号应用阿拉伯数字按顺序编写，如图 3-25 所示。

图 3-24   详图符号   图 3-25   零件、钢筋等的编号

3.6.3   引出线

引出线是从建筑图中引出文字说明或详图的符号，应以细实线绘制，宜采用水平方向的直线、与水平方向成 30°、45°、60°、90° 的直线，或经上述角度再折为水平线。文字说明宜注写在水平线的上方，如图 3-26（a）所示。也可注写在水平线的端部，如图 3-26（b）所示。索引详图的引出线，应与水平直径线相连接，如图 3-26（c）所示。

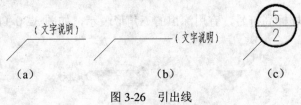

图 3-26   引出线

同时引出几个相同部分的引出线，宜互相平行，如图 3-27（a）所示，也可画成集中于一点的放射线，如图 3-27（b）所示。

图 3-27   共用引出线

多层构造或多层管道共用引出线，应通过被引出的各层。文字说明宜注写在水平线的上方，或注写在水平线的端部，说明的顺序应由上至下，并应与被说明的层次相互一致；如层次为横向排序，则由上至下的说明顺序应与由左至右的层次相互一致，如图 3-28 所示。

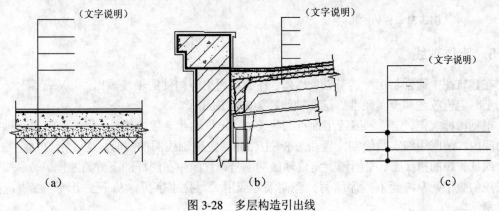

图 3-28   多层构造引出线

3.6.4　标高符号

在建筑制图中采用标高符号来表明标高和建筑高度。标高符号以直角等腰三角形表示，按图 3-29 (a) 所示形式用细实线绘制，如标注位置不够，也可按图 3-29 (b) 所示形式绘制。标高符号的具体画法如图 3-29 (c)、3-29 (d) 所示。

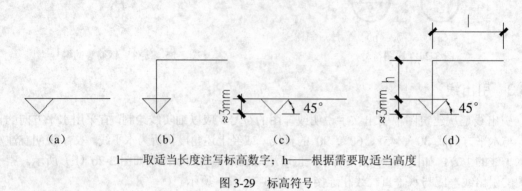

l——取适当长度注写标高数字；h——根据需要取适当高度

图 3-29　标高符号

总平面图室外地坪标高符号，宜用涂黑的三角形表示，如图 3-30 (a) 所示，具体画法如图 3-30 (b) 所示。

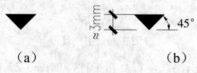

图 3-30　总平面图室外标高符号

标高符号的尖端应指至被注高度的位置。尖端一般应向下，也可向上。标高数字应注写在标高符号的左侧或右侧，如图 3-31 所示。

标高数字应以米为单位，注写到小数点以后第三位。在总平面图中，可注写到小数点以后第二位。零点标高应注写成±0.000，正数标高不注"+"，负数标高应注"-"，例如 3.000、-0.600。在图样的同一位置需表示几个不同标高时，标高数字可按图 3-32 所示的形式注写。

图 3-31　标高的指向　　　　　　　　图 3-32　同一位置注写多个标高

3.6.5　定位轴线

在建筑图中通常将房屋的基础、墙体、柱子和屋架等构件的轴线画出，并进行编号，以便于施工时定位放线和查阅图纸。这些轴线称为定位轴线。

根据国标规定，定位轴线应用细点画线绘制。定位轴线一般应编号，编号应注写在轴线端部的圆内。圆应用细实线绘制，直径为 8～10 mm。定位轴线圆的圆心，应在定位轴线的延长线上或延长线的折线上。平面图上定位轴线的编号，宜标注在图样的下方与左侧。横向编号应用阿拉伯数字，从左至右顺序编写，竖向编号应用大写拉丁字母，从下至上顺序编写，如图 3-33 所示。

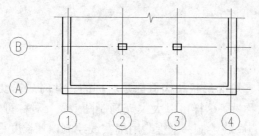

图 3-33　定位轴线的编号顺序

拉丁字母的 I、O、Z 不得用做轴线编号。如字母数量不够使用，可增用双字母或单字母加数字注脚，如 AA、BA…YA 或 A1、B1…Y1。

对于一些与主要构件相联系的次要构件，它的定位轴线一般作为附加轴线。附加定位轴线的编号，应以分数形式表示。两根轴线间的附加轴线，应以分母表示前一轴线的编号，分子表示附加轴线的编号，编号宜用阿拉伯数字顺序编写，如图 3-34（a）所示；而 1 号轴线或 A 号轴线之前的附加轴线的分母应以 01 或 0A 表示，如图 3-34（b）所示。

（a）　　　　　　　　　　　　　　　　　　（b）

图 3-34　附加定位轴线的编号

在画详图时，如果一个详图适用于几个轴线时，用户应同时将各有关轴线的编号注明，如图 3-35 所示。

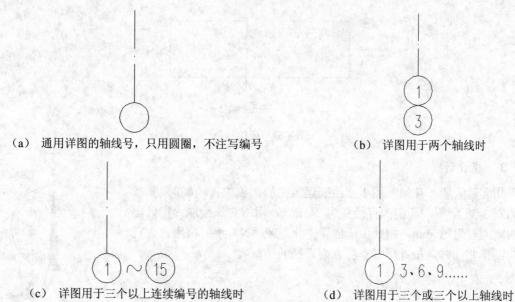

（a）　通用详图的轴线号，只用圆圈，不注写编号　　　　（b）　详图用于两个轴线时

（c）　详图用于三个以上连续编号的轴线时　　　　（d）　详图用于三个或三个以上轴线时

图 3-35　详图中定位轴线的编号

3.6.6　其他符号

1.　对称符号

在建筑制图中，很多建筑的形状和构造都是对称的。此时只需要画出整个建筑物的一半，并用对称符号表示出其对称性。这样可以大大提高制图效率。对称符号由对称线和两端的两对平行线组成。对称线用细点画线绘制；平行线用细实线绘制，其长度宜为 6～10 mm，每对的间距宜为 2～3 mm；对称线垂直平分于两对平行线，两端超出平行线宜为 2～3 mm，如图 3-36所示。

图 3-36　对称符号

2.　连续符号

在建筑制图中，常会遇到很多尺寸太大，并且中间并没有变化的建筑构件，此时可用连续符号将其打断，只绘制不同部分。连接符号应以折断线表示需连接的部位。两部位相距过远时，折断线两端靠图样一侧应标注大写拉丁字母表示连接编号。两个被连接的图样必须用相同的字母编号，如图 3-37 所示。

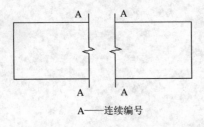

A——连续编号

图 3-37　连续符号

3.　指北针

指北针表明了建筑制图中所绘制建筑物的摆放位置和朝向，其形状如图 3-38 所示，其圆的直径宜为 24 mm，用细实线绘制；指针尾部的宽度宜为 3 mm，指针头部应注"北"或"N"字。需用较大直径绘制指北针时，指针尾部宽度宜为直径的 1/8。

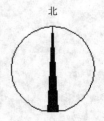

图 3-38　指北针

3.7 习题

3.7.1 填空题

（1） 每幅建筑图应先根据形体的复杂程度和比例的大小，确定基本线宽 b。b 值宜从下列线宽系列中选取：_____、_____、_____、_____、_____，常用的 b 值为_____。

（2） 国标规定建筑图中的汉字应采用国家公布的简化字，并用_____，其字高与字宽的比例为_____，约_____，笔画的宽度约为字高的_____。

（3） 字体高度（h）代表字体的号数，简称字号。如字高 h＝5 mm 的字即为 5 号字。国标规定常用字号的系列是：_____、_____、_____、_____、_____、_____、_____、_____。

（4） 国标规定一个完整尺寸标注的组成应包括：_____、_____、_____和_____4 项。

（5） 国标规定标高符号中标高数字应以_____为单位，注写到小数点以后第_____位。在总平面图中，可注写到小数字点以后第_____位。零点标高应注写成_____。

（6） 请填写下列符号所对应的名称：

（a）_____   （b）_____

（c）_____   （d）_____   （e）_____

3.7.2 选择题

（1） 国标规定 A2 图纸的基本幅面尺寸为（   ）。
A. 297×420
B. 420×594

C. 594×841

D. 841×1189

（2）在下列图框中，其标题栏摆放位置符合习惯的是（　　　）。

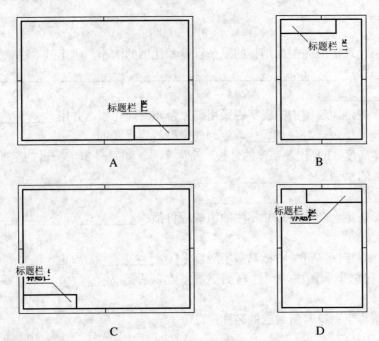

（3）在国标规定中，字母（　　）不得用做轴线编号。

A. B、E、Z

B. I、H、L

C. I、O、Z

D. J、P、X

（4）在建筑制图中，与索引符号配合使用的是（　　）。

A. 连续符号

B. 详图符号

C. 对称符号

D. 剖切符号

3.7.3　简答题

（1）针对尺寸标注的 4 个组成部分，简述国标对尺寸标注的规定。

（2）索引符号、详图符号的主要用途和区别。

第 4 章

AutoCAD 建筑制图基础

教学目标：

AutoCAD 2009 为用户提供了功能强大的制图环境，便捷的图层管理系统和提高制图效率与精度的辅助工具，本章将分别对以上三个部分进行介绍。

读者通过本章的学习将可根据个人的喜好对 AutoCAD 2009 的工作环境进行调整（包括系统参数设置、图形单位的选取、制图图限的设定）；通过图层管理系统将所绘制的对象进行分类管理；利用 AutoCAD 2009 所提供的绘图辅助工具高效、准确地进行建筑制图。

教学重点与难点：

1. 制图基本环境。
2. 图层特性管理器。
3. 对象捕捉。
4. 动态输入。

在了解了建筑制图的一些基本规定以后，便可用 AutoCAD 开始建筑制图了。为了提高制图效率，AutoCAD 2009 提供了功能强大的制图环境。在开始制图前，用户可根据自己的需要，对制图环境进行设定。同时，AutoCAD 2009 还有很多制图辅助工具，可大大提高制图的精确度。在本章将对这些命令和工具进行介绍。

4.1 设置制图基本环境

4.1.1 设置参数选项

通常情况下，安装好 AutoCAD 2009 后就可以在其默认状态下绘制图形，但有时为了提高制图效率，用户可以通过"选项"命令修改绘图区域中元素的外观并指定工作环境的其他方面，例如自动保存图形的频率。在"选项"对话框中，用户可以不断尝试修改影响界面和绘图环境的许多设置，直至找到最适合自己需要的环境。

用户可在"工具"菜单中选择"选项"命令，或者在命令行中输入 Options 命令，或者在未运行任何命令也未选择任何对象的情况下，在绘图区域中单击鼠标右键，然后选择"选项"命令，打开"选项"对话框，如图 4-1 所示。

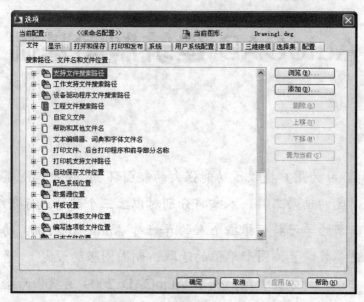

图 4-1   "选项"对话框

（1）   "文件"选项卡。

列出程序在其中搜索支持文件、驱动程序文件、菜单文件和其他文件的文件夹。还列出了用户定义的可选设置，例如哪个目录用于进行拼写检查。

（2）   "显示"选项卡。

用于设置窗口元素、布局元素、显示精度、显示性能、十字光标大小和参照编辑的褪色度等显示属性。

（3）   "打开和保存"选项卡。

用于设置是否自动保存，以及自动保存文件时的时间间隔，是否维护日志，以及是否加载外部参照等。

（4）   "打印和发布"选项卡。

用于设置 AutoCAD 的输出设备。默认情况下，输出设备为 Windows 打印机。但在很多情况下，为了输出较大图幅的图形，用户也可能需要使用专门的绘图仪。

（5）   "草图"选项卡。

用于设置自动捕捉、自动跟踪、自动捕捉标记框颜色和大小、靶框大小，动态输入工具栏的外观等。

（6）   "选择集"选项卡。

用于设置选择集、拾取框大小以及夹点大小等。

4.1.2 设置图形单位

用 AutoCAD 创建的所有对象都是根据图形单位进行测量的。在开始绘图前，必须基于要绘制的图形确定一个图形单位代表的实际大小。例如，一个图形单位的距离通常表示实际单位的一毫米、一厘米、一英寸或一英尺。

选择"格式"|"单位"命令，或者在命令行中输入Units 命令，可打开"图形单位"对话框。在对话框中可设置制图时使用的长度单位、角度单位，以及单位的显示格式和精度等参数，如图 4-2 所示。

图 4-2 "图形单位"对话框

1. 长度

在"图形单位"对话框的"长度"选项组中，用户可指定测量的当前单位及当前单位的精度。从"类型"下拉列表中可设置测量单位的当前格式，该值包括"建筑"、"小数"、"工程"、"分数"和"科学"。其中，"工程"和"建筑"格式提供英尺和英寸显示并假定每个图形单位表示一英寸。其他格式可表示任何真实世界单位。而"精度"下拉列表可设置线性测量值显示的小数位数或分数大小。

2. 角度

在"角度"选项组，用户可指定当前角度格式和当前角度显示的精度。在"类型"和"精度"下拉列表中有以下的惯例用于各种角度测量：十进制度数以十进制数表示，百分度附带一个小写 g 后缀，弧度附带一个小写 r 后缀。度/分/秒格式用 d 表示度，用"'"表示分，用"""表示秒，例如：123d45'56.7"。勘测单位以方位表示角度：N 表示正北，S 表示正南，度/分/秒表示从正北或正南开始的偏角的大小，E 表示正东，W 表示正西，例如：N 45d0'0" E。此形式只使用度/分/秒格式来表示角度大小，且角度值始终小于 90°。如果角度正好是正北、正南、正东或正西，则只显示表示方向的单个字母。

在默认情况下，角度以逆时针方向为正。如果选定此选项组中的"顺时针"选项，则可设置以顺时针方向为正计算角度值。

用户在"长度"或"角度"选项组中选择设置了长度或角度的类型和精度以后，在"输出样例"选项组中将显示用当前单位和角度设置的例子。

3. 插入时的缩放单位

此下拉列表控制插入到当前图形中的块和图形的测量单位。如果块或图形创建时使用的单位与该选项指定的单位不同，则在插入这些块或图形时，将对其按比例缩放。插入比例是源块或图形使用的单位与目标图形使用的单位之比。如果插入块时不按指定单位缩放，选择"无单位"。

图 4-3 "方向控制"对话框

4. 方向

在"图形单位"对话框中，单击"方向"按钮可打开"方向控制"对话框，如图 4-3 所示。在此对话框中可定义角度 0 并指定测量角度的方向。默认情况下，角度 0° 方向指向右（即正东方向或钟面的 3 点方向）的方向。

逆时针方向为角度增加的方向。

4.1.3　设置制图图限

用户能够指定制图区域，也称为图限（limits）。图限是图的外边界，用 *X*，*Y* 坐标来指定。用户只需要设置图的左下角和右上角点的坐标，这两点就为制图建立了一个不可见的封闭矩形。通常默认情况下，左下角图限为 0，0，该点也是输入绝对坐标的参照，因此右上角实际是定义了制图区的尺寸。它确定的区域同时是可见栅格指示的区域，也是选择"视图"∣"缩放"∣"全部"命令时决定显示多大图形的参数。

用户可在"格式"菜单中选择"图形界限"命令，或者在命令行中输入 Limits 命令。命令行提示如下：

命令: limits

重新设置模型空间界限:

指定左下角点或[开(ON)/关(OFF)]<当前>: //指定点，输入 on 或 off，或按 Enter 键

命令行提示项含义如下。

（1）　左下角点。

该提示项要求指定栅格界限的左下角点，输入左下角点坐标或者通过捕捉方式确定一个角点，按 Enter 键，命令行继续提示为：

指定右上角点 <当前>: //指定点或按 Enter 键

（2）　开（ON）。

通过该提示项可打开界限检查。当界限检查打开时，将无法输入栅格界线外的点。因为界限检查只测试输入点，所以对象（例如圆）的某些部分可能会延伸出栅格界限。

（3）　关（OFF）。

通过该提示项可关闭界限检查，但是保持当前的值用于下一次打开界限检查。

4.2　设置图形的图层

在用 AutoCAD 进行建筑制图的过程中，为了提高制图效率，对图形中的各个对象都要进行分门别类的管理，组织图形。而图层正是一个很好的用来组织图形的工具。制图中每一个对象都必须在一个图层，每一个图层都必须有一种颜色、线型和线宽。用户可以按照制图的需要来定义图层。本章将介绍如何建立和管理图层，从而组织图形。

4.2.1　图层概述

图层相当于图纸绘图中使用的重叠图纸，是利用颜色、线宽和线型组织图形的主要工具。图层提供强有力的功能使用户能够区分图中各种各样不同的对象。通过创建图层，可以将类型相似的对象指定给同一个图层使其相关联。在建筑制图中，可以将墙、门、窗户、管道、电路、固定装置、构件、文字说明、尺寸标注、天花板、柱子等置于不同的图层，就可以使用这些图层进行如下的控制。

（1）　图层上的对象是否在任何视口中都可见。

（2）　是否打印对象以及如何打印对象。

（3）　为图层上的所有对象指定何种颜色。

（4）　为图层上的所有对象指定何种默认线型和线宽。

（5）　图层上的对象是否可以修改。

所有的图层都必须有一个名称、颜色、线型和线宽。而每个图形都默认包括名为"0"的图层，其颜色设置为黑色/白色，线型为 Continuous，线宽为默认线宽。"0"图层不能删除或重命名，该图层有以下两个特殊用途：确保每个图形至少包括一个图层和提供与块中的控制颜色相关的特殊图层。在建筑制图中，一定要注意创建几个新图层来组织图形，而不是将整个图形均创建在图层"0"上。

图层还有 4 种状态，通过控制这些状态可指定图层的可见性、重新生成、可编辑性以及可打印性。

（1）　开/关：打开的图层（默认设置）是可见的。关闭的图层为不可见，但当重新生成图形时，该图层也被一同生成。

（2）　冻结/解冻：解冻的图层（默认设置）是可见的，冻结的图层为不可见的，并不随图形的重新生成而生成。但是，当解冻一个冻结的图层时，需要重新生成该图层。

（3）　锁定/解锁：解锁的图层（默认设置）是可见的和可编辑的。锁定的图层是可见的但是不可编辑的。

（4）　打印/不打印：打印的图层（默认设置）是可以打印输出的，不打印的图层是不可打印输出的。该设置只对打开和解冻的图层有效，因为关闭和冻结的图层是无法输出的。

AutoCAD 2009 所提供的"图层"工具栏，如图 4-4 所示。此工具栏提供了所有对图层进行操作的工具，下面我们将对其主要功能进行介绍。

4.2.2　图层特性管理器

图 4-4　"图层"工具栏

用户可在"格式"菜单中选择"图层"命令，或者单击"图层"工具栏中的"图层特性管理器"按钮，或者在命令行中输入 Layer 命令。通过以上方法打开"图层特性管理器"选项板，如图 4-5 所示。图层特性管理器包含了所有对图层的操作。

"图形特性管理器"选项板显示了图形中图层的列表及其特性。同时可以添加、删除和重命名图层，修改图层特性或添加说明。其中的图层过滤器可用于控制在列表中显示哪些图层，还可用于同时对多个图层进行修改。

1.　新建图层

在"图形特性管理器"选项板的左上角第二组按钮中，有"新建图层"按钮。单击此按钮，图层名为"图层 1"的图层将自动添加到图层列表中。此时用户可在亮显的图层名上输入新图层名。图层名最多可以包括 255 个字符：字母、数字和特殊字符，如美元符号"$"、连字符"－"和下画线"_"。在其他特殊字符前使用反向引号(`)，使字符不被当做通配符。同时图层名不能包含空格。

用户可单击对应的图标修改图层特性。当单击"颜色"、"线型"、"线宽"或"打印样式"的图标时，将显示相应的对话框；当单击"开"、"冻结"、"锁定"、"打印"的图标时，将指定图层相对应的状态。同时用户还可单击"说明"的空白处，为图层添加相对应的说明，从而增加图层的可读性。

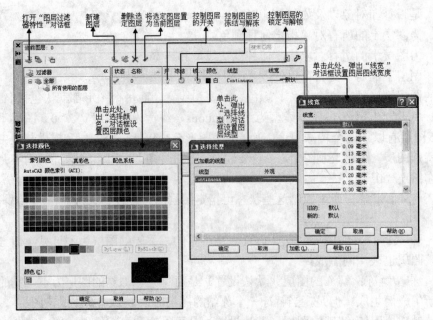

图 4-5　"图层特性管理器"选项板

用户对图层特性所做的修改会及时反映在所在图层的图形上，图层特性设置完毕后，直接关闭"图层特性管理器"选项板即可。

2. 管理图层

一幅建筑图中将会涉及到很多图层，为了方便对图层进行管理。用户利用 AutoCAD 2009 的"特性过滤器"将图层进行归类管理。

单击"图形特性管理器"选项板左上角的"新建特性过滤器"按钮 ，打开"图层过滤器特性"对话框，如图 4-6 所示。

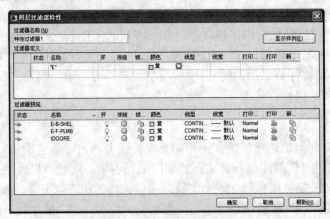

图 4-6　"图层过滤器特性"对话框

在此对话框中首先要输入图层特性过滤器的名称，然后进行过滤器的定义。其中包括名称或其他特性相同的图层。例如，可以定义一个过滤器，其中包括颜色为"黄"且名称包括字符"E"的所有图层，过滤效果如图 4-6 所示。

4.3　通过状态栏辅助绘图

在 AutoCAD 中，为了方便用户进行各种图形的绘制，在状态栏中提供了多种辅助工具以帮助用户快速准确地绘图，如图 4-7 所示。单击相应的功能按钮，对应的功能便能发挥作用。

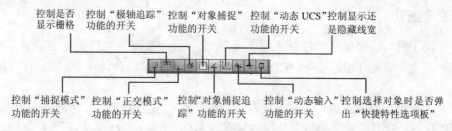

图 4-7　状态栏辅助绘图工具

4.3.1　设置捕捉、栅格

在绘图中，使用栅格和捕捉功能有助于创建和对齐图形中的对象。栅格是按照设置的间距显示在图形区域中的点，它能提供直观的距离和位置的参照，类似于坐标纸中的方格的作用，栅格只在图形界限以内显示。

捕捉则使光标只能停留在图形中指定的点上，这样就可以很方便地将图形放置在特殊点上，便于以后的编辑工作。栅格和捕捉这两个辅助绘图工具之间有着很多联系，尤其是两者间距的设置。有时为了方便绘图，可将栅格间距设置为与捕捉间距相同，或者使栅格间距为捕捉间距的倍数。

在状态栏的"捕捉"按钮▦或者"栅格"按钮▦上单击鼠标右键，在弹出的快捷菜单中选择"设置"命令，弹出如图 4-8 所示的"草图设置"对话框。当前显示的是"捕捉和栅格"选项卡。

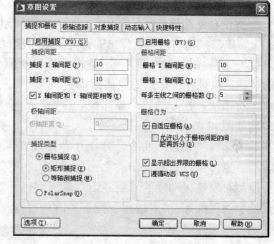

图 4-8　"草图设置"对话框

在"捕捉和栅格"选项卡中，选中"启用捕捉"和"启用栅格"复选框则可分别启动控制捕捉和栅格功能，用户也可以通过单击状态栏上的相应按钮来控制开启。

在"捕捉类型"选项组中，提供了"栅格捕捉"和"极轴捕捉"两种类型供用户选择。"栅格捕捉"模式中包含了"矩形捕捉"和"等轴测捕捉"两种样式，在二维图形绘制中，通常使用的是矩形捕捉。

"极轴捕捉"模式是一种相对捕捉，也就是相对于上一点的捕捉。如果当前未执行绘图命令，光标就能够在图形中自由移动，不受任何限制。当执行某一种绘图命令后，光标就只能在特定的极轴角度上，并且定位在距离为间距的倍数的点上。

系统默认模式为"栅格捕捉"中的"矩形捕捉"，这也是最常用的一种。

在"捕捉间距"选项组和"栅格间距"选项组中，用户可以设置捕捉和栅格的距离。"捕捉间距"选项组中的"捕捉 X 轴间距"和"捕捉 Y 轴间距"文本框可以分别设置捕捉在 X 方向和 Y 方向的单位间距，"X 和 Y 间距相等"复选框可以设置 X 和 Y 方向的间距是否相等。"栅格间距"选项组中的"栅格 X 轴间距"和"栅格 Y 轴间距"文本框可以分别设置栅格在 X 方向和 Y 方向的单位间距。

4.3.2 设置正交

正交辅助工具可以帮助用户绘制平行于 X 轴或 Y 轴的直线。当绘制众多正交直线时，通常要打开"正交"辅助工具。在状态工具栏中，单击"正交"按钮，即可打开"正交"辅助工具。

在打开"正交"辅助工具后，就只能在平面内平行于两个正交坐标轴的方向上绘制直线，并指定点的位置，而不用考虑屏幕上光标的位置。绘图的方向由当前光标在平行其中一条坐标轴（如 X 轴）方向上的距离值与在平行于另一条坐标轴（如 Y 轴）方向的距离值相比来确定的，如果沿 X 轴方向的距离大于沿 Y 轴方向的距离，AutoCAD 将绘制水平线；相反地，如果沿 Y 轴方向的距离大于沿 X 轴方向的距离，那么只能绘制竖直的线。同时，"正交"辅助工具并不影响从键盘上输入点。

4.3.3 设置对象捕捉

所谓对象捕捉，就是利用已经绘制的图形上的几何特征点定位新的点。在绘图区任意工具栏上，单击鼠标右键，在弹出的快捷菜单中选择"对象捕捉"命令，弹出如图 4-9 所示的"对象捕捉"工具栏。用户可以在工具栏中单击相应的按钮，以选择合适的对象捕捉模式。

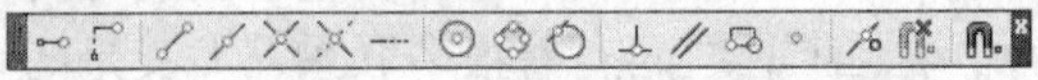

图 4-9　"对象捕捉"工具栏

右击状态栏上的"对象捕捉"按钮，会弹出如图 4-10 所示的快捷菜单，用户可以直接控制各种对象捕捉模式的开关。在弹出的快捷菜单中选择"设置"命令，弹出"草图设置"对话框，打开"对象捕捉"选项卡，如图 4-11 所示。也可以设置相关的对象捕捉模式。"对象捕捉"选项卡中的"启用对象捕捉"复选框用于控制对象捕捉功能的开启。当对象捕捉打开时，在"对象捕捉模式"选项组中选定的对象捕捉处于活动状态。"启用对象捕捉追踪"复选框用于控制对象捕捉追踪的开启。

图 4-10　对象捕捉快捷菜单

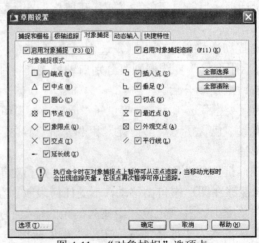

图 4-11　"对象捕捉"选项卡

在"对象捕捉模式"选项组中，提供了13种捕捉模式，不同捕捉模式的意义如下。

- 端点：捕捉直线、圆弧、椭圆弧、多线、多段线线段的最近的端点，以及捕捉填充直线、图形或三维面域最近的封闭角点。
- 中点：捕捉直线、圆弧、椭圆弧、多线、多段线线段、参照线、图形或样条曲线的中点。
- 圆心：捕捉圆弧、圆、椭圆或椭圆弧的圆心。
- 节点：捕捉点对象。
- 象限点：捕捉圆、圆弧、椭圆或椭圆弧的象限点。象限点分别位于从圆或圆弧的圆心到 0°、90°、180°、270° 圆上的点。象限点的零度方向是由当前坐标系的 0° 方向确定的。
- 交点：捕捉两个对象的交点，包括圆弧、圆、椭圆、椭圆弧、直线、多线、多段线、射线、样条曲线或参照线。
- 延长线：在光标从一个对象的端点移出时，系统将显示并捕捉沿对象轨迹延伸出来的虚拟点。
- 插入点：捕捉插入图形文件中的块、文本、属性及图形的插入点，即它们插入时的原点。
- 垂足：捕捉直线、圆弧、圆、椭圆弧、多线、多段线、射线、图形、样条曲线或参照线上的一点，而该点与用户指定的上一点形成一条直线，此直线与用户当前选择的对象正交（垂直）。但该点不一定在对象上，而有可能在对象的延长线上。
- 切点：捕捉圆弧、圆、椭圆或椭圆弧的切点。此切点与用户所指定的上一点形成一条直线，这条直线将与用户当前所选择的圆弧、圆、椭圆或椭圆弧相切。
- 最近点：捕捉对象上最近的一点，一般是端点、垂足或交点。
- 外观交点：捕捉 3D 空间中两个对象的视图交点（这两个对象实际上不一定相交，但看上去相交）。在 2D 空间中，外观交点捕捉模式与交点捕捉模式是等效的。
- 平行线：绘制平行于另一对象的直线。首先是在指定了直线的第一点后，用光标选定一个对象（此时不用单击鼠标指定，AutoCAD 将自动帮助用户指定，并且可以选取多个对象），之后再移动光标，这时经过第一点且与选定的对象平行的方向上将出现一条参照线，这条参照线是可见的。在此方向上指定一点，那么该直线将平行于选定的对象。

4.3.4　设置极轴追踪

当自动追踪打开时，在绘图区将出现追踪线（追踪线可以是水平或垂直，也可以有一定角度）可以帮助用户精确确定位置和角度创建对象。AutoCAD 提供了极轴追踪和对象捕捉追踪两种追踪模式。

单击状态栏上的"极轴追踪"按钮 可打开极轴追踪功能，右击"极轴追踪"按钮，在弹出的快捷菜单中选择"设置"命令，弹出"草图设置"对话框，打开"极轴追踪"选项卡，如图 4-12 所示。可以进行极轴追踪模式参数的设置，追踪线由相对于起点和端点的极轴角定义。

"极轴追踪"选项卡中各选项含义如下。

图 4-12　"极轴追踪"选项卡

- 增量角：设置极轴角度增量的模数，在绘图过程中所追踪到的极轴角度将为此模数的倍数。
- 附加角：在设置角度增量后，仍有一些角度不等于增量值的倍数。对于这些特定的角度值，用户可以单击"新建"按钮，添加新的角度，使追踪的极轴角度更加全面（最多只能添加十个附加角度）。
- 绝对：极轴角度绝对测量模式。选择此模式后，系统将以当前坐标系下的 X 轴为起始轴计算出所追踪到的角度。
- 相对上一段：极轴角度相对测量模式。选择此模式后，系统将以上一个创建的对象为起始轴计算出所追踪到的相对于此对象的角度。

单击状态栏中的"对象捕捉追踪"按钮 ∠，可以打开对象追踪功能，通过使用对象捕捉追踪可以使对象的某些特征点成为追踪的基准点，根据此基准点沿正交方向或极轴方向形成追踪线，进行追踪。

在"草图设置"对话框中打开"极轴追踪"选项卡，在"对象捕捉追踪设置"选项组中可对对象捕捉追踪进行设置。各参数含义如下。

- 仅正交追踪：表示仅在水平和垂直方向（即 X 轴和 Y 轴方向）对捕捉点进行追踪（但切线追踪、延长线追踪等不受影响）。
- 用所有极轴角设置追踪：表示可按极轴设置的角度进行追踪。

4.3.5 动态输入

使用 AutoCAD 提供的动态输入功能，可以在工具栏提示中直接输入坐标值或进行其他操作，而不必在命令行中进行输入，这样可以帮助用户专注于绘图区域。

单击状态栏上的 DYN 按钮可以打开和关闭"动态输入"。"动态输入"有 3 个组件：指针输入、标注输入和动态提示。在"动态输入"按钮 上单击鼠标右键，在弹出的快捷菜单中选择"设置"命令，弹出如图 4-13 所示的"动态输入"对话框。

（1）指针输入。

选中"启用指针输入"复选框，当有命令

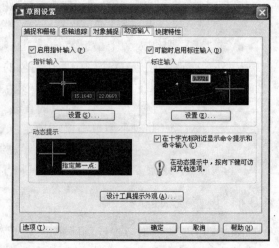

图 4-13　"动态输入"选项卡

在执行时，十字光标的位置将在光标附近的工具栏提示中显示为坐标。用户可以在工具栏提示中输入坐标值，而不用在命令行中输入。

要输入坐标，用户可以按 Tab 键将焦点切换到下一个工具栏提示，然后输入下一个坐标值。在指定点时，第一个坐标是绝对坐标，第二个或下一个点的格式是相对极坐标。如果要输入绝对值，则需在值前加上前缀"#"符号。

单击"指针输入"选项组中的"设置"按钮，弹出如图 4-14 所示的"指针输入设置"对话框。"格式"选项组可以设置指针输入时第二个点或者后续点的默认格式，"可见性"选项组可以设置在什么情况下显示坐标工具栏提示。

（2）标注输入。

选中"可能时启用标注输入"复选框，当命令提示输入第二点时，工具栏提示将显示距离和角度值。在工具栏提示中的值将随着光标移动而改变。按 Tab 键可以移动到要更改的值。标注输入可用于 ARC、CIRCLE、ELLIPSE、LINE和 PLINE 等命令。

启用"标注输入"后，坐标输入字段会与正在创建或编辑的几何图形上的标注绑定。

（3）动态提示。

选中"在十字光标附近显示命令提示和命令输入"复选框，可以在工具栏提示而不是命令行中输入命令以及对提示做出响应。如果提示包含多个选项，可以按键盘上的下箭头键查看这些选项，然后选择一个选项。动态提示可以与指针输入和标注输入一起使用。

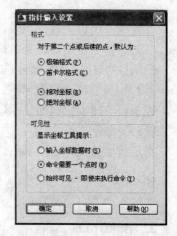

图 4-14　"指针输入设置"对话框

当用户使用夹点编辑对象时，标注输入工具栏提示可能会显示旧的长度、移动夹点时更新的长度、长度的改变、角度、移动夹点时角度的变化和圆弧的半径等信息。

4.3.6　相关设置

用户可在本章 4.1 节所提到的"选项"对话框中的"草图"选项卡中，设置自动捕捉、自动跟踪、自动捕捉标记框的颜色和大小、靶框大小、动态输入工具栏外观等相关选项（如图 4-15 所示）。

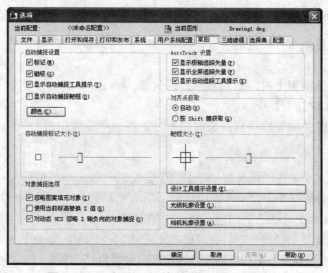

图 4-15　"选项"对话框中的"草图"选项卡

1. 自动捕捉设置

利用"自动捕捉设置"区中的设置项，用户可以设置以下内容。

（1）标记。

控制自动捕捉标记的显示。该标记是当十字光标移到捕捉点上时显示的几何符号。

（2）磁吸。

打开或关闭自动捕捉磁吸。磁吸是指十字光标自动移动并锁定到最近的捕捉点上。

（3）显示自动捕捉工具提示。

控制自动捕捉工具栏提示的显示。工具栏提示是一个标签，用来描述捕捉到的对象部分。

（4）显示自动捕捉靶框。

控制自动捕捉靶框的显示。靶框是捕捉对象时出现在十字光标内部的方框。

（5）颜色。

指定自动捕捉标记的颜色。

2. 自动捕捉标记大小

通过拖动"自动捕捉标记大小"区的滑块，设置自动捕捉标记的显示尺寸。

3. AutoTrack

在"AutoTrack"区用户可以对自动追踪进行设置，其设置内容如下。

（1）显示极轴追踪矢量。

当极轴追踪打开时，将沿指定角度显示一个矢量。使用极轴追踪，可以沿角度绘制直线。极轴角是 90º 的约数，如 45º、30º 和 15º。

（2）显示全屏追踪矢量。

控制追踪矢量的显示。追踪矢量是辅助用户按特定角度或与其他对象特定关系绘制对象的构造线。如果选择此选项，对齐矢量将显示为无限长的线。

（3）显示自动追踪工具栏提示。

控制自动追踪工具栏提示的显示。工具栏提示是一个标签，它显示追踪坐标。

4. 对齐点获取

控制在图形中显示对齐矢量的方法。

（1）自动。

当靶框移到对象捕捉上时，自动显示追踪矢量。

（2）用 Shift 键获取。

当按"Shift"键并将靶框移到对象捕捉上时，将显示追踪矢量。

5. 靶框大小

要修改靶框的大小，在"靶框大小"中，通过控制靶框大小的滑动条，将滑动条向右移动靶框变大，向左移动靶框变小。预览窗口显示了当前靶框的大小。靶框的大小主要影响到捕捉范围的大小，AutoCAD 只能捕捉到落在靶框内的对象。

当用户绘制比较复杂的图形时，有可能在所需指定点的附近还有其他的对象点，如果这时的靶框较大就会影响到捕捉效率和精确度。用户可以根据自己的需要随时调整靶框大小。

 注意： 如果靶框太小，虽然能够较好地指定特定对象，但是需要进行较为精确的调整，使指定对象较慢，影响捕捉效率。

6. 对象捕捉选项

对象捕捉选项包括以下三项。

（1） 忽略图案填充对象。

设置在打开对象捕捉时，对象捕捉忽略填充图案。

（2） 使用当前标高替换 Z 值。

设定在对象捕捉时，忽略对象捕捉位置的 Z 值，并使用为当前 UCS 设置的标高的 Z 值。

（3） 对动态 UCS 忽略 Z 轴负向的对象捕捉。

选择该复选框后，使用动态 UCS 期间，对象捕捉忽略具有负 Z 值的几何体。

7. 设计工具栏提示设置

设置工具栏提示外观的颜色、大小和透明度。

4.4 习题与上机练习

4.4.1 填空题

（1） 在 AutoCAD 2009 中设计图形单位中，包括设置_____、_____、_____和_____。

（2） AutoCAD 中的图层所必须包含的四个属性：_____、_____、_____和_____。同时图层还有四种可控制的状态为：_____、_____、_____和_____。

（3） 在 AutoCAD 的状态栏里列出了各种绘图辅助工具的按钮，其对应的快捷键为：栅格："_____"、捕捉："_____"、对象捕捉："_____"、极轴："_____"、DYN："_____"。

（4） 在 AutoCAD 2009 的绘图辅助工具中，"动态输入"的功能，其包含有 3 个组件，分别为：_____、_____和_____。

4.4.2 选择题

（1） 在 AutoCAD 2009 中，有关文件自动保存的设置在"选项"对话框中的（   ）选项卡。

    A. "文件"   B. "系统"

    C. "打开和保存"   D. "用户系统配置"

（2） 在 AutoCAD 2009 中，有关绘图辅助工具设置在"选项"对话框中的（   ）选项卡。

    A. "显示"   B. "草图"

    C. "选择"   D. "配置"

（3） 在 AutoCAD 2009 中，设置制图区域大小的命令是（   ）。

    A. options   B. limits

    C. units   D. layer

（4） 在指定点的提示下，可通过输入所需捕捉模式的关键词选择捕捉模式，其中切点捕捉的关键词为（   ）。

    A. mid   B. end

    C. tan   D. cen

4.4.3 简答题

（1）简述 AutoCAD 辅助工具中"捕捉"和"对象捕捉"的各自特点及区别。

（2）简述在 AutoCAD 2009 中何谓"动态输入"，其作用是什么。

4.4.4 上机练习

建立一个新的 AutoCAD 文件，其完成建筑制图前的基本设置。其中包括：

（1）此文件自动保存的路径和自动保存的时间（提示："选项"对话框中"文件"和"打开保存"选项卡）。

（2）设置制图图限的大小为 A3 图幅（提示："limits"命令）。

（3）建立多个图层，其属性和状态如图 4-16 所示。

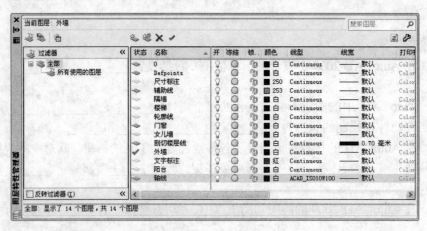

图 4-16　所建立的图层

（4）再利用"新特性过滤器"建立名称为"墙体"的过滤器，如图 4-17 所示。

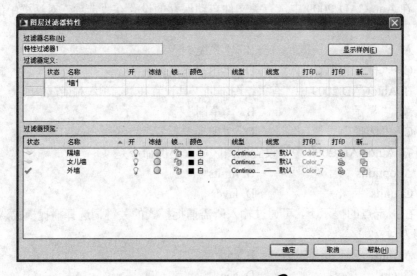

图 4-17　"墙体"过滤器

第 5 章

二维绘图与编辑

教学目标：

在 AutoCAD 中，二维图形对象都是通过一些基本二维图形的绘制，以及在此基础上的编辑得到的。AutoCAD 为用户提供了大量的基本图形绘制命令和二维图形编辑命令，用户通过这些命令的结合使用，可以方便而快速地绘制出二维图形对象。

本章旨在向读者介绍 AutoCAD 中平面坐标系的基本定义，二维平面图形的基本绘制和编辑方法，图案填充的基本方法，表格的创建以及创建和插入图块的方法。通过本章的学习，读者可以掌握 AutoCAD 中二维图形的基本绘制方法。

教学重点与难点：

1. 基本的二维绘图命令。
2. 基本的二维编辑命令。
3. 图案填充的应用。
4. 图块的应用。
5. 常用图形和标准图形绘制。

5.1 二维图形绘制

AutoCAD 在二维绘图方面体现了强大的功能，用户可以使用 AutoCAD 提供的各种命令绘制点、直线、弧线以及其他图形，下面给读者详细介绍。

5.1.1 绘制点

在利用 AutoCAD 绘制图形时，经常需要绘制一些辅助点来准确定位，完成图形后删除它们。AutoCAD 既可以绘制单独的点，也可以绘制等分点和等距点。在创建点之前要设置点的样式和大小，然后再绘制点。

1. 设定点的大小与样式

选择"格式"|"点样式"命令，弹出如图 5-1 所示的"点样式"对话框。从中可以完成点的样式和大小的设置。

一个图形文件中，点的样式都是一致的，一旦更改了一个点的样式，该文件中所有的点都会发生变化，除了被锁住或者冻结的图层上的点，但是将该图层解锁或者解冻后，点的样式和其他图层一样会发生变化。

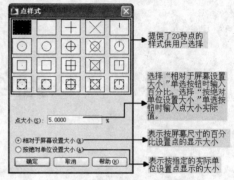

图 5-1　"点样式"对话框

2. 绘制点

选择"绘图"|"点"|"单点"命令或者"多点"命令（选择"单点"命令则一次命令仅输入一个点，选择"多点"命令则可输入多个点），或者单击"绘图"工具栏的"点"按钮 °，即可在指定的位置单击鼠标创建点对象，或者输入点的坐标绘制多个点。

3. 绘制定数等分点

AutoCAD 提供了"等分"命令，可以将已有图形按照一定的要求等分。绘制定数等分点，就是将点或者块沿着对象的长度或周长等间隔排列。在"绘图"菜单中选择"点"|"定数等分"命令。在系统提示下选择要等分的对象，并输入等分的线段数目，就可以在图形对象上绘制定数等分点了。可以绘制定数等分点的对象包括圆、圆弧、椭圆、椭圆弧和样条曲线。

对于非闭合的图形对象，定数等分点的位置是唯一的，而闭合的图形对象的定数等分点的位置和鼠标选择对象的位置有关。有时候绘制完等分点后，用户可能看不到，这是因为点与所操作的对象重合，用户可以将点设置为其他便于观察的样式。

4. 绘制定距等分点

在 AutoCAD 中，还可以按照一定的间距绘制点，在"绘图"菜单中选择"点"|"定距等分"命令。在系统的提示下，输入点的间距，即可绘制出该图形上的定距等分点。

5.1.2 绘制直线

直线是基本的图形对象之一，AutoCAD 中的直线实际上为几何学中的线段。AutoCAD 用一系列的直线连接各指定点。

在"绘图"菜单中选择"直线"命令，或者单击绘图工具栏的 ╱ 按钮，激活该命令后，系统提示如下：

命令：line
指定第一点：　　　//使用光标在绘图区拾取一个点或者输入坐标确定一个点
指定下一点或 [放弃(U)]://使用光标在绘图区拾取第二个点或者输入坐标确定第二点

指定下一点或 [放弃(U)]: //继续绘制或者按回车键完成绘制

5.1.3 绘制矩形

选择"绘图"|"矩形"命令，或者单击绘图工具栏的▢按钮，命令行提示如下：

命令: _rectang
指定第一个角点或 [倒角(C)/标高(E)/圆角(F)/厚度(T)/宽度(W)]:
指定另一个角点或 [面积(A)/尺寸(D)/旋转(R)]:

其中命令行各提示项的含义如下。

- "倒角"选项：设置对矩形各个角的修饰，从而绘制出四个角带倒角的矩形。
- "标高"选项：设置绘制矩形时的所在 Z 平面。此项设置在平面视图中看不出区别。
- "圆角"选项：设置矩形各角为圆角，从而绘制出带圆角的矩形。
- "厚度"选项：设置矩形沿 Z 轴方向的厚度，同样在平面视图中无法看到效果。
- "宽度"选项：设置矩形边的宽度。
- "面积"选项：使用面积与长度或宽度创建矩形。如果"倒角"或"圆角"选项被激活，则面积将包括倒角或圆角在矩形角点上产生的效果。
- "尺寸"选项：使用长和宽创建矩形。
- "旋转"选项：按指定的旋转角度创建矩形。

5.1.4 正多边形

正多边形各边长度相等，利用 AutoCAD 的"正多边形"命令可以绘制边数从 3 到 1024 的正多边形。

选择"绘图"|"正多边形"命令，或者单击"绘图"工具栏的⬠按钮，具体操作如下：

命令: _polygon 输入边的数目 <4>://设置多边形的边数
指定正多边形的中心点或 [边(E)]://指定多边形的中心点或者输入"边"选项，使用边绘制
输入选项 [内接于圆(I)/外切于圆(C)] <I>: //设置多边形时内接还是外切于圆
指定圆的半径://指定多边形内接或者外切的圆的半径

各命令行提示项的含义如下。

- "边"选项：以一条边的长度和方向为基础绘制正多边形。
- "内接于圆"选项：绘制圆的内接正多边形。
- "外切于圆"选项：绘制圆的外切正多边形。

5.1.5 绘制圆、圆弧

在制图中，圆、圆弧、圆环在绘图过程中是非常重要也是非常基础的曲线图形。通过几何学可以知道用很多办法来构造圆、圆弧、圆环，下面就分别介绍它们。

1. 绘制圆

AutoCAD 提供了 6 种绘制圆的方法，它们都包含在"圆"命令中。可以通过在"绘图"菜单中选择"圆"命令，或者单击绘图工具栏中的◉按钮进行圆的绘制，并且在菜单"绘图"|"圆"的级联菜单中，依次罗列了 6 种绘制圆的方法。

（1）"圆心、半径"选项绘制圆，命令行中要求指定圆心和半径来绘制圆，演示效果如图 5-2 所示。

图 5-2　"圆心、半径"方法绘制圆　　　　图 5-3　"圆心、直径"方法绘制圆

（2）"圆心、直径"选项绘制圆，命令行中要求指定圆心和直径绘制圆，绘制结果如图 5-3 所示。

（3）"三点"选项绘制圆，命令行要求指定圆上的三点，绘制结果如图 5-4 所示。

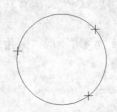 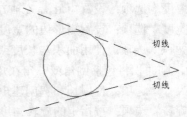

图 5-4　"三点"方法绘制圆　　　　图 5-5　"相切、相切、半径"方法绘制圆

（4）"相切、相切、半径"选项绘制圆，是利用与圆周相切的两个对象和圆的半径绘制圆。使用此方法绘制圆有可能找不到符合条件的图形，此时命令提示行将提示："圆不存在"。绘制结果如图 5-5 所示。

（5）"两点"选项绘制圆，是利用圆一条直径的两个端点绘制圆，绘制结果如图 5-6 所示。

（6）"相切、相切、相切"选项绘制圆，是利用与圆周相切的三个对象绘制圆。使用该方式时，要打开对象捕捉功能的捕捉"切点"功能，绘制结果如图 5-7 所示。

 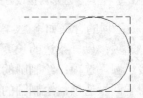

图 5-6　"两点"方法绘制圆　　　　图 5-7　"相切、相切、相切"方法绘制圆

2. 绘制圆弧

圆弧是圆周的一部分，绘制圆弧时除了需要知道圆心、半径之外，还需要知道圆弧的起点、终点。此外，圆弧还有顺时针和逆时针的特性。AutoCAD 提供了 10 种绘制圆弧的方法。在"绘图"菜单中选择"圆弧"选项，或者单击绘图工具栏中的 便可以调用这些命令。

（1）"三点"选项绘制圆弧，是通过输入圆弧的起点、端点和圆弧上的任一点来绘制圆弧。绘制结果如图 5-8 所示。

（2）"起点、圆心、端点"选项绘制圆弧，是通过圆弧所在圆的圆心和圆弧的起点、终点来绘制圆弧。绘制结果如图 5-9 所示。

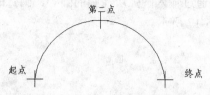

图 5-8　"三点"方法绘制圆弧

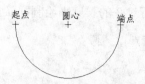

图 5-9　"起点、圆心、端点"方法绘制圆弧

（3）"起点、圆心、角度"选项绘制圆弧，是通过输入圆弧所在圆的圆心、圆弧的起点，以及圆弧所对圆心角的角度来绘制圆弧。绘制结果如图 5-10 所示。

（4）"起点、圆心、长度"选项绘制圆弧，是通过圆弧所在圆的圆心、圆弧的起点以及圆弧的弦长来绘制圆弧，注意输入的弦长不能超过圆弧所在圆的直径。绘制结果如图 5-11 所示。

图 5-10　"起点、圆心、角度"方法绘制圆弧

图 5-11　"起点、圆心、长度"方法绘制圆弧

（5）"起点、端点、角度"选项绘制圆弧，是通过输入圆弧的起点、端点以及圆弧所对圆心角的角度来绘制圆弧。绘制结果如图 5-12 所示。

（6）"起点、端点、方向"选项绘制圆弧，是通过输入圆弧的起点、端点与通过起点的切线方向来绘制圆弧。绘制结果如图 5-13 所示。

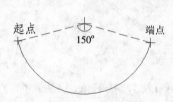

图 5-12　"起点、端点、角度"方法绘制圆弧

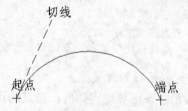

图 5-13　"起点、端点、方向"方法绘制圆弧

（7）"起点、端点、半径"选项绘制圆弧，是通过输入圆弧的起点、端点以及圆弧的半径来绘制圆弧。绘制结果如图 5-14 所示。

（8）"圆心、起点、端点"选项绘制圆弧，是通过输入圆弧所在圆的圆心以及圆弧的起点、端点来绘制圆弧。绘制结果如图 5-15 所示。

图 5-14　"起点、端点、半径"方法绘制圆弧

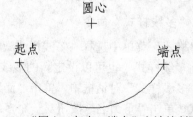

图 5-15　"圆心、起点、端点"方法绘制圆弧

（9）"圆心、起点、角度"选项绘制圆弧，是通过输入圆弧所在圆的圆心、圆弧的起点

以及圆弧所对圆心角的角度来绘制圆弧。绘制结果如图 5-16 所示。

（10） "圆心、起点、长度"选项绘制圆弧，是通过输入圆弧所在圆的圆心、圆弧的起点以及圆弧所对弦的长度来绘制圆弧。绘制结果如图 5-17 所示。

图 5-16　"圆心、起点、角度"方法绘制圆弧　　　图 5-17　"圆心、起点、长度"方法绘制圆弧

（11）　在菜单中还有最后一项为"继续"选项，其作用是继续绘制与最后绘制的直线或曲线的端点相切的圆弧。

5.1.6　绘制多线

AutoCAD 提供 Mline 命令绘制多线，另外，还提供了 Mledit 命令用于修改两条或多条多线的交点及封口样式，Mlstyle 命令用于创建新的多线样式或编辑已有的多线样式。在一个多线样式中，最多可以包含 16 条平行线，每一条平行线称为一个元素。

1.　"多线"命令

选择"绘图" | "多线"命令，或者在命令提示符下输入 Mline 命令，并按 Enter 键或空格键，均可激活"多线"命令。具体操作如下：

```
命令：_Mline
当前设置：对正 = 上，比例 = 20.00，样式 = STANDARD
指定起点或 [对正(J)/比例(S)/样式(ST)]://设置多线的参数
指定下一点：
指定下一点或 [放弃(U)]：
指定下一点或 [闭合(C)/放弃(U)]：
```

命令行提示项的含义如下。

- 对正：该选项确定如何在指定的点之间绘制多线。输入 J，按 Enter 键后，命令行提示三个选项"上(T)/无(Z)/下(B)"，其中上(T)表示设置光标处绘制多线的顶线，其余的线在光标之下；无(Z)表示在光标处绘制多线的中点，即偏移量为 0 的点；下(B)表示设置光标处绘制多线的底线，其余的线在光标之上。
- 比例：设置多线宽度的缩放比例系数。此系数不会影响线型的缩放比例系数。
- 样式：指定多线样式。选择此项后，命令行会给出提示："输入多线样式名或 [?]:"此处输入多线样式名称或者输入"?"可显示已定义的多线样式名。

2.　"多线样式"命令

在"格式"菜单中选择"多线样式"命令，弹出"多线样式"对话框。在此对话框中可以修改当前多线样式，也可以设定新的多线样式，如图 5-18 所示。

在"多线样式"对话框中，单击"置为当前"按钮可以将选定的多线样式置为当前应用的多线样式，单击"重命名"按钮对一个多线样式进行重命名，单击"新建"按钮弹出如图 5-19所示的"创建新的多线样式"对话框。

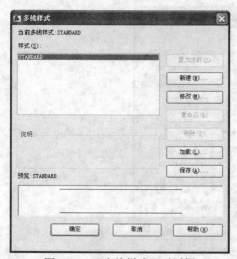

图 5-18　"多线样式"对话框　　　　图 5-19　"创建新的多线样式"对话框

　　在"创建新的多线样式"对话框中，在"新样式名"对话框中输入新样式名称，在"基础样式"下拉列表中选择参考样式，单击"继续"按钮，弹出如图 5-20 所示的"新建多线样式：WALL"对话框。

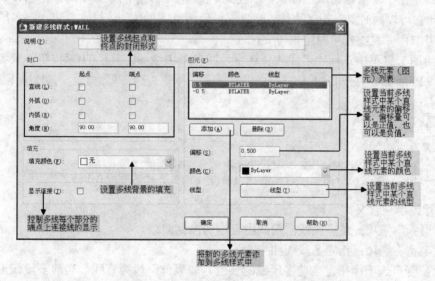

图 5-20　"新建多线样式：WALL"对话框

　　在"新建多线样式"对话框中，"说明"文本框为当前多线样式附加简单的说明和描述，用户可以创建自己需要的多线样式。

3. "多线编辑"命令

　　AutoCAD 提供了"多线编辑"命令，来对多线进行编辑。在"修改"菜单中选择"对象"｜"多线"选项，或在命令行输入命令 Mledit，则弹出"多线编辑工具"对话框，如图 5-21 所示。

　　用户可以在对话框中选择想要的编辑格式来修改已绘制的多线。

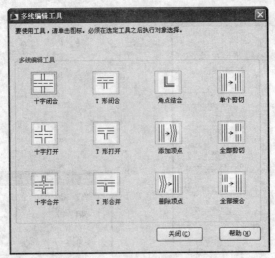

图 5-21 "多线编辑工具"对话框

5.1.7 绘制多段线

多段线是由多个对象组成的图形。多段线中的"多段"指的是单个对象中包含多条直线或圆弧。因此它可以同时具有很多直线、圆弧等对象所具备的优点,这主要表现在多段线可直可曲、可宽可窄,并且线宽可固定也可变化。

在"绘图"菜单中选择"多段线"选项,或者单击绘图工具栏的 按钮,或者在命令提示符下输入 Pline 命令并按 Enter 键或空格键,都可以调用"多段线"命令。具体操作如下:

命令: _Pline
指定起点:
当前线宽为 0.0000
指定下一个点或 [圆弧(A)/半宽(H)/长度(L)/放弃(U)/宽度(W)]:
指定下一点或 [圆弧(A)/闭合(C)/半宽(H)/长度(L)/放弃(U)/宽度(W)]:

命令行提示项含义如下。

- "圆弧"选项:使多段线的绘制由直线切换到曲线。
- "半宽"选项:指定多段线的半宽值。
- "长度"选项:指定当前多段线的长度。如果前一段为直线,当前多段线沿着直线延长方向;如果前一段为曲线,当前多段线沿着曲线端点的切线方向。
- "放弃"选项:撤销上次所绘制的一段多段线。可按顺序依次撤销。
- "宽度"选项:指定多段线线宽值。其默认值为上一次所指定的线宽,如果用户一直没有指定过多段线线宽,其值为零。同时在指定线宽时,多段线的起点宽度与端点宽度进行分别指定,也可分段指定,可互不相同。

在圆弧选项中,AutoCAD 提供了多种不同选项绘制曲线段,绘制方式与圆弧类似,这里不再赘述。

5.1.8 构造线

向两个方向无限延伸的直线称为构造线。选择"绘图"菜单中的"构造线"命令,或单击

"绘图"工具栏的 ✐ 按钮，或者在命令行输入 xline，都可以绘制构造线。命令行提示如下：

命令：_xline
指定点或［水平(H)/垂直(V)/角度(A)/二等分(B)/偏移(O)］：//指定点或者输入其他参数

各选项含义如下：

- "水平(H)"、"垂直(V)"方式能够创建一条经过指定点并且与当前 UCS 的 X 轴或 Y 轴平行的构造线。
- "角度(A)"方式可以创建一条与参照线或水平轴成指定角度，并经过指定一点的构造线。
- "二等分(B)"方式创建一条等分某一角度的构造线。
- "偏移(O)"方式创建平行于一条基线一定距离的构造线。

5.1.9 样条曲线

在 AutoCAD 中，一般通过指定样条曲线的控制点和起点以及终点的切线方向来绘制样条曲线。选择"绘图"菜单中的"样条曲线"命令，或单击 ～ 按钮，或在命令行中输入 spline 来执行该命令。命令行提示如下：

命令：_spline
指定第一个点或［对象(O)］：
指定下一点：
…
指定下一点或［闭合(C)/拟合公差(F)］<起点切向>：
指定起点切向：
指定端点切向：

5.2 二维图形编辑

用户在绘制建筑图形时，经常需要对已绘制的图形进行编辑和修改。这时就要用到 AutoCAD 的图形编辑功能。AutoCAD 中常见的二维图形编辑命令基本上都可以在"修改"工具栏中找到，"修改"工具栏如图 5-22 所示。

图 5-22 "修改"工具栏

5.2.1 删除

在"修改"菜单中选择"删除"命令，或是单击 ✐ 按钮，或者在命令提示符下输入 erase 命令并按 Enter 键或空格键，均可调用删除命令。命令行提示如下：

命令：_erase
选择对象：找到 2 个对象//在绘图区选择需要删除的对象（构造删除对象集）
选择对象：   //按 Enter 键

5.2.2 复制

在"修改"菜单中选择"复制"命令，或是单击 ✐ 按钮，或者在命令提示符下输入 copy 命令并按 Enter 键或空格键，均可调用复制命令，"复制"命令可以将对象复制多次。命令行提示如下：

命令：_copy
选择对象：找到 1 个//在绘图区选择需要复制的对象
选择对象://按回车键，完成对象选择
当前设置： 复制模式 = 多个
指定基点或 [位移(D)/模式(O)] <位移>://在绘图区拾取或输入坐标确认复制对象的基点
指定第二个点或 <使用第一个点作为位移>://在绘图区拾取或输入坐标确定位移点
指定第二个点或 [退出(E)/放弃(U)] <退出>://对对象进行多次复制
指定第二个点或 [退出(E)/放弃(U)] <退出>://按回车键，完成复制

5.2.3 镜像

镜像是将一个对象按某一条镜像线进行对称复制。在"修改"菜单中选择"镜像"命令，或是单击 ⚌ 按钮，或者在命令提示符下输入 mirror 命令并按 Enter 键或空格键，均可调用复制命令。命令行提示如下：

命令：_mirror
选择对象：找到 1 个//在绘图区选择需要镜像的对象
选择对象:// 按回车键，完成对象选择
指定镜像线的第一点：//在绘图区拾取或者输入坐标确定镜像线第 1 点
指定镜像线的第二点:// 在绘图区拾取或者输入坐标确定镜像线第 2 点
要删除源对象吗？[是(Y)/否(N)] <N>://输入 N 则不删除源对象，输入 Y 则删除源对象

5.2.4 偏移

偏移对象是指保持选择对象的基本形状和方向不变，在不同的位置新建一个对象。偏移的对象可以是直线段、射线、圆弧、圆、椭圆弧、椭圆、二维多段线和平面上的样条曲线等。在"修改"菜单中选择"偏移"命令，或是单击 ⚌ 按钮，或者在命令提示符下输入 offset 命令并按 Enter 键或空格键，均可调用复制命令。命令行提示如下：

命令：_offset
当前设置：删除源=否 图层=源 OFFSETGAPTYPE=0
指定偏移距离或 [通过(T)/删除(E)/图层(L)] <1.0000>： 100//设置需要偏移的距离
选择要偏移的对象，或 [退出(E)/放弃(U)] <退出>://在绘图区选择要偏移的对象
指定要偏移的那一侧上的点，或 [退出(E)/多个(M)/放弃(U)] <退出>://以偏移对象为基准，选择偏移的方向
选择要偏移的对象，或 [退出(E)/放弃(U)] <退出>://按回车键，完成偏移操作

5.2.5 阵列

阵列命令用于将所选择的对象按照矩形或环形（图案）方式进行多重复制。当使用矩形阵列时，需要指定行数、列数、行间距和列间距（行间距和列间距可以不同），整个矩形可以按照某个角度旋转。当使用环形阵列时，需要指定间隔角、复制数目、整个阵列的包含角以及对象阵列时是否保持原对象方向。

在"修改"菜单中选择"阵列"命令，或是单击 ⊞ 按钮，或者在命令提示符下输入 array

命令并按 Enter 键或空格键，均可弹出"阵列"
对话框，如图 5-23 所示。

1. 矩形阵列

选择"矩形阵列"单选按钮，对话框如图 5-23
所示，其中各选项的含义如下。

图 5-23　"阵列"对话框

- "行数"文本框：指定阵列行数。
- "列数"文本框：指定阵列列数。
- "行偏移"文本框：指定阵列的行间距。
  如果输入间距为负值，阵列将从上往下布
  置行。用户也可单击此文本框右侧的"拾
  取两个偏移"按钮或"拾取行偏移"按钮
  在绘图窗口中指定阵列中行的偏移矢量。
- "列偏移"文本框：指定阵列的列间距。如果输入间距为负值，阵列将从右向左布置
  列。用户也可单击此文本框右侧的"拾取两个偏移"按钮或"拾取列偏移"按钮在绘
  图窗口中指定阵列中列的偏移矢量。
- "阵列角度"文本框：指定阵列的角度。一般此角度设置为零，此时阵列的行和列分
  别平行于当前坐标系下的 X 轴和 Y 轴。用户也可单击此文本框右侧的"拾取阵列的角
  度"按钮在绘图窗口中指定阵列的角度矢量。

2. 环形阵列

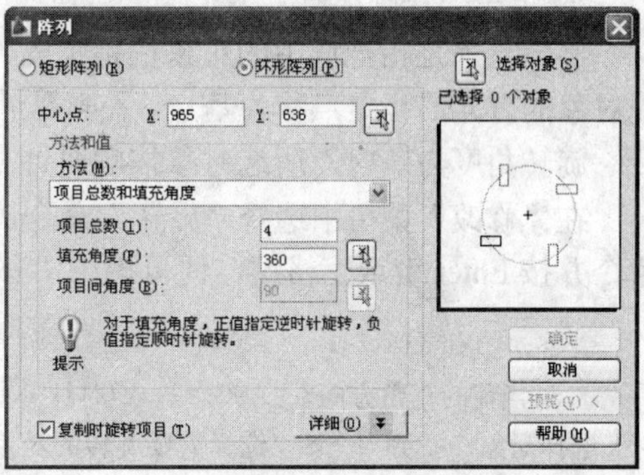

选择"环形阵列"单选按钮，对话框如图 5-24
所示。

对话框中各选项含义如下。

- "中心点"选项：指定环形阵列的中心点。
  用户可直接在文本框中输入中心点的 X
  轴与 Y 轴的坐标数值，也可单击此文本
  框右侧的"拾取中心点"按钮在绘图
  窗口中指定中心点。
- "方法"下拉列表：设定图形的定位方式。

图 5-24　环形阵列

此选项将影响到下面相关数值设定项的不同。例如，如果选择的定位方式为"项目总
数和填充角度"，那么"项目总数"与"填充角度"两项参数的文本框为可设定状态，
而"项目间角度"此项参数的文本框为不可设定状态。

- "项目总数"文本框：指定在环形阵列中图形的数目。其默认值为 4。
- "填充角度"文本框：指定环形阵列所对应的圆心角的度数。输入为正值时环形列阵
  方向为逆时针，输入为负值时环形列阵方向为顺时针。其默认值为 360，即环形阵列
  为一个圆，此值不能为 0。也可单击此文本框右侧的"拾取要填充的角度"按钮在绘
  图窗口中指定度数。
- "项目间角度"文本框：指定环形阵列中相邻图形所对应的圆心角度数。此值只能为
  正，其默认值为 90。也可单击此文本框右侧的"拾取项目间角度"按钮在绘图窗口中
  指定度数。

● "复制时旋转项目"复选框：设定环形阵列中的图形是否旋转。单击右侧的"详细"按钮可显示附加参数的对话框（如图 5-25 所示），同时此按钮名变为"简略"。在其中可选择"设为对象的默认值"复选框使图形不旋转时进行阵列的基点为图形的几何默认点，或在"基点"文本框组中

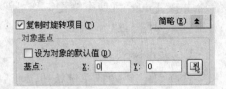

图 5-25　附加参数对话框

输入 X 轴和 Y 轴坐标自定义基点。此基点是图形相对于中心点进行环形阵列的定位点。

5.2.6　移动

"移动"命令是在不改变对象大小和方向的前提上，将对象从一个位置移动到另一个位置。在"修改"菜单中选择"移动"命令，或是单击 ✥ 按钮，或者在命令提示符下输入 move 命令并按 Enter 键或空格键，便可调用"移动"命令。命令行提示如下：

```
命令：_move
选择对象：找到 1 个//选择需要移动的对象
选择对象：//按回车键，完成对象选择
指定基点或 [位移(D)] <位移>：//在绘图区选择对象移动的基点或者输入坐标
指定第二个点或 <使用第一个点作为位移>://在绘图区选择对象移动的第 2 点或者输入坐标
```

5.2.7　旋转

旋转对象是指把选中的对象在指定的方向上旋转指定的角度。用于使对象绕其旋转从而改变对象的方向的指定点称为基点。在默认状态下，旋转角度为正时，所选对象按逆时针方向旋转；旋转角度为负时，所选对象按顺时针方向旋转。

在"修改"菜单中选择"旋转"命令，或是单击 ↻ 按钮，或者在命令提示符下输入 rotate 命令并按 Enter 键或空格键，便可调用"移动"命令。命令行提示如下：

```
命令：_rotate
UCS 当前的正角方向：　ANGDIR=逆时针　ANGBASE=0
选择对象：找到 1 个//选择需要旋转的对象
选择对象://按回车键完成选择
指定基点://在绘图区选择对象旋转的基准点或者输入坐标
指定旋转角度，或 [复制(C)/参照(R)] <0>：　90//输入旋转角度
```

命令行提示项的含义如下。

● "指定旋转角度"选项：直接输入旋转的角度。
● "复制"选项：创建要旋转的选定对象的副本。
● "参照"选项：使对象参照当前方位来旋转，指定当前方向作为参考角，或通过指定要旋转的直线的两个端点，从而指定参考角，然后指定新的方向。

5.2.8　拉伸

拉伸对象是指拉长选中的对象，使对象的形状发生改变，但不会影响对象没有拉伸的部分。在拉伸过程中，选择对象时，和选择窗口相交的对象被拉伸，窗口外的对象保持不变，完全在

窗口内的对象将发生移动。在"修改"菜单中选择"拉伸"命令,或是单击⬚按钮,或者在命令提示符下输入 stretch 命令并按 Enter 键或空格键,便可调用"移动"命令。命令行提示如下:

命令: _stretch
以交叉窗口或交叉多边形选择要拉伸的对象...
选择对象: 指定对角点: 找到 1 个//以交叉窗口选择方式选择拉伸对象
选择对象://按回车键,完成选择
指定基点或 [位移(D)] <位移>://在绘图区选择拉伸对象拉伸的基点或者输入坐标
指定第二个点或 <使用第一个点作为位移>://在绘图区选择第二点,或者输入坐标

5.2.9 缩放

缩放命令用于将制定对象按相同的比例沿 X 轴、Y 轴放大或缩小。如果要放大一个对象,用户可以输入一个大于 1 的比例因子;如果要缩小一个对象,用户可以输入一个小于 1 的比例因子;但比例因子不能为负值,只能为正值。在"修改"菜单中选择"缩放"命令,或是单击⬚按钮,或者在命令提示符下输入 scale 命令并按 Enter 键或空格键,便可调用"缩放"命令。命令行提示如下:

命令: _scale
选择对象:找到 1 个//选择缩放对象
选择对象://按回车键,完成选择
指定基点://在绘图区选择缩放的基点,或者输入坐标
指定比例因子或 [复制(C)/参照(R)] <1.0000>: 0.5//输入缩放的比例值

命令行提示项含义如下。

- "指定比例因子"选项:指定比例系数,按此比列系数缩放选定的图形。大于 1 的比例系数使图形放大,介于 0 和 1 之间的比例系数使图形缩小。
- "复制"选项:创建要缩放的选定对象的副本。
- "参照"选项:指定参照长度和新的长度,并按照这两个长度的比例缩放选定的图形。

5.2.10 修剪

修剪命令用于以某个图形为修剪边修剪其他图形。可被修剪的图形包括:直线、圆弧、椭圆弧、圆、二维和三维多段线、构造线、射线以及样条曲线。有效的修剪边界可以是:直线、圆弧、圆、椭圆、二维和三维多段线、浮动视口、参照线、射线、面域、样条曲线以及文字。

在"修改"菜单中选择"修剪"命令,或者单击修改工具栏的⬚按钮,或者在命令提示符下输入 trim 命令并按 Enter 键或空格键,便可调用"修剪"命令。命令行提示如下:

命令: _trim
当前设置:投影=UCS,边=无
选择剪切边...
选择对象或 <全部选择>: 找到 1 个//在绘图区选择剪切边
选择对象://按回车键,完成选择
选择要修剪的对象,或按住 Shift 键选择要延伸的对象,或
[栏选(F)/窗交(C)/投影(P)/边(E)/删除(R)/放弃(U)]:

//选择需要修剪的对象，拾取点落在需要修剪掉的部分

选择要修剪的对象，或按住 Shift 键选择要延伸的对象，或

[栏选(F)/窗交(C)/投影(P)/边(E)/删除(R)/放弃(U)]://按回车键完成修剪

命令行提示项含义如下。

- "要修剪的对象"选项：指定待修剪的图形。
- "栏选"选项：选择与选择栏相交的所有对象，选择栏是一系列临时线段，它们是用两个或多个栏选点指定的。
- "窗交"选项：选择矩形区域（由两点确定）内部或与之相交的对象。
- "投影"选项：指定修剪图形时使用的投影模式。
- "边"选项：确定对象是在另一对象的延长边处进行修剪，还是仅在三维空间中与该对象相交的对象处进行修剪。
- "删除"选项：删除选定的对象。此选项提供了一种用来删除不需要的对象的简便方法，而无需退出 trim 命令。

5.2.11 延伸

延伸是以某个图形为边，将另一个图形延长到此边界上。可延伸的图形包括：直线、圆弧、椭圆弧、开放的二维和三维多段线和射线。可作为延伸边界的对象包括直线、圆弧、椭圆弧、圆、椭圆、二维和三维多段线、射线、构造线、面域、样条曲线、字符串或浮动视口。如果选择二维多段线作为延伸边界，那么将忽略其宽度并将延伸的图形延伸到多段线的中心线处。

在"修改"菜单中选择"延伸"命令，或者单击修改工具栏的 ⌐/ 按钮，或者在命令提示符下输入 extend 命令并按 Enter 键或空格键，便可调用"延伸"命令。命令行提示如下：

命令：_extend
当前设置：投影=UCS，边=无
选择边界的边...
选择对象或 <全部选择>： 找到 1 个//选择延伸的边界
选择对象://按回车键，完成选择
选择要延伸的对象，或按住 Shift 键选择要修剪的对象，或
[栏选(F)/窗交(C)/投影(P)/边(E)/放弃(U)]：
//选择要延伸的对象
选择要延伸的对象，或按住 Shift 键选择要修剪的对象，或
[栏选(F)/窗交(C)/投影(P)/边(E)/放弃(U)]://按回车键完成延伸

5.2.12 打断

打断用于删除图形的一部分或将一个图形分成两部分。该命令可用于直线、构造线、射线、圆弧、圆、椭圆、样条曲线、实心圆环、填充多边形以及二维或三维多段线。

在"修改"菜单中选择"打断"命令，或者是单击修改工具栏中的 ⌐┘ 按钮，或者在命令提示符下输入 break 命令并按 Enter 键或空格键，便可调用"打断"命令。命令行提示如下：

命令：_break 选择对象：
指定第二个打断点 或 [第一点(F)]：f
指定第一个打断点：

指定第二个打断点 :

在用户选择对象时，如果选择方式使用的是一般默认的定点选取图形，那么用户在选定图形的同时也把选择点定为图形上的第一断点。如果用户在命令行提示"指定第二个打断点或 [第一点(F)]:"下输入 F 选择"第一点"项，那么就是重新指定点来代替以前指定的第一断点。其命令提示行内容同上。

break 命令将删除图形在指定两点之间的部分。如果第二断点不在对象上，系统会自动从图形中选取与之距离最近的点作为新的第二断点。因此，如果用户要删除直线、圆弧或多端线的一端，可以将第二断点指定在要删除部分的端点之外。而如果用户要将一个图形一分为二而不删除其中的任何部分，可以将图形上的同一点指定为第一断点和第二断点（在指定第二断点时利用相对坐标只输入"@"即可）。同时用户也可单击工具栏"修改"中"打断于点"（▭）按钮进行单点打断。可以将直线、圆弧、圆、多段线、椭圆、样条曲线、圆环以及其他几种图形拆分为两个图形或将其中的一端删除。在圆上删除一部分弧线时，命令会按逆时针方向删除第一断点到第二断点之间的部分，将圆转换成圆弧。

5.2.13　合并

合并命令将对象合并以形成一个完整的对象。在"修改"菜单中选择"合并"命令，或是单击修改工具栏中的 ┿ 按钮，或者在命令提示符下输入 join 命令并按 Enter 键或空格键，便可调用"合并"命令。命令行提示如下：

命令: _join
选择源对象:
选择要合并到源的直线:　找到 1 个
选择要合并到源的直线:
已将 1 条直线合并到源

用户可以将直线、圆、椭圆弧和样条曲线等独立的线段合并为一个对象，可以合并具有相同圆心和半径的多条连续或不连续的弧线段，可以合并连续或不连续的椭圆弧线段，可以封闭椭圆弧，可以合并一条或多条连续的样条曲线，也可以将一条多段线与一条或多条直线、多段线、圆弧或样条曲线合并在一起。

5.2.14　倒角

倒角用于在两条直线间绘制一个斜角，斜角的大小由第一个和第二个倒角距离确定。如果添加倒角的两个图形在同一图层上，那么"倒角"命令就将在这个图层上创建倒角。否则，"倒角"命令会在当前图层生成倒角线。倒角线的颜色、线型和线宽也是如此。给关联填充（其边界是通过直线段定义的）加倒角会消除其填充的关联性。如果边界通过多段线定义，则关联性将保留。

在"修改"菜单中选择"倒角"命令，或是单击修改工具栏中的 ◿ 按钮，或者在命令提示符下输入 chamfer 命令并按 Enter 键或空格键，便可调用"倒角"命令。命令行提示如下：

命令: _chamfer
("修剪"模式) 当前倒角距离 1 = 0.0000, 距离 2 = 0.0000
选择第一条直线或 [放弃(U)/多段线(P)/距离(D)/角度(A)/修剪(T)/方式(E)/多个(M)]:

选择第二条直线，或按住 Shift 键选择要应用角点的直线：

命令行提示项含义如下。

- "选择第一条直线"选项：指定定义二维倒角所需的两条边中的第一条边。
- "多段线"选项：对整个二维多段线作倒角处理。
- "距离"选项：设定选定边的倒角距离。
- "角度"选项：通过第一条线的倒角距离和以第一条线为起始边的角度设定第二条线的倒角距离。
- "修剪"选项：控制"倒角"命令是否将选定边修剪到倒角边的端点。
- "方式"选项：控制"倒角"命令是用两个距离还是一个距离一个角度来创建倒角。
- "多个"选项：对多个图形分别进行多次倒角处理。

5.2.15　圆角

圆角给图形的边加指定半径的圆角。其图形可以是圆弧、圆、直线、椭圆弧、多段线、射线、参照线或样条曲线。与倒角一样，如果需加圆角的两个图形在同一图层，那么"圆角"命令就将在这个图层上创建圆角。否则，"圆角"命令会在当前图层生成圆角弧线，圆角弧线的颜色、线型和线宽也是如此。给关联填充（其边界是通过直线段定义的）加圆角会消除其填充的关联性。如果边界通过多段线定义，则关联性将保留。

在"修改"菜单中选择"圆角"选项，或是单击修改工具栏中的 ⌒ 按钮，或者在命令提示符下输入 fillet 命令并按 Enter 键或空格键，便可调用"圆角"命令。命令行提示如下：

```
命令: _fillet
当前设置: 模式 = 修剪, 半径 = 0.0000
选择第一个对象或 [放弃(U)/多段线(P)/半径(R)/修剪(T)/多个(M)]:
选择第二个对象，或按住 Shift 键选择要应用角点的对象:
```

命令行提示项含义如下。

- "选择第一个对象"选项：选择第一个图形，它是用来定义二维圆角的两个图形之一。如果选定了直线或圆弧，"圆角"命令将延伸这些直线或圆弧直到它们相交，或者在交点处修剪它们。如果这些直线或圆弧原来就是相交的，则保持原样不变。只有当两条直线端点的 Z 轴坐标在当前坐标系中相等时，才能给延伸方向不同的两条直线加圆角。如果选定的两个图形都是多段线的直线段，那么它们必须是相邻的或者被多段线中另外一段所隔开。如果它们被另一端多段线隔开，那么"圆角"命令将删除此线段并代之以一条圆角线。
- "多段线"选项：在二维多段线中两条线段相交的每个顶点插入圆角弧。
- "半径"选项：定义圆角弧的半径。
- "修剪"选项：控制"圆角"命令是否修剪选定边使其缩至圆角端点。
- "多个"选项：对多个图形分别进行多次圆角处理。

5.3　填充图案

在绘制建筑图形时，经常需要将某个图形填充某一种颜色或材料。AutoCAD 提供了"图案填充"命令用于填充图形。

在"绘图"菜单中选择"图案填充"命令，或在"绘图"工具栏中单击 按钮，弹出"图案填充和渐变色"对话框，如图 5-26 所示。

图 5-26　"图案填充和渐变色"对话框

此对话框由"图案填充"和"渐变色"两个选项卡、"边界"选项组、"选项"选项组、"孤岛"选项组、"边界保留"选项组、"边界集"选项组、"允许的间隙"选项组和"继承选项"选项组组成。在"图案填充"选项卡中可以设置图案类型、角度和比例、图案填充原点。"类型"下拉列表框用于设置填充图案的类型，有"预定义"、"用户定义"和"自定义"3 种类型，通常采用默认设置。"图案"下拉列表框用于设置要填充的图案名称。单击该列表框后面的按钮，弹出如图 5-27 所示的"填充图案选项板"对话框，在对话框中可以选择合适的填充图案。"角度"下拉列表框用于设置填充图案的填充角度。"比例"下拉列表框用于设置填充图案的填充比例。

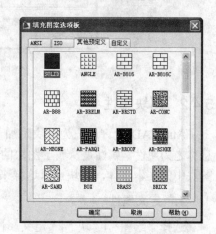

图 5-27　"图案填充选项板"对话框

在"边界"选项组中，单击"拾取点"按钮，回到绘图区，通过指定点确认需要进行图案填充的边界，选择结果与"孤岛检测"方式设置相关，单击"选择对象"按钮，回到绘图区，选择需要填充的图形对象。

在"孤岛"选项组中，系统提供了"普通"、"外部"和"忽略"3 种孤岛检测方式。

- "普通"填充模式从最外层边界向内部填充，对第一个内部岛形区域进行填充，间隔一个图形区域，转向下一个检测到的区域进行填充，如此反复交替进行。
- "外部"填充模式从最外层的边界向内部填充，只对第一个检测到的区域进行填充，填充后就终止该操作。

- "忽略"填充模式从最外层边界开始,不再进行内部边界检测,对整个区域进行填充,忽略其中存在的孤岛。

5.4 创建图块

块是 AutoCAD 提供的功能强大的设计绘图工具。块由一个或多个图形组成,并按指定的名称保存。在后续的绘图过程中,可以将块按一定的比例和旋转角度插入图形中。虽然块可能由多个图形组成,但是对图形进行编辑时,块将被视作一个整体进行编辑。AutoCAD 将把所定义的块储存在图形数据库中,同一个块可根据需要多次插入。本节主要介绍块的定义和插入的命令。

5.4.1 块的定义

在"绘图"菜单中选择"块"|"创建"命令,或单击"绘图"工具栏中的 按钮,或是在命令行中输入 block 命令,则弹出"块定义"对话框,如图 5-28 所示。

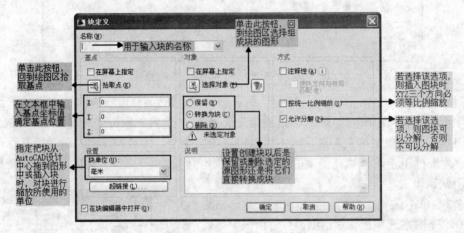

图 5-28 "块定义"对话框

5.4.2 图块属性

AutoCAD 允许用户为图块附加一些文本信息,以增强图块的通用性,我们把这些文本信息称之为属性。属性是从属于图块的非图形信息,它是图块的一个组成部分。实际上,属性是图块中的文本实体,图块可以这样来表示:图块=若干实体对象+属性。

1. 定义属性

选择"绘图"|"块"|"定义属性"命令或者在命令行中输入 attdef 命令,弹出"属性定义"对话框,如图 5-29 所示。"属性定义"对话框只能定义一个属性,但不能指定该属性属于哪个图块,用户在定义完属性后需要使用块定义功能将图块和属性重新定义为新块。

对话框各项主要参数含义如下。

- "不可见"复选框:表示插入图块,输入属性值后,属性值不在图中显示。
- "固定"复选框:表示属性值是一个常量。
- "验证"复选框:表示会提示输入两次属性值,以便验证属性值是否正确。

- "预设"复选框：表示插入图块时插入默认的属性值。
- "锁定位置"复选框表示锁定块参照中属性的位置，若解锁，属性可以相对于使用夹点编辑的块的其他部分移动，并且可以调整多行属性的大小。
- "多行"复选框用于指定属性值可以包含多行文字，选定此选项后，可以指定属性的边界宽度。
- "标记"文本框：用于输入显示标记。
- "提示"文本框：用于输入提示信息，提醒用户指定属性值。

图 5-29　"属性定义"对话框

- "默认"文本框：用于输入默认的属性值。单击"插入字段"按钮，打开"字段"对话框可以插入一个字段作为属性的值。
- "在屏幕上指定"复选框：表示在绘图区中指定插入点，取消选择，则用户可以直接在 X、Y、Z 文本框中输入坐标值确定插入点。
- "对正"下拉列表框：设定属性值的对齐方式。
- "文字样式"下拉列表框：设定属性值的文字样式。
- "文字高度"文本框：设定属性值的高度。
- "旋转"文本框：设定属性值的旋转角度。

2. 编辑属性

对于已经建立或者已经附着到图块中的属性，都可以进行修改，但是对于不同状态的属性，使用不同的命令进行编辑。对于已经定义，但是还未附着到图块中的属性，可以使用 ddedit 命令对其进行编辑。

在命令行中输入 ddedit 命令，并在命令行提示下选择属性对象，或者直接在图形中双击图形中的属性对象，都会弹出如图 5-30 所示的"编辑属性定义"对话框。能够编辑属性的标记、提示和默认的参数值。如果需要对属性进行其他特性编辑，可以使用对象特性管理器进行。

对于已经与图块结合重新定义为图块的属性，即已经附着到图块的属性，在命令行中输入 attedit 命令，并在命令行提示下选择带属性的图块或者直接双击带属性的图块，弹出如图 5-31 所示的"增强属性编辑器"对话框。

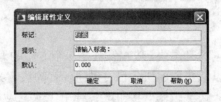

图 5-30　"编辑属性定义"对话框

对话框的"属性"选项卡可以修改属性的值，"文字选项"选项卡可以修改文字属性，包括文字样式、对正、高度等属性；"特性"选项卡可以修改属性所在图层、线型、颜色和线宽等。

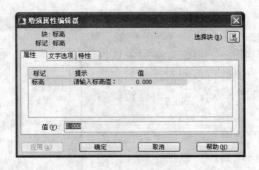

图 5-31　"增强属性编辑器"对话框

5.4.3　插入块

插入块用于将已经预先定义好的块插入到当前图形文件中。如果当前图形文件中不存在指定名称的块,则可搜索磁盘和子目录,直到找到与指定块同名的图形文件,并插入该文件为止。

在"插入"菜单中选择"块"命令,或单击"绘图"工具栏中的按钮,或在命令行中输入 insert 命令,则弹出"插入"对话框,如图 5-32 所示。

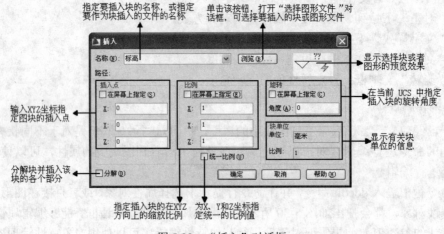

图 5-32　"插入"对话框

5.4.4　动态块

所谓动态块,就是可以对某些参数进行修改的图块。动态块具有灵活性和智能性。用户在操作时可以轻松地更改图形中的动态块参照。用户可以通过自定义夹点或自定义特性来操作动态块参照中的几何图形。

用户可以使用块编辑器创建动态块。块编辑器是一个专门的编写区域,用于添加能够使块成为动态块的元素。用户可以从头创建块,也可以向现有的块定义中添加动态行为。

单击"标准"工具栏的"块编辑器"按钮,弹出"编辑块定义"对话框,如图 5-33 所示。在"要创建或编辑的块"列表中选择需要定义的块,单击"确定"按钮,进入块编辑器,如图 5-34 所示。

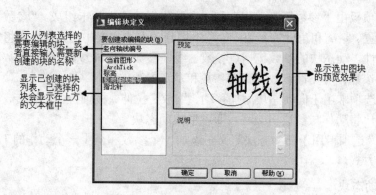

显示从列表选择的
需要编辑的块，或
者直接输入需要新
创建的块的名称

显示已创建的块
列表，已选择的
块会显示在上方
的文本框中

显示选中图块
的预览效果

图 5-33　"编辑块定义"对话框

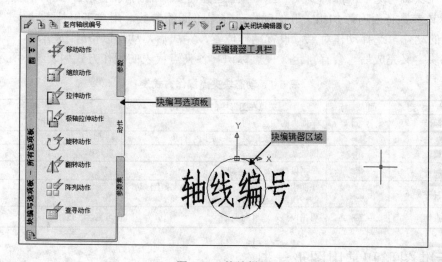

块编辑器工具栏

块编写选项板

块编辑器区域

图 5-34　块编辑器

1. 块编辑器

"块编辑器"由工具栏、编辑区和块编写选项板组成，工具栏位于编辑区的正上方，提供了常用工具按钮。几个主要按钮的功能如下。

- "编辑或创建块定义"按钮 ：单击该按钮，弹出"编辑块定义"对话框，可以选择需要创建的动态块。
- "保存块定义"按钮 ：单击该按钮，保存当前块定义。
- "将块另存为"按钮 ：单击该按钮，弹出"将块另存为"对话框，用户可以另存图块。
- "名称"文本框：显示当前块的名称。
- "编写选项板"按钮 ：控制"块编写选项板"的开关。
- "参数"按钮 ：单击该按钮，向动态块定义中添加参数。
- "动作"按钮 ：单击该按钮，向动态块定义中添加动作。
- "属性"按钮 ：单击该按钮，弹出"属性定义"对话框，从中可以定义模式、属性标记、提示、值、插入点和属性的文字选项。
- "关闭块编辑器"按钮：单击该按钮，将关闭块编辑器回到绘图区域。

块编写选项板由"参数"、"动作"和"参数集"3 个选项卡组成。"参数"选项卡用于向动态块添加位置、距离和角度等参数。参数添加到动态块定义中时，该参数将定义块的一个或多个自定义特性。动态块的参数包括点参数、线性参数、极轴参数、XY 参数、旋转参数、对齐参数、翻转参数、可见性参数、查询参数和基点参数。

"动作"选项卡用于向动态块添加移动、缩放、拉伸、极轴拉伸、旋转、翻转、阵列和查询等动作。用户将动作与参数相关联，即可形成动态块。

"参数集"选项卡用于向动态块定义中添加一个参数和至少一个动作的工具，是创建动态块的一种快捷方式。

2. 创建动态块

用户在块编写选项板的"参数"选项卡上选择需要添加到块的参数，此时，块上出现图标 ，表示该参数还没有添加相关联的动作。针对不同的参数，用户可以从"动作"选项卡上选择相应的动作，选择动作对象，设置动作位置，完成后，动作以符号表示。

动态块定义完成后，会有自定义夹点标识。各夹点代表的操作方式如表 5-1 所示。

表 5-1　动态块夹点操作方式表

夹 点 类 型	图　标	夹点在图形中的操作方式	关 联 参 数
标准	■	平面内的任意方向	基点、点、极轴和 XY
线性	▷	按规定方向或沿某一条轴往返移动	线性
旋转	●	围绕某一条轴	旋转
翻转	◀	单击以翻转动态块参照	翻转
对齐	▷	平面内的任意方向；如果在某个对象上移动，则使块参照与该对象对齐	对齐
查询	▼	单击以显示项目列表	可见性、查寻

5.5　标准图形和常用图形绘制

与其他图纸绘制一样，建筑图形由很多标准图形和常用图形组成，譬如轴线符号、标高符号等，这些符号在每幅图纸里都是一样的。常见的譬如窗，门等结构，除非形状特殊，画法也是基本固定的。因此，长期制图的用户如果将这些标准图形和常用图形制作成图块或者放到设计中心中，以便绘图时调用，可以达到事半功倍的效果。

标准图形和常用图形的快速使用，通常有以下 3 种方法：

（1）用户从设计中心中调用系统自带的标准图形和常用图形。

（2）用户从工具选项板中调用系统自带的标准图形和常用图形。

（3）用户自己绘制建筑制图规定的标准图形和常见的一些图形，保存为块或者动态块，在绘图时调用。

5.5.1　设计中心

选择"工具"|"选项板"|"设计中心"命令，弹出"设计中心"浮动面板，如图 5-35 所示。在设计中心中，AutoCAD 预置了比较多的外部参照和图块，用户可以对这些内容进行访问，可以将这些源图形拖动到当前图形中去，从而简化绘图过程。

图 5-35 中显示的是 House Designer.dwg 中预置的图块，唯一不好的一点是，设计中心的图块不是公制的，基本上都是英制的。用户在使用的时候要注意，可以根据需要的尺寸对已有

的图块进行缩放。

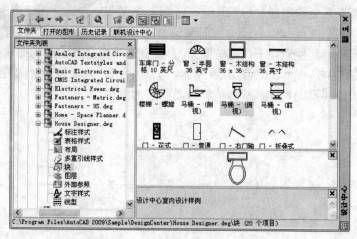

图 5-35　使用设计中心创建图形

5.5.2　工具选项板

选择"工具"|"选项板"|"工具选项板"命令，弹出工具选项板浮动面板，图 5-36 所示为"注释"和"建筑"选项卡中预置的建筑制图常用符号和图形。工具选项板中提供了英制和公制两种类型，使用户有比较大的选择余地，只是，工具选项板中符号和图形类型比较少。

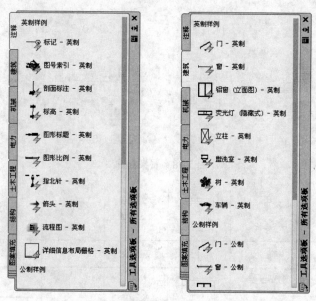

图 5-36　使用工具选项板插入图形

5.5.3　块和动态块

除了使用设计中心和工具选项板直接在绘图区插入预置的建筑符号和常用图形外，最通用也是最普遍使用的创建图形的带属性的块或者创建动态块，保存在图形文件中，或者保存在样板文件中，在需要使用的时候插入块就可以。

由于使用 AutoCAD 进行建筑制图，已经有十几年的历史，一些从事制图多年的技术人员和一些设计院，都对常见的图形进行了总结，绘制了很多图库。这些图库对于常见的门、窗、椅子、沙发、床、餐桌、会议桌、洁具、植物装饰、电器等都有总结，如果制图没有特殊要求，用户都可以从网上或者其他途径下载这些图库，直接到图库里寻找合适的图块插入到建筑图纸中就可以了。如图 5-37、图 5-38、图 5-39 所示，分别为门、餐桌和面盆洁具的图库，图库列出了常见的不同类型和不同尺寸，基本能够满足用户的要求。

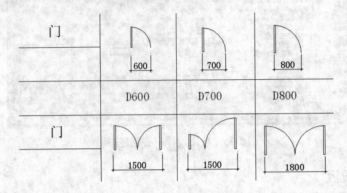

图 5-37　门图库

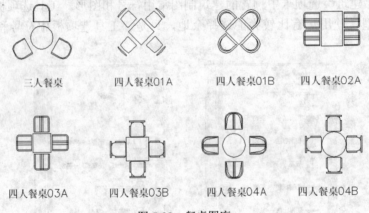

图 5-38　餐桌图库

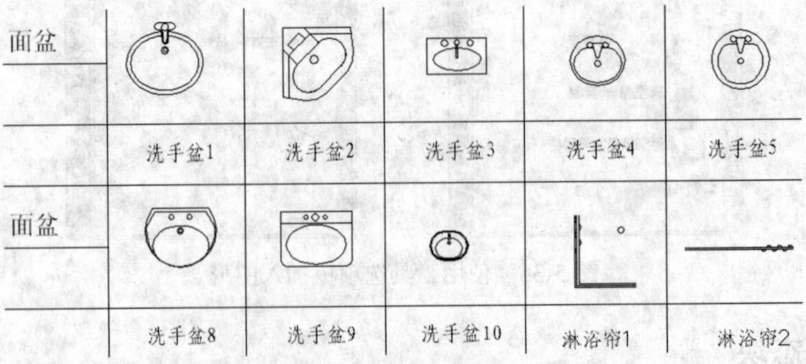

面盆				
洗手盆1	洗手盆2	洗手盆3	洗手盆4	洗手盆5
面盆				
洗手盆8	洗手盆9	洗手盆10	淋浴帘1	淋浴帘2

图 5-39　面盆洁具图库

5.5.4 标准和常用图形案例

本节我们以常见的轴线编号、窗以及洁具——洗脸盆为读者讲解在建筑图中如何利用最基本的二维绘图和编辑命令创建建筑图中的标准和常用图形。

1. 创建竖向轴线编号

创建轴线编号图块，要求能够任意输入竖向轴线编号，如图 5-40 所示为轴线编号 1 的图形。

具体绘制步骤如下：

（1）使用"圆"命令，绘制半径为 400 的圆，效果如图 5-41 所示。

（2）选择"绘图"|"块"|"定义属性"命令，弹出"属性定义"对话框，如图 5-42 所示设置对话框的参数。

图 5-40　轴线编号 1 图形

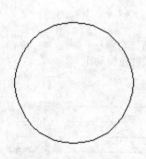

图 5-41　绘制圆

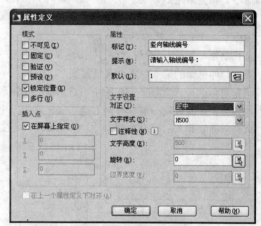

图 5-42　设置属性

（3）设置完成，单击"确定"按钮，命令行提示指定起点，拾取圆心为起点，效果如图 5-43 所示。

（4）创建图块，定义图块名称为"竖向轴线编号"，基点为圆的上象限点，单击"确定"按钮，弹出"编辑属性"对话框，输入属性 1，单击"确定"按钮，效果如图 5-44 所示。

竖向轴线编号

图 5-43　设置属性效果

图 5-44　竖向轴线编号图块

（5）使用同样的方法，定义"横向轴线编号"图块。

2. 绘制动态窗图块

绘制如图 5-45 所示的动态窗图块。

具体绘制步骤如下：

（1）使用"矩形"命令绘制 900×240 的矩形，将矩形分解，将上边和下边分别向下和向上偏移 80，效果如图 5-46 所示。

图 5-45　动态窗图块　　　　　　　　　　　图 5-46　绘制窗图形

（2）　选择"参数集"选项卡中的"线性拉伸"选项 线性拉伸，命令行提示如下：

命令：_BParameter 线性

指定起点或 [名称(N)/标签(L)/链(C)/说明(D)/基点(B)/选项板(P)/值集(V)]://拾取矩形左下角点为起点

指定端点://拾取矩形的右下角点为端点

指定标签位置://如图 5-47 所示指定标签位置

命令：指定对角点：

命令：指定对角点：

命令：_.BACTIONSET

选择动作对象:指定对角点://双击感叹符号

指定拉伸框架的第一个角点或 [圈交(CP)]：

指定对角点:// 如图 5-48 所示右选形成一个矩形区域

指定要拉伸的对象//继续使用右选方式，在上一个矩形区域内右选对象

选择对象：指定对角点：找到 7 个//选择到 7 个对象，形成线性拉伸动作

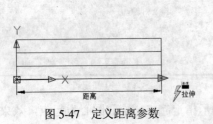

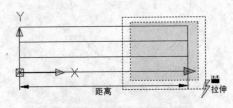

图 5-47　定义距离参数　　　　　　　　　图 5-48　选择拉伸动作对象

（3）　选择"参数集"选项卡中的"旋转集"选项 旋转集，选择所有的图形对象为旋转对象，旋转角度默认值为 0，旋转半径设置如图 5-49 所示。注意使用右键选择所有旋转对象。

（4）　设定旋转动作的图块如图 5-50 所示。

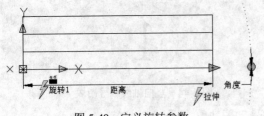

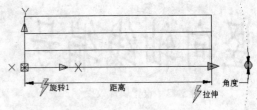

图 5-49　定义旋转参数　　　　　　　　　图 5-50　创建完成旋转动作

3．绘制洗脸盆

绘制如图 5-51 所示的洗脸盆平面图。

（1）　使用圆命令，绘制同心圆，圆心拾取绘图平面任意一点，半径分别为 23，32，245，效果如图 5-52 所示。

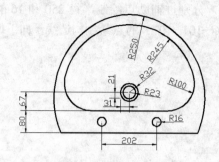

图 5-51　洗脸盆平面图

（2）　使用"构造线"命令，绘制过圆心的构造线，效果如图 5-53 所示。

图 5-52　绘制同心圆

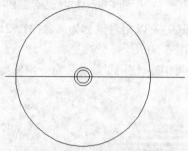

图 5-53　绘制水平构造线

（3）　使用"偏移"命令，将步骤 2 绘制的构造线向下偏移 67，效果如图 5-54 所示。

（4）　使用"相切、相切、半径"方法绘制圆，与半径 245 的圆和偏移形成的构造线相切，半径为 100，效果如图 5-55 所示。

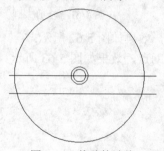

图 5-54　偏移构造线

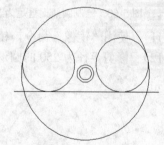

图 5-55　绘制相切圆

（5）　使用"修剪"命令，对半径 245 和 100 的圆进行修剪，修剪效果如图 5-56 所示。

（6）　使用"点"命令绘制辅助点，第一点为圆心，以圆心为基点，圆心左下方两个点的坐标为（@-31,-21）和（@-101,-107），上方的点为半径为 32 的圆的上象限点，效果如图 5-57 所示。

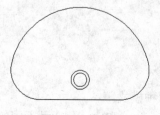

图 5-56　修剪圆

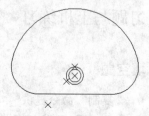

图 5-57　绘制定位点

（7）　使用"圆"命令，分别过辅助点绘制半径 250 和 16 的圆，效果如图 5-58 所示。

（8）　过相对坐标为（@-101,-107）的点绘制构造线，向下偏移 40，效果如图 5-59 所示。

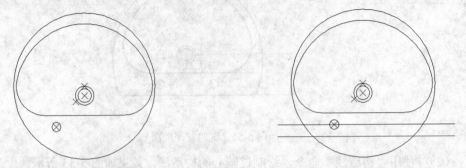

图 5-58　过定位点绘制圆　　　　　　　　　图 5-59　过定位点绘制水平构造线

（9）　以相对坐标为（@-31,-21）的点为圆心，捕捉与半径 250 圆的垂足，绘制圆，效果如图 5-60 所示。

（10）　使用"修剪"命令，修剪步骤 9 绘制的圆和半径为 250 的圆，效果如图 5-61 所示。

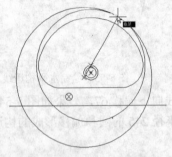
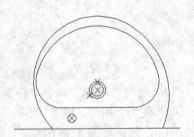

图 5-60　绘制圆捕捉垂足为半径　　　　　　　图 5-61　修剪大圆

（11）　使用"镜像"命令，镜像修剪完成的圆弧，效果如图 5-62 所示。

（12）　修剪半径为 250 的圆遗留的圆弧，删除辅助点，效果如图 5-63 所示。

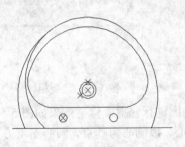
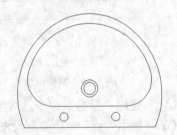

图 5-62　镜像圆弧　　　　　　　　　　图 5-63　修剪圆弧并删除辅助点

5.6　习题与上机练习

5.6.1　填空题

（1）　"复制"命令提供_____复制和_____复制两种模式。

（2）　在 AutoCAD 2009 的阵列编辑中，可以进行_____和_____两种不同的阵列。

（3）　在执行拉伸"stretch"命令时，选择对象只能采用_____或_____选择方法。

（4）　图标▶表示_____夹点，通常与_____参数相关联。

5.6.2　选择题

（1）　根据下列命令行可绘制出的图形为（　　）。

```
命令: rectang
    指定第一个角点或 ［倒角(C)/标高(E)/圆角(F)/厚度(T)/宽度(W)］: f
    指定矩形的圆角半径 <0.0000>: 25
    指定第一个角点或 ［倒角(C)/标高(E)/圆角(F)/厚度(T)/宽度(W)］:
    指定另一个角点或 ［面积(A)/尺寸(D)/旋转(R)］: @400,300
```

　　　　　　　A　　　　　　　　　B　　　　　　　　C　　　　　　　　D

（2）　在二维图形编辑命令中，哪些编辑可修改对象的形状和大小（多选）（　　）。

　　　　A. 镜像　　　　　　　　　　　　　B. 缩放

　　　　C. 修剪　　　　　　　　　　　　　D. 拉伸

（3）　在执行修剪"trim"（或延伸"extend"）命令时，键盘上的哪个按键可完成修剪与延伸之间的简易切换（　　）。

　　　　A. Ctrl　　　　　　　　　　　　　B. Alt

　　　　C. Shift　　　　　　　　　　　　　D. Enter

（4）　选择对象后，在绘图区域中单击鼠标右键，可弹出快捷菜单。在此菜单中可选择的编辑命令有（　　）。

　　　　A. 删除、复制、镜像、阵列、偏移

　　　　B. 移动、旋转、倒角、圆角、拉伸

　　　　C. 删除、移动、复制、缩放、旋转

　　　　D. 移动、打断、合并、修剪、延伸

（5）　在 AutoCAD 中，除了"copy"命令可进行对象的复制外，还有（　　）命令可以特殊方式复制源对象。

　　　　A. 镜像、偏移、阵列

　　　　B. 镜像、倒角、圆角

　　　　C. 旋转、缩放、合并

　　　　D. 修剪、延伸、打断

5.6.3　简答题

（1）　简述图案填充或渐变色填充中孤岛的概念和其相关的 3 种选项。

（2）　在执行拉伸"stretch"命令时，如何选择对象使其能形状不变地被移动？

（3）　在打断"break"对象时，如何使对象一分为二但不删除任何部分？

5.6.4　上机练习

（1）绘制如图 5-64 所示的两个平面图形。

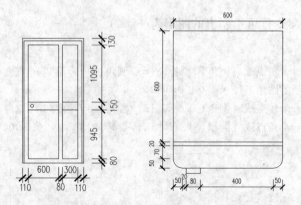

图 5-64　两个平面图形效果

（2）按照建筑制图标准，创建如图 5-65 所示的 1:100 的指北针效果。

图 5-65　指北针效果

（3）创建如图 5-66 所示的坡屋顶详图的填充图案。

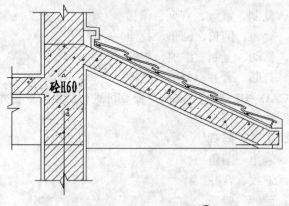

图 5-66　坡屋顶详图填充

第6章

文字与尺寸标注

教学目标：

在 AutoCAD 中，基本图形绘制完成之后，需要通过文字、表格和尺寸对图形进行补充说明，以便用户能够结合文字信息和数字信息读懂图纸，本章将给读者详细介绍文字、表格和尺寸标注的基础知识和相关操作方法。通过本章的学习，希望读者能够掌握在 AutoCAD 中对图形进行文字和尺寸标注的方法。

教学重点与难点：

1. 文字样式的创建。
2. 单行文字和多行文字的创建。
3. 表格的创建。
4. 建筑施工总说明的创建。
5. 尺寸标注的创建。

6.1 文字标注

在 AutoCAD 中，用户可以直接对文字的字体、字号、角度等进行设置，也可以将这些内容定义为一种文字样式，使创建的文字套用当前样式。在输入文字时，用户可以在如图 6-1 所示的"样式"工具栏的文字样式下拉列表中选择已经定义好的某种文字样式，使文字使用当前样式。

图 6-1 文字样式下拉列表

6.1.1　设置文字样式

选择"格式"菜单中的"文字样式"命令，弹出如图 6-2 所示的"文字样式"对话框。其中可以设置样式名称、字体样式、字体大小、宽度等参数。

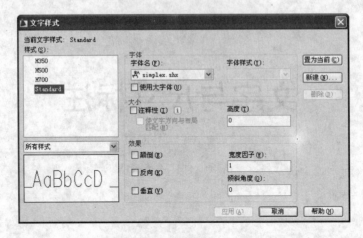

图 6-2　"文字样式"对话框

"文字样式"对话框由"样式"列表、"字体"选项组、"效果"选项组、"大小"选项组和"预览"区域五部分组成。

"样式"列表列出了当前图形文件中已定义的字体样式。单击"新建"按钮，弹出如图 6-3 所示的"新建文字样式"对话框，可以设置样式名称，单击"确定"按钮后就创建了一种新的文字样式。在"样式"列表选择一个文字样式，单击鼠标右键，弹出如图 6-4 所示的快捷菜单，选择"重命名"命令可以使样式名处于可编辑状态，重新输入样式名称，选择"置为当前"命令可以将所选样式作为当前文字样式。

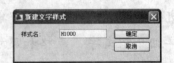

图 6-3　"新建文字样式"对话框

图 6-4　文字样式快捷菜单

"字体"选项组用于设置字体文件。AutoCAD 提供两种字体文件：一种是普通字体文件，即 Windows 系列应用软件所提供的字体文件，为 TrueType 类型的字体；另一种是 AutoCAD 特有的字体文件，被称为大字体文件。

- "字体名"下拉列表框：列出所有注册的 TrueType 字体和 Fonts 文件夹中编译的形(SHX) 字体的字体族名。从列表中选择名称后，该程序将读取指定字体的文件。
- "字体样式"下拉列表框：选定"使用大字体"复选框后，该选项变为"大字体"，用于选择大字体文件。

"大小"选项组用于设置文字的尺寸大小。

- "注释性"复选框：用户设置文字是否是注释性的。
- "高度"文本框：根据输入的值设置文字高度。如果输入 0.0，每次用该样式输入文字时，系统都将提示输入文字高度。输入大于 0.0 的高度值则为该样式设置固定的文字高度。在相同的高度设置下，TrueType 字体显示的高度要小于 SHX 字体。

"效果"选项组用于设置字体的具体特征。

- "颠倒"复选框：确定是否将文字旋转180°。
- "反向"复选框：确定是否将文字以镜像方式标注。
- "垂直"复选框：确定文字是水平标注还是垂直标注。
- "宽度因子"文字框：设定文字的宽度系数。
- "倾斜角度"文字框：设定文字倾斜角度。

"预览"区域随着字体的改变和效果的修改动态显示样例文字。在字符预览图像下方的方框中输入字符，将改变样例文字。

文字样式定义完毕之后，单击"应用"按钮，再单击"取消"按钮，所创建的文字样式就是当前的文字样式。

6.1.2 单行文字标注

使用 Text 和 Dtext 命令可以在图形中添加单行文字对象。选择"绘图"菜单中的"文字" | "单行文字"命令，可以输入单行文字，命令行提示如下：

```
命令: _dtext
当前文字样式: Standard  当前文字高度: 2.5000
指定文字的起点或〔对正(J)/样式(S)〕:
指定高度 <2.5000>:
指定文字的旋转角度 <0>:
```

图 6-5　输入单行文字初始状态

在输入文字的旋转角度之后，按回车键，绘图区效果如图 6-5 所示。输入如图 6-6 所示的文字，按两次回车键，输入完成。

图 6-6　输入单行文字

命令行提示包括"指定文字的起点"，"对正"和"样式" 3 个选项，含义如下。

- 指定文字的起点：为默认项，用来确定文字行基线的起点位置。
- 对正：用来确定标注文字的排列方式及排列方向。
- 样式：用来选择文字样式。

对于一些特殊符号，可以通过特殊的代码进行输入，如表 6-1 所示。

表 6-1　特殊符号的代码表示

代 码 输 入	字　符	说　　明
%%%	%	百分号
%%c	Φ	直径符号
%%p	±	正负公差符号
%%d	°	度
%%o	‾	上画线
%%u	_	下画线

6.1.3 多行文字标注

用户可以通过 mtext 命令，执行多行文字命令。对于比较复杂的文字内容，用户可以使用

多行文字标注。选择"绘图"|"文字"|"多行文字"命令，可输入多行文字，命令行提示如下：

命令： _mtext 当前文字样式:"Standard" 当前文字高度:2.5
指定第一角点：
指定对角点或 [高度(H)/对正(J)/行距(L)/旋转(R)/样式(S)/宽度(W)]：

该命令行一般不需要设置，直接指定对角点即可，多行文字的参数设置都可以在多行文字编辑器中进行。

指定完对角点后，弹出如图 6-7 所示的多行文字编辑器。在多行文字编辑器中，有一个"文字格式"对话框，对话框可以对输入的多行文字的大小、字体、颜色、对齐样式、项目符号、缩进、字旋转角度、字间距、缩进和制表位等进行设置。

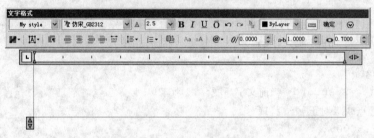

图 6-7 多行文字编辑器

在编辑框中单击鼠标右键，弹出如图 6-8 所示的菜单，在该菜单中选择某个命令可对多行文字进行相应的设置。在多行文字中，系统专门提供了"符号"级联菜单供用户选择特殊符号的输入方法，如图 6-9 所示。

图 6-8 编辑框快捷菜单

图 6-9 符号级联菜单

6.1.4 文字编辑

最简单的对文字进行编辑的方法就是双击需要编辑的文字，单行文字双击之后，变成如图 6-10 所示的图形，可以直接对单行文字进行编辑。多行文字双击之后，弹出多行文字编辑器，用户在多行

图 6-10 编辑单行文字

文字编辑器中对文字进行编辑。

当然，也可以选择"修改"|"对象"|"文字"|"编辑"命令，对单行和多行文字进行类似双击情况下的编辑。

选择单行或多行文字之后，单击鼠标右键，在弹出的快捷菜单中选择"特性"命令，弹出如图 6-11 所示的"特性"浮动窗口。可以在"文字"卷展栏的"内容"文本框中修改文字内容。

6.2 创建表格

在建筑制图中，通常会出现门窗表、图纸目录表、材料做法表等各种各样的表，用户除了使用直线绘制表格之外，还可以使用 AutoCAD 提供的表格功能完成这些表格的绘制。

6.2.1 创建表格样式

图 6-11 "特性"浮动窗口

表格的外观由表格样式控制。用户可以使用默认表格样式 Standard，也可以创建自己的表格样式。选择"格式"|"表格样式"命令，弹出"表格样式"对话框，如图 6-12 所示。对话框中的"样式"列表中显示了已创建的表格样式。

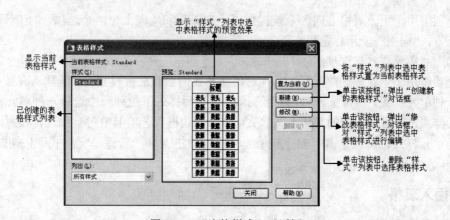

图 6-12 "表格样式"对话框

在默认状态下，表格样式中仅有 Standard 一种样式，第一行是标题行，由文字居中的合并单元行组成。第二行是列标题行，其他行都是数据行。用户设置表格样式时，可以指定标题、列标题和数据行的格式。

用户单击"新建"按钮，弹出"创建新的表格样式"对话框，如图 6-13 所示。

图 6-13 "创建新的表格样式"对话框

在"新样式名"中可以输入新的样式名称，在"基础样式"中选择一个表格样式为新的表格样式提供默认设置，单击"继续"按钮，弹出"新建表格样式：门窗表"对话框，如图 6-14 所示。

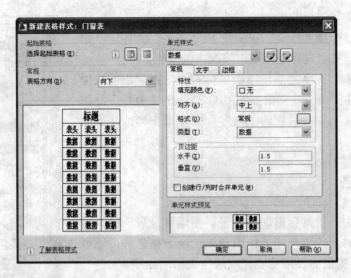

图 6-14   "新建表格样式：门窗表"对话框

（1）   "起始表格"选项组。

该选项组用于在绘图区指定一个表格用做样例来设置新表格样式的格式。单击表格按钮，回到绘图区选择表格后，可以指定要从该表格复制到表格样式的结构和内容。

（2）   "常规"选项组。

该选项组用于更改表格方向，系统提供了"向下"和"向上"两个选项，"向下"表示标题栏在上方，"向上"表示标题栏在下方。

（3）   "单元样式"选项组。

该选项组用于创建新的单元样式，并对单元样式的参数进行设置，系统默认有数据、标题和表头 3 种单元样式，不可重命名，不可删除，在单元样式下拉列表中选择一种单元样式作为当前单元样式，即可在下方的"基本"、"文字"和"边框"选项卡中对参数进行设置。用户要创建新的单元样式，可以单击"创建新单元样式"按钮和"管理单元样式"按钮进行相应的操作。

6.2.2   插入表格

选择"绘图"|"表格"命令，弹出"插入表格"对话框，如图 6-15 所示。

系统提供了如下三种创建表格的方式。

- "从空表格开始"单选按钮表示创建可以手动填充数据的空表格。
- "自数据链接"单选按钮表示从外部电子表格中获得数据创建表格。
- "自图形中的对象数据"单选按钮表示启动"数据提取"向导来创建表格。

系统默认设置"从空表格开始"方式创建表格，当选择"自数据链接"方式时，右侧参数均不可设置，变成灰色。

当使用"从空表格开始"方式创建表格时，选择"指定插入点"单选按钮时，需指定表左上角的位置，其他参数含义如下。

- "表格样式"下拉列表：指定表格样式，默认样式为 Standard。
- "预览"窗口：显示当前表格样式的样例。
- "指定插入点"单选按钮：选择该选项，则插入表时，需指定表左上角的位置。用户可以使用定点设备，也可以在命令行输入坐标值。如果表样式将表的方向设置为由下而上读取，则插入点位于表的左下角。

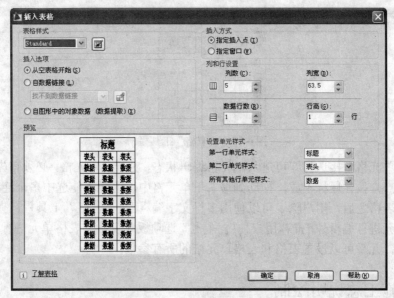

图 6-15 "插入表格"对话框

- "指定窗口"单选按钮：选择该选项，则插入表时，需指定表的大小和位置。选定此选项时，行数、列数、列宽和行高取决于窗口的大小以及列和行设置。
- "列数"文本框：指定列数。选定"指定窗口"选项并指定列宽时，则选定了"自动"选项，且列数由表的宽度控制。
- "列宽"文本框：指定列的宽度。选定"指定窗口"选项并指定列数时，则选定了"自动"选项，且列宽由表的宽度控制。最小列宽为一个字符。
- "数据行数"文本框：指定行数。选定"指定窗口"选项并指定行高时，则选定了"自动"选项，且行数由表的高度控制。带有标题行和表头行的表样式最少应有三行。最小行高为一行。
- "行高"文本框：按照文字行高指定表的行高。文字行高基于文字高度和单元边距，这两项均在表样式中设置。选定"指定窗口"选项并指定行数时，则选定了"自动"选项，且行高由表的高度控制。

参数设置完成后，单击"确定"按钮，即可插入表格。选择表格，表格的边框线将会出现很多夹点，如图 6-16 所示，用户可以通过这些夹点对编辑进行调整。

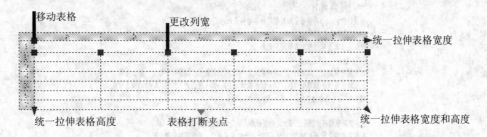

图 6-16 表格的夹点编辑模式

AutoCAD 提供了最新的单元格编辑的功能，当用户选择一个或者多个单元格的时候，弹出如图 6-17 所示的"表格"工具栏，"表格"工具栏中提供了对单元格进行处理的各种工具。

图 6-17 "表格"工具栏

对于单个单元格直接选择即可进入单元格编辑状态，对于多单元格，必须首先拾取最左上单元格中的一点，按住鼠标不放，拖动到最右下单元格中，这样才能选中多个连续单元格。

在创建完表格之后，用户除了可以使用多行文字编辑器、"表格"工具栏、夹点功能对表格和表格的单元进行编辑外，推荐用户使用"特性"选项板对表格和表格单元进行编辑，在"特性"选项板中，几乎可以设置表格和表格单元格的所有参数。

6.3 建筑施工总说明绘制

在建筑制图中，施工图纸除了由各种图形组成之外，文字和表格对于图形起到了很好的补充说明作用。在建筑制图中，常见的文字是建筑施工说明、一些图题、门窗表、材料表、图纸列表等，用户通常可以通过多种途径来实现，而使用的技术主要是单行文字、多行文字、表格、构造线等几种。

6.3.1 施工设计总说明

建筑施工说明是建筑施工图中最重要的说明文字，在重要的图纸中往往会占到一页到两页图纸的分量。施工设计说明的绘制比较灵活，不同的绘图人员有不同的设计方法，本节对于常见的几种方法给予了讲解，希望读者能够认真体会。

1. 多行文字创建施工图设计说明

使用多行文字绘制如图 6-18 所示的建筑施工图设计说明，其中"建筑施工图设计说明"字高1000，"一、建筑设计"字高 500，其余字高 350，本例在前面章节创建的样板图中进行绘制。

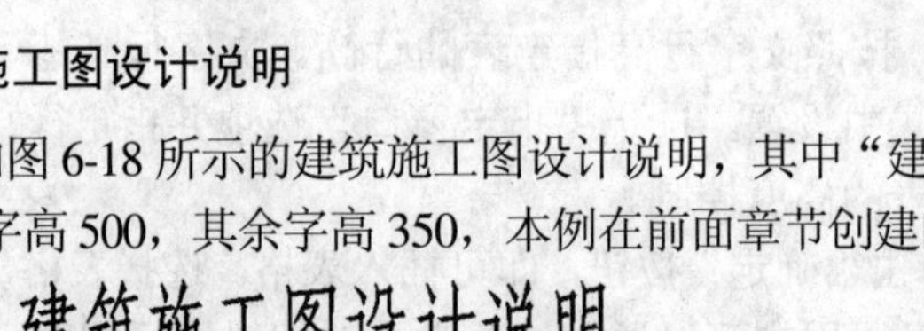

建筑施工图设计说明

一、建筑设计
本设计包括A、B两种独立的别墅设计和结构设计
（一）图中尺寸
除标高以米为单位外，其他均为毫米
（二）地面
1.水泥砂浆地面：20厚1：2水泥砂浆面层，70厚C10混凝土，80厚碎石垫层，素土夯实。
2.木地板底面：18厚企口板，50×60木搁栅，中距400（涂沥青），Φ6，L=160钢筋固定
@1000，刷冷底子油二度，20厚1：3水泥砂浆找平。
（三）楼面
1.水泥砂浆楼面：20厚1：2水泥砂浆面层，现浇钢筋混凝土楼板。
2.细石混凝土楼面：30厚C20细石混凝土加纯水泥砂浆，预制钢筋混凝土楼板。

图 6-18 建筑施工图设计说明效果

具体操作步骤如下：

（1）选择"绘图"｜"文字"｜"多行文字"命令，打开多行文字编辑器。

（2）在文字样式列表中选择文字样式为 H350，在文字输入区输入总说明的文字，效果如图 6-19 所示。

（3）在图 6-19 文字后，需要输入直径符号，单击"符号"按钮 ⊙，弹出下拉菜单，选择"符号"｜"直径"命令，完成直径符号输入。

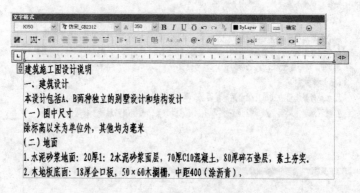

图 6-19 输入建筑施工图说明文字

（4）继续输入文字，需要输入@符号，单击"选项"按钮 ⊙，弹出下拉菜单，选择"符号"｜"其他"命令，弹出"字符映射表"对话框。如图 6-20 所示选择@符号，单击"选择"按钮，再单击"复制"按钮，就可以复制到文字编辑区中。

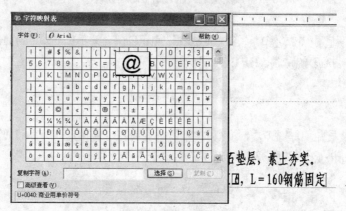

图 6-20 输入@符号

（5）继续文字的输入，文字输入完成效果如图 6-21 所示，接下来对文字进行设置。

（6）选择文字"建筑施工图设计说明"，在字高下拉文本框中输入 1000，设置字高为 1000，效果如图 6-22 所示。

（7）使用同样的方法，改变"一、建筑设计"字高为 500。

（8）如图 6-23 所示，步骤 3 和步骤 4 输入的字符均不能正确显示，这个是由于字符库的文字，笔者的"仿宋_GB2312"字符库里没有这两个字符，分别选中这两个字符，在字体下拉列表框中选择"宋体"，字符正常显示效果如图 6-24 所示。

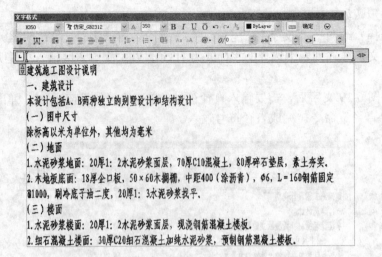

图 6-21　输入文字效果

图 6-22　改变文字"建筑施工图设计说明"字高

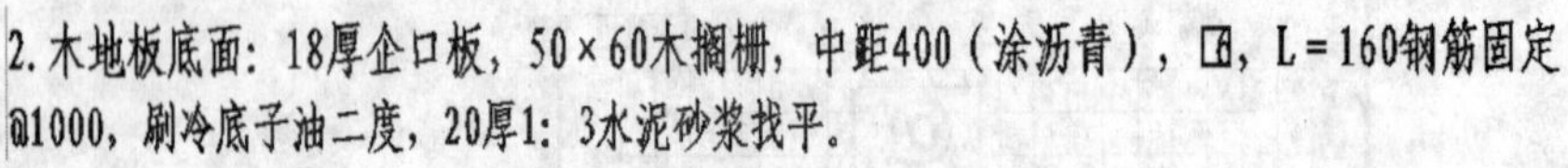

2.木地板底面：18厚企口板，50×60木搁栅，中距400（涂沥青），☒，L＝160钢筋固定
@1000，刷冷底子油二度，20厚1：3水泥砂浆找平。

图 6-23　字符的非正常显示

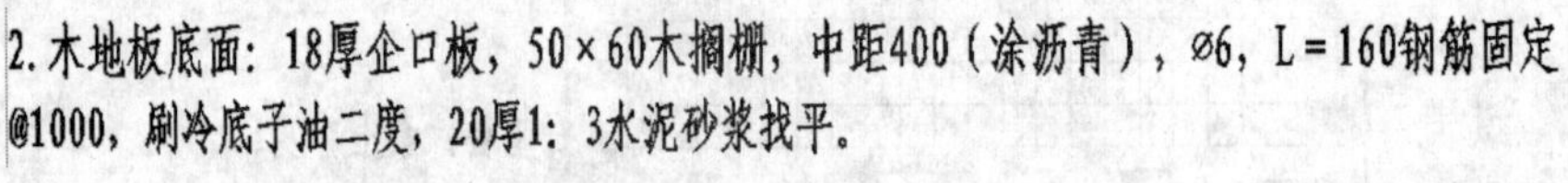

2.木地板底面：18厚企口板，50×60木搁栅，中距400（涂沥青），∅6，L＝160钢筋固定
@1000，刷冷底子油二度，20厚1：3水泥砂浆找平。

图 6-24　字符的正常显示

（9）　单击"确定"按钮，完成施工总说明的创建。

2.　表格创建建筑设计说明

在一些建筑施工总说明中，也可以采用表格的形式来表示，这样看起来比较简洁工整，如图 6-25 所示就是使用表格创建的建筑设计说明。

具体设计步骤如下：

（1）　选择"格式"|"表格样式"命令，弹出"表格样式"对话框。

（2）　单击"新建"按钮，弹出"创建新的表格样式"对话框，在"新样式名"文本框中输入"建筑设计说明"。

建筑设计说明

一	设计依据							
	项目批文及国家现行设计规范							
	本工程建设场地地形图以及规划图							
	建设单位委托设计单位设计本工程的合同							
二	设计规模							
	地理位置	钢院与铁道学院交叉路口						
	使用功能	住宅						
	建筑面积	1200平米	地下	平米	地上	平米		平米
	建筑层数	4层	地下	层	地上	层	局部	5层
	建筑性质	建筑规模	用的面积	基底面积	容积率	覆盖率	绿化率	总高度
	住宅	小型		430平米				20.4米
三	一般说明							
	本工程图尺寸除标高外，其余尺寸以毫米计							
	图注标高为相对标高，相对标高正负零相当于绝对标高9.4米							
	墙身防潮层从地基开始，向上6米							
	砌体采用混凝土空心砖							
	结构抗震烈度8度							
	建筑耐火等级二级							

图 6-25 表格创建的建筑设计说明

（3） 单击"继续"按钮，弹出"新建表格样式"对话框，设置表格样式。在"单元样式"下拉列表中选择"数据"选项，设置文字样式为 H350，对齐样式为"左中"，水平单元边距为 75，上下垂直单元边距为 25，如图 6-26 所示。

图 6-26 设置"数据"单元参数

（4） 选择"标题"选项，设置文字样式为 H700，对齐样式为"正中"，水平单元边距为 75，上下垂直单元边距为 25，如图 6-27 所示。

图 6-27 设置"标题"选项卡

（5） 单击"确定"按钮，完成表格样式设置，回到"表格样式"对话框。"样式"列表中出现"建筑设计说明"样式，单击"关闭"按钮完成创建。

（6） 选择"绘图"|"表格"命令，弹出"插入表格"对话框，选择表格样式名称为"建筑设计说明"，列数为 9，行数为 18，如图 6-28 所示。

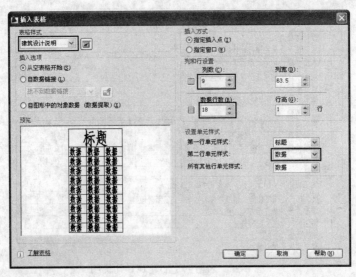

图 6-28　设置"插入表格"对话框

（7）　单击"确定"按钮，弹出表格编辑器。

（8）　输入标题"建筑设计说明"，单击"确定"按钮，回到绘图区，按住 Shift 键，选择如图 6-29 所示的单元格，单击鼠标右键，在弹出的"表格"工具栏中单击"合并单元"按钮 ，在弹出的菜单中选择"按列"命令，将选中的单元格合并，如图 6-30 所示。

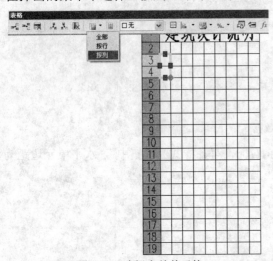

图 6-29　选择合并单元格

图 6-30　合并竖向单元格

（9）　继续使用"表格"工具栏中的"合并单元"按钮 的下拉菜单命令，按行或者按列合并单元格，效果如图 6-31 所示。

（10）　双击表格，回到表格编辑器，继续输入文字；输入文字的过程中可以发现，由于表格尺寸的限制，文字自动换行，需要在表格宽度方向上增大。回到绘图区，选择表格，选择右侧夹点，放大表格宽度。

（11）　在 AutoCAD 中，表格不会因为文字变成单行而自动缩小表格单元格高度；选中需要改变高度的单元格，单击鼠标右键，在右键快捷菜单中选择"特性"命令，在"特性"动态选项卡中设置单元高度为 517，如图 6-32 所示。

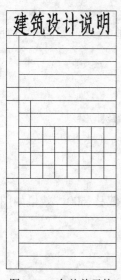

图 6-31　合并单元格

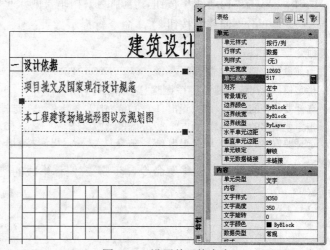

图 6-32　设置单元格高度

（12）　继续输入文字，输入过程中还会碰到很多表格尺寸改变的情况，先把文字输入完毕，如图 6-33 所示，表格尺寸等文字输入完毕之后进行调整。

（13）　选择"设计规模"下方的单元格，设置单元宽度为 1600，高度为 519。

（14）　按照同样的方法对其他单元格进行设置，最后效果如图 6-25 所示。

3.　单行文字创建建筑设计说明

在早期的建筑制图中，制图人员通常使用构造线来进行定位，使用单行文字创建建筑设计说明，目前很多设计院的设计人员还在采用这种制图方法创建设计说明以及其他说明文字。如图 6-34 所示，为某个建筑工程的设计施工说明。

图 6-33　完成文字输入的表格

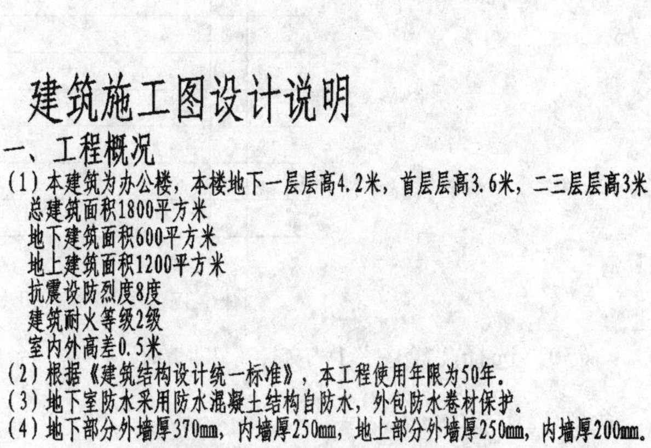

建筑施工图设计说明

一、工程概况

（1）本建筑为办公楼，本楼地下一层层高4.2米，首层层高3.6米，二三层层高3米

总建筑面积1800平方米

地下建筑面积600平方米

地上建筑面积1200平方米

抗震设防烈度8度

建筑耐火等级2级

室内外高差0.5米

（2）根据《建筑结构设计统一标准》，本工程使用年限为50年。

（3）地下室防水采用防水混凝土结构自防水，外包防水卷材保护。

（4）地下部分外墙厚370mm，内墙厚250mm，地上部分外墙厚250mm，内墙厚200mm。

图 6-34　建筑施工图设计说明

具体操作步骤如下：

（1）单击"构造线"按钮，绘制两条相垂直的水平和竖向的构造线，如图 6-35 所示。

（2）单击"偏移"按钮，命令行提示如下：

命令：_offset
当前设置：删除源=否　图层=源　OFFSETGAPTYPE=0
指定偏移距离或〔通过(T)/删除(E)/图层(L)〕<120>：　800//输入偏移距离
选择要偏移的对象，或〔退出(E)/放弃(U)〕<退出>://选择图 6-35 所示的水平构造线
指定要偏移的那一侧上的点，或〔退出(E)/多个(M)/放弃(U)〕<退出>://向下偏移
选择要偏移的对象，或〔退出(E)/放弃(U)〕<退出>:按回车键完成偏移

（3）同样使用"偏移"命令，步骤 2 偏移生成的构造线向下偏移 500，效果如图 6-36 所示。

图 6-35　绘制构造线　　　　　　　　　　　　　　　图 6-36　偏移构造线

（4）继续使用"偏移"命令，将水平构造线依次向下偏移 500，再偏移 9 次，将竖向构造线向右偏移 500，偏移一次，效果如图 6-37 所示。

图 6-37　偏移竖向和水平构造线

（5）选择"绘图"|"文字"|"单行文字"命令，命令行提示如下：

命令：_dtext
当前文字样式：H700　当前文字高度：0
指定文字的起点或〔对正(J)/样式(S)〕：j//输入参数 j，设置对正选项

输入选项

[对齐(A)/调整(F)/中心(C)/中间(M)/右(R)/左上(TL)/中上(TC)/右上(TR)/左中(ML)/正中(MC)/右中(MR)/左下(BL)/中

下(BC)/右下(BR)]：bl//使用左下对齐方式

指定文字的左下点://捕捉图 6-37 箭头所指示的点

指定文字的旋转角度 <0>://按回车键，设置旋转角度为 0，单行文字处于编辑状态

（6）在"样式"工具栏中，设置文字样式为 H700。

（7）在单行文字的动态编辑框中输入文字"建筑施工图设计说明"，效果如图 6-38 所示。

（8）按照同样的方法，在其他行输入文字，其中"一、工程概况"文字样式为 H500，其余文字样式为 H350，效果如图 6-39 所示。

图 6-38　输入文字"建筑施工图设计说明"　　　　　　图 6-39　完称文字输入后的效果

（9）选择构造线，删除，建筑施工图设计说明创建完毕。

6.3.2　绘制各种表格

表格也是建筑制图中非常重要的一个组成部分，在早期的 AutoCAD 版本中，由于表格功能还不完善，因此表格的创建比较繁琐，随着 AutoCAD 的不断升级和完善，表格的创建变得非常简单，用户可以随心所欲地创建各种建筑制图表格。

1. 绘制门窗表

在建筑制图中，门窗表是非常常见的一种表格，通常标明了门窗的型号、数量、尺寸、材料等，施工人员可以根据门窗表布置生产任务和进行采购。如图 6-40 所示是使用表格功能创建的某建筑的门窗表。

门窗数量表

门窗型号	宽×高	数量					备注
		地下一层	一层	二层	三层	总数	
C1212	1200×1200	0	2	0	0	2	铝合金窗
C2112	2100×1200	0	2	0	0	2	铝合金窗
C1516	1500×1600	0	0	1	1	2	铝合金窗
C1816	1800×1600	0	0	1	1	2	铝合金窗
C2119	2100×1900	8	6	0	0	14	铝合金窗
C2116	2100×1600	0	0	11	11	22	铝合金窗

图 6-40　门窗数量表效果图

具体操作步骤如下：

（1）选择"格式"|"表格样式"命令，弹出"表格样式"对话框。

（2）单击"新建"按钮，弹出"创建新的表格样式"对话框。在"新样式名"文本框中输入"门窗表"，基础样式为"建筑设计说明"，如图6-41所示。

（3）单击"继续"按钮，弹出"新建表格样式"对话框，设置表格样式。选择"数据"单元样式，设置对齐样式为"正中"，如图6-42所示。

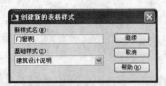

图6-41 设置"创建新的表格样式"对话框　　　　　图6-42 修改对齐样式

（4）其他表格样式不作改变，单击"确定"按钮，完成表格样式设置，回到"表格样式"对话框。"样式"列表中出现"门窗表"样式，单击"关闭"按钮完成创建。

（5）选择"绘图"|"表格"命令，弹出"插入表格"对话框，选择表格样式名称为"门窗表"，列数为8，行数为8。

（6）单击"确定"按钮，进入表格编辑器，输入表格标题"门窗数量表"。

（7）单击"文字格式"工具栏中的"确定"按钮，回到绘图区，选择需要合并的单元格，使用"表格"工具栏中的"合并单元"按钮的下拉菜单命令，按行或者按列合并单元格，效果如图6-43所示。

（8）双击表格，进入表格编辑器，输入单元格文字，效果如图6-44所示。

图6-43 合并单元格　　　　　　　　　　　图6-44 输入单元格文字

（9）使用单元格的"特性"浮动选项板对单元格的高度和宽度进行调整，调整效果如图6-45所示，各单元格尺寸如图6-46所示。

门窗数量表

门窗型号	宽×高	数量					备注
		地下一层	一层	二层	三层	总数	
C1212	1200×1200	0	2	0	0	2	铝合金窗
C2112	2100×1200	0	2	0	0	2	铝合金窗
C1516	1500×1600	0	0	1	1	2	铝合金窗
C1816	1800×1600	0	0	1	1	2	铝合金窗
C2119	2100×1900	8	6	0	0	14	铝合金窗
C2116	2100×1600	0	0	11	11	22	铝合金窗

图 6-45 调整高度和宽度后的门窗表

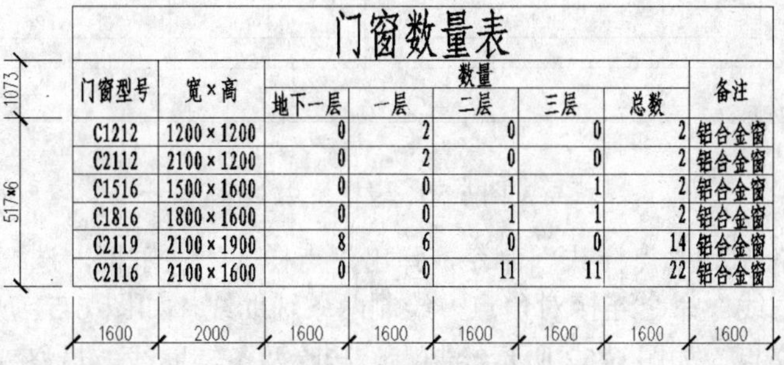

门窗数量表

门窗型号	宽×高	数量					备注
		地下一层	一层	二层	三层	总数	
C1212	1200×1200	0	2	0	0	2	铝合金窗
C2112	2100×1200	0	2	0	0	2	铝合金窗
C1516	1500×1600	0	0	1	1	2	铝合金窗
C1816	1800×1600	0	0	1	1	2	铝合金窗
C2119	2100×1900	8	6	0	0	14	铝合金窗
C2116	2100×1600	0	0	11	11	22	铝合金窗

图 6-46 门窗表单元格尺寸

（10）选中门窗表，单击"分解"按钮 ，将表格分解，删除标题部分的直线，效果如图 6-40 所示。

2. 绘制建筑工程概况表

早期版本的 AutoCAD 没有表格功能，工程人员绘制表格都使用直线绘制表格，然后输入单行文字，这样绘制出的表格需要精确定位，否则表格做出来就没有那么美观。使用直线（或者构造线）和单行文字绘制表格技术上很简单，定位技术和输入的简化需要多练习才能熟练掌握。如图 6-47 所示为某个工程建筑概况表。

建筑工程概况

层数	建筑面积 /平米	平均每户使用面积 /平米	每户居住面积 /平米	每户使用面积 /平米	每户面宽 /米	居住面积系数	使用面积系数
首层	196.59	98.20	45.21	71.01	7.42	46.6%	71.5%
二层	182.35	91.08	37.52	62.51	7.42	42.6%	69.2%
三层	154.36	76.98	28.83	52.99	7.42	37.12	68.9%

图 6-47 建筑工程概况表

具体操作步骤如下：

（1）使用"构造线"命令，分别绘制如图 6-48 所示的水平和竖向的构造线。

（2）使用"偏移"命令，将水平和竖向构造线向右和向下偏移，偏移效果如图 6-49 所示。分别以最上、最下、最左和最右一条构造线为剪切边，修剪构造线在形成的单元格以外的部分，完成后的表格尺寸如图 6-50 所示。

图 6-48　绘制水平和竖向构造线

图 6-49　偏移效果

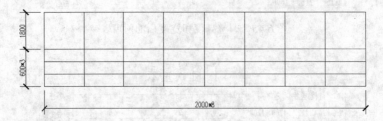

图 6-50　表格尺寸

（3）选择"格式"|"点样式"命令，弹出"点样式"文本框，选择样式⊕。

（4）使用"直线"命令连接对角点，绘制两条辅助线，如图 6-51 所示。单击"点"按钮▪，捕捉辅助线交点，如图 6-52 所示绘制点。删除两条辅助线，最终效果如图 6-53 所示。

图 6-51　绘制辅助线

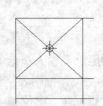

图 6-52　捕捉交叉点

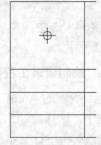

图 6-53　删除辅助线

（5）使用同样的方法，绘制其他的定位点，效果如图 6-54 所示。为了节省时间，对于中间几个单元格的辅助点将采用阵列方法得到。

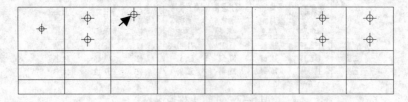

图 6-54　绘制其他的辅助点

（6）单击"阵列"按钮▦，弹出"阵列"对话框，如图 6-55 所示设置对话框参数，选择图 6-54 箭头所指的点为阵列源对象。

（7）单击"确定"按钮，阵列效果如图 6-56 所示。

（8）选择"绘图"|"文字"|"单行文字"命令，使用文字样式 H350，使用"正中"对正样式，捕捉最右侧节点为插入点，创建单行文字，效果如图 6-57 所示。

图 6-55　设置"阵列"对话框

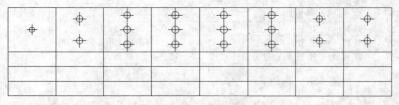

图 6-56　阵列效果

图 6-57　输入文字"层数"

（10）　单击"复制"按钮 ，命令行提示如下：

命令：_copy
选择对象：找到 1 个//拾取图 6-57 中的文字"层数"
选择对象://按回车键，完成选择
指定基点或〔位移(D)〕<位移>：//捕捉图 6-57 辅助点为基点
指定第二个点或 <使用第一个点作为位移>://依次拾取其他的辅助点
指定第二个点或〔退出(E)/放弃(U)〕<退出>：
...

（11）　复制效果如图 6-58 所示，修改复制完成的单行文字，效果如图 6-59 所示。

层数	层数 层数 层数	层数 层数 层数	层数 层数 层数	层数 层数 层数	层数 层数 层数	层数	层数

图 6-58　复制完成的效果

层数	建筑面积 /平米	平均每户 使用面积 /平米	每户居住 面积 /平米	每户使用 面积 /平米	每户 面宽 /米	居住面积 系数	使用面积 系数

图 6-59　修改单行文字内容

（12）使用"单行文字"功能输入其他的单行文字，其中单行文字都采用"正中"对正方式，基点为由构造线形成的单元格的左上角点，输入效果如图 6-60 所示。

层数	建筑面积/平米	平均每户使用面积/平米	每户居住面积/平米	每户使用面积/平米	每户面宽/米	居住面积系数	使用面积系数
首层	196.59	98.20	45.21	71.01	7.42	46.6%	71.5%
二层	182.35	91.08	37.52	62.51	7.42	42.6%	69.2%
三层	154.36	76.98	28.83	52.99	7.42	37.12	68.9%

图 6-60　输入其他的单行文字

（13）单击"移动"按钮 ✛，移动步骤 12 输入的单行文字，移动的位移为（1000,-300），移动效果如图 6-61 所示。

层数	建筑面积/平米	平均每户使用面积/平米	每户居住面积/平米	每户使用面积/平米	每户面宽/米	居住面积系数	使用面积系数
首层	196.59	98.20	45.21	71.01	7.42	46.6%	71.5%
二层	182.35	91.08	37.52	62.51	7.42	42.6%	69.2%
三层	154.36	76.98	28.83	52.99	7.42	37.12	68.9%

图 6-61　移动单行文字

（14）选择 H700 文字样式，在最上面一条构造线的上方输入单行文字"建筑工程概况"，同时删除最左和最右侧的构造线，效果如图 6-47 所示。

6.4　尺寸标注

尺寸标注是工程制图中重要的表达方式，利用 AutoCAD 的尺寸标注命令，可以方便快速地标注图纸中各种方向、形式的尺寸。对于建筑工程图，尺寸标注反映了规范的符合情况。

标注具有以下元素：标注文字、尺寸线、箭头和尺寸界线，对于圆标注还有圆心标记和中心线。

- 标注文字是用于指示测量值的字符串。文字可以包含前缀、后缀和公差。
- 尺寸线用于指示标注的方向和范围。对于角度标注，尺寸线是一段圆弧。
- 箭头，也称为终止符号，显示在尺寸线的两端。可以为箭头或标记指定不同的尺寸和形状。
- 尺寸界线，也称为投影线或证示线，从部件延伸到尺寸线。
- 中心标记是标记圆或圆弧中心的小十字。
- 中心线是标记圆或圆弧中心的虚线。

在"标注"菜单中选择合适的命令，或者单击如图 6-62 所示的"标注"工具栏中的某个按钮可以进行相应的尺寸标注。

图 6-62　"标注"工具栏

6.4.1　尺寸标注样式

在进行尺寸标注时，使用当前尺寸样式进行标注。尺寸标注样式用于控制尺寸变量，包括尺寸线、标注文字、尺寸文本相对于尺寸线的位置、尺寸界线、箭头的外观及方式、尺寸公差、替换单位等。

选择"格式"菜单中的"标注样式"命令，弹出如图 6-63 所示的"标注样式管理器"对话框。在该对话框中可以创建和管理尺寸标注样式。

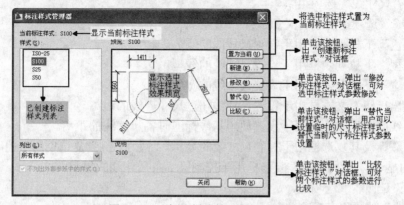

图 6-63 "标注样式管理器"对话框

在"标注样式管理器"对话框中，"当前标注样式"区域显示当前的尺寸标注样式。"样式"列表框显示了已有尺寸标注样式，选择了该列表中合适的标注样式后，单击"置为当前"按钮，可将该样式置为当前。

单击"新建"按钮，弹出如图 6-64 所示的"创建新标注样式"对话框。在"新样式名"文本框中输入新尺寸标注样式名称；在"基础样式"下拉列表中选择新尺寸标注样式的基准样式；在"用于"下拉列表中指定新尺寸标注样式应用范围。

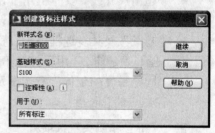

单击"继续"按钮关闭"创建新标注样式"对话框，弹出如图 6-65 所示的"新建标注样式"对话框，对话框有 7 个选项卡，用户可以在各选项卡中设置相应的参数。

图 6-64 "创建新标注样式"对话框

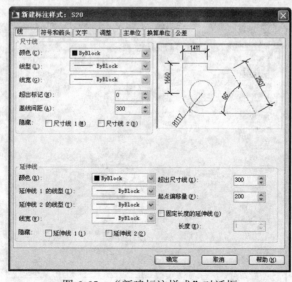

图 6-65 "新建标注样式"对话框

1. "线"选项卡

"线"选项卡由"尺寸线"、"延伸线"两个选项组组成。

（1）"尺寸线"选项组。

"尺寸线"选项组各项含义如下：

- "颜色"下拉列表框用于设置尺寸线的颜色。
- "线型"下拉列表框用于设置尺寸线的线型。
- "线宽"下拉列表框用于设置尺寸线的宽度。
- "超出标记"文本框用于设置尺寸线超过尺寸界线的距离。
- "基线间距"文本框用于设置使用基线标注时各尺寸线的距离。
- "隐藏"及其复选框用于控制尺寸线的显示。"尺寸线 1"复选框用于控制第 1 条尺寸线的显示，"尺寸线 2"复选框用于控制第 2 条尺寸线的显示。

（2）"延伸线"选项组。

"延伸线"选项组各项含义如下：

- "颜色"下拉列表框用于设置尺寸界线的颜色。
- "延伸线 1 的线型"和"延伸线 2 的线型"下拉列表框用于设置尺寸线的线型。
- "线宽"下拉列表框用于设置尺寸界线的宽度。
- "超出尺寸线"文本框用于设置尺寸界线超过尺寸线的距离。
- "起点偏移量"文本框用于设置尺寸界线相对于尺寸界线起点的偏移距离。
- "隐藏"及其复选框用于设置尺寸界线的显示。"延伸 1"用于控制第 1 条尺寸界线的显示，"延伸 2"用于抑制第 2 条尺寸界线的显示。
- "固定长度的延伸"复选框及其"长度"文本框用于设置尺寸界线从尺寸线开始到标注原点的总长度。

2. "符号和箭头"选项卡

"符号和箭头"选项卡用于设置尺寸线端点的箭头以及各种符号的外观形式，如图 6-66 所示。

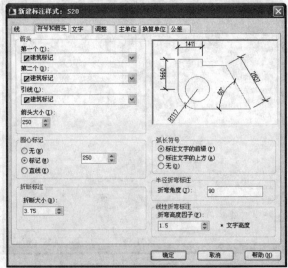

图 6-66 "符号和箭头"选项卡

"符号和箭头"选项卡包括"箭头"、"圆心标记"、"折断标注"、"弧长符号"、"半径标注折弯"和"线性折弯标注"六个选项组。

（1）"箭头"选项组

"箭头"选项组用于选定表示尺寸线端点的箭头的外观形式。

- "第一个"、"第二个"下拉列表框用于设置标注的箭头形式。
- "引线"下拉列表框用于设置尺寸线引线部分的形式。
- "箭头大小"文本框用于设置箭头相对其他尺寸标注元素的大小。

（2）"圆心标记"选项组。

"圆心标记"选项组用于控制当标注半径和直径尺寸时，中心线和中心标记的外观。

- "无"单选按钮设置在圆心处不放置中心线和圆心标记。
- "标记"单选按钮设置在圆心处放置一个与"大小"文本框中的值相同的圆心标记。
- "直线"单选按钮设置在圆心处放置一个与"大小"文本框中的值相同的中心线标记。
- "大小"文本框用于设置圆心标记或中心线的大小。

（3）"折断标注"选项组。

使用"标注打断"命令时，"折断标注"选项组用于来确定交点处打断的大小。

（4）"弧长符号"选项组。

"弧长符号"选项组控制弧长标注中圆弧符号的显示。各项含义如下：

- "标注文字的前面"单选按钮：将弧长符号放在标注文字的前面。
- "标注文字的上方"单选按钮：将弧长符号放在标注文字的上方。
- "无"单选按钮：不显示弧长符号。

（5）"半径折弯标注"选项组。

"半径折弯标注"选项组控制折弯（Z字型）半径标注的显示。折弯半径标注通常在中心点位于页面外部时创建。

"折弯角度"文本框确定用于连接半径标注的尺寸界线和尺寸线的横向直线的角度。

（6）"线性折弯标注"选项组。

"线性折弯标注"选项组用于设置折弯高度因子，在使用"折弯线性"命令时，折弯高度因子×文字高度，就是形成折弯角度的两个顶点之间的距离，也就是折弯高度。

3. "文字"选项卡

"文字"选项卡由"文字外观"、"文字位置"和"文字对齐"3个选项组组成，如图6-67所示。

（1）"文字外观"选项组。

"文字外观"选项组可设置标注文字的格式和大小。

- "文字样式"下拉列表框用于设置标注文字所用的样式，单击后面的按钮，弹出"文字样式"对话框。
- "文字颜色"下拉列表框用于设置标注文字的颜色。
- "填充颜色"下拉列表框用于设置标注中文字背景的颜色。
- "文字高度"文本框用于设置当前标注文字样式的高度。
- "分数高度比例"文本框可设置分数尺寸文本的相对字高度系数。
- "绘制文字边框"复选框控制是否在标注文字四周画一个框。

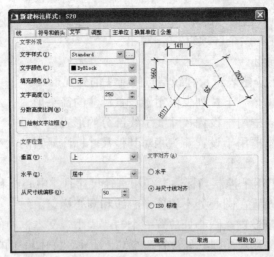

图 6-67 "文字"选项卡

（2）"文字位置"选项组。

"文字位置"选项组用于设置标注文字的位置。

- "垂直"下拉列表框设置标注文字沿尺寸线在垂直方向上的对齐方式。
- "水平"下拉列表框设置标注文字沿尺寸线和尺寸界线在水平方向上的对齐方式。
- "从尺寸线偏移"文本框设置文字与尺寸线的间距。

（3）"文字对齐"选项组。

"文字对齐"选项组用于设置标注文字的方向。

- "水平"单选按钮表示标注文字沿水平线放置。
- "与尺寸线对齐"单选按钮表示标注文字沿尺寸线方向放置。
- "ISO 标准"单选按钮表示当标注文字在尺寸界线之间时，沿尺寸线的方向放置；当标注文字在尺寸界线外侧时，则水平放置标注文字。

4. "调整"选项卡

"调整"选项卡用于控制标注文字、箭头、引线和尺寸线的放置，如图 6-68 所示。

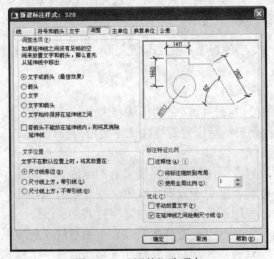

图 6-68 "调整"选项卡

"调整选项"选项组用于控制基于尺寸界线之间可用空间的文字和箭头的位置。"文字位置"选项组用于设置标注文字从默认位置（由标注样式定义的位置）移动时标注文字的位置。"标注特征比例"选项组用于设置全局标注比例值或图纸空间比例。"优化"选项组提供用于放置标注文字的其他选项。

5. "主单位"选项卡

"主单位"选项卡用于设置主单位的格式及精度，同时还可以设置标注文字的前缀和后缀，如图 6-69 所示。

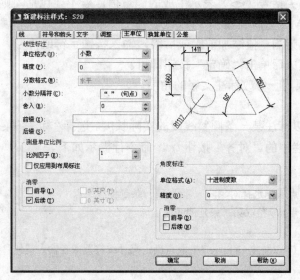

图 6-69 "主单位"选项卡

"线性标注"选项组中可设置线性标注单位的格式及精度。

"测量单位比例"选项组用于确定测量时的缩放系数，"比例因子"文本框设置线性标注测量值的比例因子，例如，如果输入 10，则 1 mm 直线的尺寸将显示为 10 mm，经常用到建筑制图中，绘制 1:100 的图形，比例因子为 1，绘制 1:50 的图形比例因子为 0.5。

"清零"选项组控制是否显示前导 0 或尾数 0。"前导"复选框用于控制是否输出所有十进制标注中的前导零，例如，"0.100"变成".100"。"后续"复选框用于控制是否输出所有十进制标注中的后续零，例如"2.2000"变成"2.2"。

"角度标注"选项组用于设置角度标注的角度格式，仅用于角度标注命令。

6.4.2 基本尺寸标注

AutoCAD 为用户提供了多种类型的尺寸标注，下面给读者详细介绍。

（1）线性标注

线性标注可以标注水平尺寸、垂直尺寸和旋转尺寸。选择"标注"菜单中的"线性"命令，或单击"标注"工具栏中的"线性"按钮，命令行提示如下：

命令：_dimlinear
指定第一条延伸线原点或 <选择对象>://拾取第一条延伸线原点
指定第二条延伸线原点://拾取第二条延伸线原点
指定尺寸线位置或

[多行文字(M)/文字(T)/角度(A)/水平(H)/垂直(V)/旋转(R)]://拾取点确定尺寸线位置或者输入其他参数

标注文字 = 21.18//

线性标注效果如图 6-70 所示。

在线性标注命令行中，"多行文字(M)/文字(T)/角度(A)" 3 个选项是标注常见的 3 个选项：

图 6-70　线性标注效果

- "文字" 选项表示在命令行自定义标注文字，要包括生成的测量值，可用尖括号（<>）表示生成的测量值，若不要包括，则直接输入文字即可。
- "多行文字（M）" 选项项表示可以在多行文字编辑器里输入和编辑标注文字，可以通过文字编辑器为测量值添加前缀或后缀，输入特殊字符或符号，也可以完全重新输入标注文字，完成后单击 "确定" 按钮即可。
- "角度" 选项用于修改标注文字的角度。

（2）对齐标注。

对齐尺寸标注可以标注某一条倾斜线段的实际长度。选择 "标注" 菜单中的 "对齐" 命令，或单击 "标注" 工具栏中的 "对齐" 按钮，命令行提示如下。

命令：_dimaligned
指定第一条延伸线原点或 <选择对象>://拾取第一条延伸线原点
指定第二条延伸线原点://拾取第二条延伸线原点
指定尺寸线位置或
[多行文字(M)/文字(T)/角度(A)]://拾取点确定尺寸线位置或者输入其他参数
标注文字 = 21.3

对齐标注效果如图 6-71 所示。

（3）弧长标注。

弧长标注用于测量圆弧或多段线弧线段上的距离。选择 "标注" 菜单中的 "弧长" 命令，或单击 "标注" 工具栏中的 "弧长" 按钮，命令行提示如下。

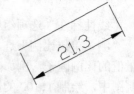

命令：_dimarc

图 6-71　对齐标注效果

选择弧线段或多段线弧线段://拾取需要标注弧长的圆弧
指定弧长标注位置或 [多行文字(M)/文字(T)/角度(A)/部分(P)/]://拾取点指定标注位置
标注文字 = 20.43

弧长标注效果如图 6-72 所示。

（4）坐标标注。

坐标标注测量原点（称为基准）到标注特征（例如部件上的一个孔）的垂直距离。这种标注保持特征点与基准点的精确偏移量，从而避免增大误差。选择 "标注" 菜单中的 "坐标" 命令，或单击 "标注" 工具栏中的 "坐标" 按钮，命令行提示如下。

命令：_dimordinate
指定点坐标://拾取需要标注的点
创建了无关联的标注。
指定引线端点或 [X 基准(X)/Y 基准(Y)/多行文字(M)/文字(T)/角度(A)]://指定引线端点位置

标注文字 = 182.3

坐标标注效果如图 6-73 所示。

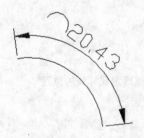

图 6-72　弧长标注效果

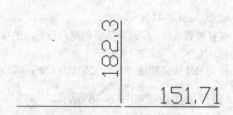

图 6-73　坐标标注效果

（5）半径标注。

半径标注用来标注圆弧或圆的半径。选择"标注"菜单中的"半径"命令，或单击"标注"工具栏中的"半径"按钮 ，命令行提示如下。

命令：_dimradius
选择圆弧或圆：//拾取需要进行半径标注的圆弧或者元
标注文字 = 11.18
指定尺寸线位置或 [多行文字(M)/文字(T)/角度(A)]：//拾取点确定尺寸线的位置

半径标注效果如图 6-74 所示。

（6）折弯标注。

当圆弧或圆的中心位于布局外并且无法在其实际位置显示时，使用 DIMJOGGED 可以创建折弯半径标注，选择"标注"菜单中的"折弯"命令，或单击"标注"工具栏中的"折弯"按钮 ，命令行提示如下。

命令：_dimjogged
选择圆弧或圆：//选择需要创建折弯标注的圆弧或者圆
指定中心位置替代：
标注文字 = 26.86
指定尺寸线位置或 [多行文字(M)/文字(T)/角度(A)]：//拾取点确定尺寸线位置
指定折弯位置：

折弯标注效果如图 6-75 所示。

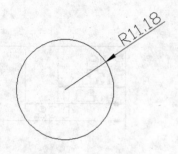

图 6-74　半径标注效果

图 6-75　折弯标注效果

（7） 直径标注。

直径标注用来标注圆弧或圆的直径。选择"标注"菜单中的"直径"命令，或单击"标注"工具栏中的"直径"按钮 ，命令行提示如下。

命令：_dimdiameter
选择圆弧或圆：//选择需要创建直径标注的圆弧或者圆
标注文字 = 22.37
指定尺寸线位置或 [多行文字(M)/文字(T)/角度(A)]：//拾取点确定尺寸线的位置

直径标注效果如图 6-76 所示。

（8） 角度标注。

角度标注用来测量两条直线或三个点之间，或者圆弧的角度。选择"标注"菜单中的"角度"命令，或单击"标注"工具栏中的"角度"按钮 ，命令行提示如下。

命令：_dimangular
选择圆弧、圆、直线或 <指定顶点>：//选择需要创建角度标注的圆、圆弧或者直线
指定标注弧线位置或 [多行文字(M)/文字(T)/角度(A)]：//拾取点确定尺寸线位置
标注文字 = 93

角度标注效果如图 6-77 所示。

图 6-76　直径标注效果

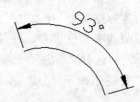

图 6-77　角度标注效果

（9） 基线标注。

基线标注是自同一基线处测量的多个标注。在创建基线标注之前，必须创建线性、对齐或角度标注。可自当前任务的最近创建的标注中以增量方式创建基线标注。

选择"标注"菜单中的"基线"命令，或单击"标注"工具栏中的"基线"按钮 ，命令行提示如下。

命令：_dimbaseline
指定第二条延伸线原点或 [放弃(U)/选择(S)] <选择>：
标注文字 = 15.53
指定第二条延伸线原点或 [放弃(U)/选择(S)] <选择>：
标注文字 = 26.01
指定第二条延伸线原点或 [放弃(U)/选择(S)] <选择>：
标注文字 = 30.38
指定第二条延伸线原点或 [放弃(U)/选择(S)] <选择>：

基线标注效果如图 6-78 所示。

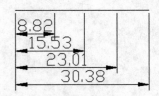

图 6-78　基线标注效果

（10）连续标注。

连续标注是首尾相连的多个标注。在创建继续标注之前，必须创建线性、对齐或角度标注。可自当前任务最近创建的标注中以增量方式创建基线标注。

选择"标注"菜单中的"连续"命令，或单击"标注"工具栏中的"连续"按钮 ⎍⎍，命令行提示如下。

```
命令：_dimcontinue
指定第二条延伸线原点或 [放弃(U)/选择(S)] <选择>：
标注文字 = 8.94
指定第二条延伸线原点或 [放弃(U)/选择(S)] <选择>：
标注文字 = 10.95
指定第二条延伸线原点或 [放弃(U)/选择(S)] <选择>：
标注文字 = 12.62
指定第二条延伸线原点或 [放弃(U)/选择(S)] <选择>：
```

连续标注效果如图 6-79 所示。

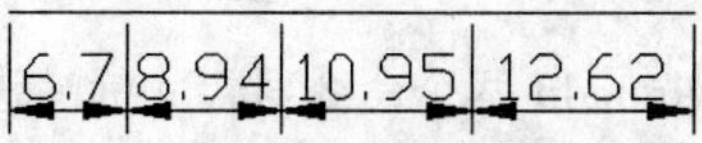

6.7 | 8.94 | 10.95 | 12.62

图 6-79　连续标注效果

（11）圆心标记。

圆心标记用于创建圆和圆弧的圆心标记或中心线。选择"标注"菜单中的"圆心标记"命令，或单击"标注"工具栏中的"圆心标记"按钮 ⊙，命令行提示如下。

```
命令：_dimcenter
选择圆弧或圆：//选择需要标注圆心标记的圆和圆弧
```

圆心标记效果如图 6-80 所示。

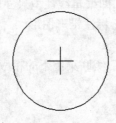

图 6-80　圆心标记标注

（12）快速引线标注。

引线对象是一条线或样条曲线，其一端带有箭头，另一端带有多行文字对象。在某些情况下，有一条短水平线（又称为钩线、折线或着陆线）将文字和特征控制框连接到引线上。在命令行输入 qleader 命令，命令行提示如下。

```
命令：_qleader
指定第一个引线点或 [设置(S)] <设置>：//拾取引线的第一个端点
指定下一点：//拾取引线的第二个端点
```

指定下一点：//拾取引线的第三个端点
指定文字宽度 <0>：3//设置文字的宽度
输入注释文字的第一行 <多行文字(M)>：直径 50//输入注释文字内容
输入注释文字的下一行：//按回车键，完成文字输入

快速引线标注效果如图 6-81 所示。

图 6-81　快速引线标注

6.4.3　尺寸标注编辑

AutoCAD 提供 dimedit 和 dimtedit 两个命令对尺寸标注进行编辑。

（1）dimedit。

选择"标注"菜单下的"倾斜"命令，或单击"编辑标注"按钮，命令行提示如下：

命令：_dimedit
输入标注编辑类型 [默认(H)/新建(N)/旋转(R)/倾斜(O)] <默认>：

此提示中有 4 个选项，分别为默认（H）、新建（N）、旋转（R）、倾斜（O），各含义如下。

● 默认：此选项将尺寸文本按 DDIM 所定义的默认位置，方向重新置放。
● 新建：此选项是更新所选择的尺寸标注的尺寸文本。
● 旋转：此选项是旋转所选择的尺寸文本。
● 倾斜：此选项实行倾斜标注，即编辑线性型尺寸标注，使其尺寸界线倾斜一个角度，不再与尺寸线相垂直，常用于标注锥形图形。

（2）dimtedit。

选择"标注"菜单中"对齐文字"级联菜单下的相应命令，或单击"编辑标注文字"按钮，命令行提示如下：

命令：_dimtedit
选择标注：//选择需要编辑标注文字的尺寸标注
指定标注文字的新位置或 [左(L)/右(R)/中心(C)/默认(H)/角度(A)]：//

此提示有左（L）、右（R）、中心（C）、默认（H）、角度（A）等 5 个选项，各项含义如下。

● 左：此选项的功能是更改尺寸文本沿尺寸线左对齐。
● 右：此选项的功能是更改尺寸文本沿尺寸线右对齐。
● 中心：此选项的功能是更改尺寸文本沿尺寸线中间对齐。
● 默认：此选项的功能是将尺寸文本按 DDIM 所定义的默认位置、方向、重新置放。

- 角度：此选项的功能是旋转所选择的尺寸文本。

6.5 习题与上机练习

6.5.1 填空题

（1）写出下列几个控制码所对应的特殊字符：%%d——_____，%%p——_____，%%c——_____。

（2）在 AutoCAD 2009 中，系统默认的文字样式为_____。

（3）在 AutoCAD 2009 中的_____对话框中可以修改原有表格样式，或自定义表格样式。

（4）"比例因子"文本框设置线性标注测量值的比例因子，如果设置比例因子为 5，则绘图区绘制的长为 37 个图形单位的水平直线，线性标注的数值是_____。

6.5.2 选择题

（1）下列单行文字的对正方式中，哪种对正方式是在文字的中央水平和垂直居中对正文字（　）。

    A. 左下   B. 正中

    C. 中上   D. 右中

（2）在创建单行文本时，其对正采用"调整（F）"时下列哪个属性将随文字多少而改变（　）。

    A. 字宽

    B. 字高

    C. 单行文字对象的总宽度

    D. 文字位置

（3）在 AutoCAD 2009 中，创建多行文字的命令是（　）。

    A. text

    B. mtext

    C. scaletext

    D. justifytext

（4）下列字体中（　）字体属于国标规定建筑图所使用的长仿宋体。

首层平面图　　　　首层平面图

A　　　　　　　　　　B

首层平面图　　　　首层平面图

C　　　　　　　　　　D

（5）在 AutoCAD 2009 中设置标注样式时，"新建标注样式"、"修改标注样式"和"替代标注样式"对话框都包含下列选项卡："线"、"符号和箭头"、"文字"、"调整"、"主单位"、"换算单位"、"公差"，其中对于建筑制图中的标注样式，哪两个选项卡不用设置（　　）。

  A. "直线"、"文字"

  B. "符号和箭头"、"调整"

  C. "主单位"、"公差"

  D. "换算单位"、"公差"

6.5.3　简答题

（1）如何在多行文字中插入符号或特殊字符？

（2）如何在表格中添加列或行的步骤？

6.5.4　上机练习

（1）创建文字说明，其中"建筑节能措施说明："文字使用 H500 文字样式，其他文字使用 A350 文字样式，效果如图 6-82 所示。

建筑节能措施说明：
1、外墙体：苏01SJ101-A6/12聚苯颗粒保温层厚20，抗裂砂浆分别厚5(涂料)，10(面砖)。
2、屋面：苏02ZJ207-7/27聚苯乙烯泡沫塑料板作隔热层厚30。
3、露台：苏03ZJ207-17/14聚苯乙烯泡沫塑料板作隔热层厚30。
4、外窗及阳台门：硬聚氯乙烯塑料门窗，气密性等级为Ⅱ级。
5、外门窗北立面采用中空玻璃，南立面采用5mm厚普通玻璃。

图 6-82　"建筑节能措施说明"效果

（2）创建如图 6-83 所示的门窗表，表格标题文字样式 H1000，表格文字样式 H350。

门　窗　表

类型	型号	宽×高	数量				说明
			一层	二层	阁楼层	总数	
门	M1	800×2100	1	1		1	3	见详图，采用塑钢型材和净白玻璃
	M2	900×2100	2				2	见详图，采用塑钢型材和净白玻璃
	M3	1000×2100	1	4			5	见详图，采用塑钢型材和净白玻璃
	M4	1200×2400	3			1	4	见详图，采用塑钢型材和净白玻璃
	M5	1800×2100	1			1	2	见详图，采用塑钢型材和净白玻璃
窗	C1	600×600	1		2		3	见详图，采用塑钢型材和净白玻璃
	C2	900×1200	2	2			4	见详图，采用塑钢型材和净白玻璃
	C3	900×1500	4				4	见详图，采用塑钢型材和净白玻璃
	C4	1200×1500		3			3	见详图，采用塑钢型材和净白玻璃
	C5	1500×1500		1			1	见详图，采用塑钢型材和净白玻璃

图 6-83　门窗表

第 7 章

创建样板图

教学目标：

建筑样板图是一种标准化的建筑图形，绘制建筑样板图是为了避免重复性工作，节省绘图的时间。本章以 A2 图幅的样板图为例，详细介绍了建筑样板的绘制过程。通过本章的学习，读者可以了解样板图的图幅、文字标注样式和尺寸标注样式，并可以了解图框的绘制过程和样板图的保存与调用。

教学重点与难点：

1. 设置样板图的图幅。
2. 设置样板图尺寸标注和文字标注的样式。
3. 绘制样板图的图框。
4. 保存和调用样板图。

7.1 样板图概述

在建筑制图中，设计人员在绘图时，都需要严格按照各种制图规范进行绘图，因此对于图框、图幅大小、文字大小、线型、标注类型等，都是有一定限制的，绘制相同或者相似类型的建筑图时，各种规定都是一样的。这样为了节省时间，设计人员就可以创建一个样板图留着以后制图时调用，或者直接从系统自带的样板图中选择合适的进行使用。

样板图文件的扩展名为".dwt"，样板图文件包含标准设置，通常存储在样板文件中的惯例和设置包括：

● 单位类型和精度。
● 标题栏、边框和徽标。

- 图层名。
- 捕捉、栅格和正交设置。
- 栅格界限。
- 标注样式。
- 文字样式。
- 线型。

在目录"C:\Documents and Settings\用户名\Local Settings\Application Data\Autodesk\AutoCAD 2009\R17.0\chs\Template"下，其中"用户名"为软件安装的机器的用户名，为用户提供了各种样板，但是由于提供的样板与国标相差比较大，一般用户可以自己创建建筑图样板文件。

7.2 设置绘图环境

在规范作图中，用户在绘制任何一个建筑图之前，都需要进行绘图环境的设置，常见的比较重要的设置是绘图单位和绘图界限的设置。用户可以通过"格式"菜单中的"单位"和"绘图界限"进行设置。使用"启动"对话框的向导功能可以进行更多环境变量的设置。

7.2.1 设置单位

选择"格式"|"单位"命令，在弹出的"图形单位"对话框中，设置长度类型为"小数"，精度为0，角度类型为"十进制度数"，精度为0，单位为"mm"。

 提示：建筑制图中，图形单位一般都如此设置。

7.2.2 设置绘图界限

在建筑制图中，用户基本上都在建筑图纸幅面中绘图，也就是说，一个图框限制了绘图的范围，其绘图界限不能超过这个范围。建筑制图标准中对于图纸幅面和图框尺寸的规定如表7-1所示。

表 7-1　幅面及图框尺寸表

辅面代号　尺寸代号	A0	A1	A2	A3	A4
b×l	841x1189	594x841	420x594	297x420	210x297
c	10			5	
a	25				

其中，b表示图框外框的宽度，l表示图框外框的长度，a表示装订边与图框内框的距离，c表示三条非装订边与图框内框的距离，具体含义请读者查阅《房屋建筑制图统一标准》中关于图纸幅面的规定。

在本书中，将要给读者介绍的建筑图形大概需要A2大小的图纸，所以这里以A2大小的图纸绘图界限设置为例讲解设置方法。

选择"格式"|"绘图界限"命令，命令行提示如下：

命令：'_limits
重新设置模型空间界限：
指定左下角点或 [开(ON)/关(OFF)] <0,0>：0,0//输入左下角点坐标
指定右上角点 <420,297>：59400,42000//输入右上角点坐标

设置完成后，选择"视图"|"缩放"|"全部"命令，使设置的范围都在绘图区内。

> **提示：** 由于本书中建筑平立剖面图都是采用的 1:100 作图，所以 A2 图纸设置的绘图界限就是 594 00 × 42 000。

7.2.3 使用向导

用户如果在"选项"对话框中设置了"显示启动对话框"选项，则创建新的图形文件时，弹出"创建新图形"对话框，单击"使用向导"按钮，选择"高级设置"选项，也可以设置绘图环境，设置的参数与使用菜单命令设置一样，可以参考 1.5.1 节。

7.3 创建文字样式

由于在创建图框的时候需要使用已经创建好的文字样式，所以将文字样式的创建放在绘制图框前讲解。

建筑制图标准规定文字的字高，应从如下系列中选用：3.5 mm、5 mm、7 mm、10 mm、14 mm、20 mm。如需书写更大的字，其高度应按 $\sqrt{2}$ 的比值递增。图样及说明中的汉字，宜采用长仿宋体，宽度与高度的关系要满足表 7-2 中的规定。

表 7-2　长仿宋体字高宽关系表

字高	20	14	10	7	5	3.5
字宽	14	10	7	5	3.5	2.5

在样板图中创建字体样式 H350，H500、H700 和 H1000，具体操作步骤如下：

（1）选择"格式"|"文字样式"命令，弹出"文字样式"对话框。单击"新建"按钮，弹出"新建文字样式"对话框，设置样式名为 H350，表示字高350。

（2）单击"确定"按钮，回到"文字样式"对话框，在"字体名"下拉列表中选择"仿宋_GB2312"，设置高度为350，宽度比例为 0.7，如图 7-1 所示。单击"应用"按钮，H350 样式创建完成。

（3）使用同样的方法，可以创建

图 7-1　设置样式参数

文字样式 H500、H700 和 H1000,创建完毕后,单击"取消闭"按钮,完成文字样式的创建。

7.4　绘制图框

图幅由比较简单的线组成,绘制方法比较简单,以下根据表 7-1 中 A2 图纸的尺寸要求进行绘制,创建如图 7-2 所示的 A2 图幅和图框。

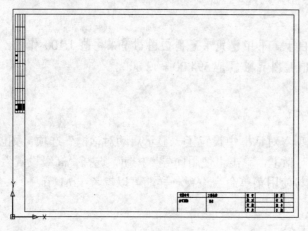

图 7-2　A2 图纸样板

具体操作步骤如下:

(1)　在已经创建好的绘图界限内,执行"矩形"命令,绘制 59 400×42 000 的矩形,第一个角点为(0,0),另外一个角点为(59 400,42 000)单击"分解"按钮,将矩形分解,效果如图 7-3 所示。

(2)　执行"偏移"命令,将矩形的上、下、右边向内偏移 1000,效果如图 7-4 所示。

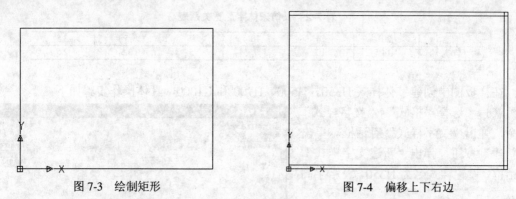

图 7-3　绘制矩形　　　　　　　　　　　　　图 7-4　偏移上下右边

(3)　执行"偏移"命令,将矩形左边向右偏移 2500,并修剪,效果如图 7-5 所示。

(4)　在绘图区任意位置绘制 24 000×4 000 矩形,执行"分解"命令将矩形分解,效果如图 7-6 所示。

(5)　使用"偏移"命令,将矩形分解后的上边和左边分别向下和向右偏移,向下偏移的距离为 1000,水平方向见尺寸标注,效果如图 7-7 所示。

(6)　执行"修剪"命令,修剪步骤 6 偏移生成的直线,效果如图 7-8 所示。

图 7-5 偏移左边并修剪

图 7-6 绘制 24000×4000 矩形

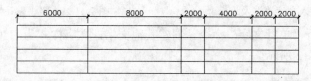

图 7-7 分解偏移

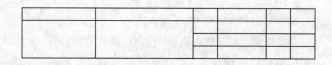

图 7-8 修剪偏移线

（7）建筑制图中对于文字是有严格规定的，在一幅图纸中一般也就几种文字样式，为了使用的方便，制图人员通常预先创建可能会用到的文字样式，对文字样式进行命名，并对每种文字样式设置参数，制图人员在制图的时候，直接使用文字样式即可。

（8）使用"直线"命令，绘制如图 7-9 所示的斜向直线辅助线，以便创建文字对象。

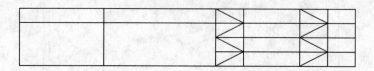

图 7-9 创建辅助直线

（9）选择"绘图"I"文字"I"单行文字"命令，输入单行文字，命令行提示如下：

命令：_dtext
当前文字样式： H1000 当前文字高度： 1000.000
指定文字的起点或 [对正(J)/样式(S)]：s//输入 s，设置文字样式
输入样式名或 [?] <H1000>：H500//选择文字样式 H500
当前文字样式： H500 当前文字高度： 500.000//
指定文字的起点或 [对正(J)/样式(S)]：j//输入 j，指定对正样式
输入选项
[对齐(A)/调整(F)/中心(C)/中间(M)/右(R)/左上(TL)/中上(TC)/右上(TR)/左中(ML)/正中(MC)/右中(MR)/左下(BL)/中下(BC)/右下(BR)]：mc//输入 mc，表示正中对正

指定文字的中间点：//捕捉所在单元格的辅助直线的中点

指定文字的旋转角度 <0>：//按回车键，弹出单行文字动态输入框

（10）　在动态输入框中输入文字，"设"和"计"中间插入两个空格，效果如图 7-10 所示。

（11）　使用同样的方法，捕捉步骤 10 创建的直线的中点为文字对正点，输入其他文字，效果如图 7-11 所示。

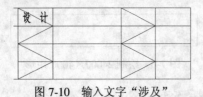

图 7-10　输入文字"涉及"　　　　　　　图 7-11　仿照"设计"输入其他文字

（12）　继续执行"单行文字"命令，创建其他文字，文字样式为 H500，文字位置不做精细限制，效果如图 7-12 所示。

设计公司	工程名称	设　计	类　别
公司图标	图名	校　对	专　业
		审　核	图　号
		审　定	日　期

图 7-12　输入位置不作严格要求文字

（13）　执行"移动"命令，选择图 7-12 所示标题栏的全部图形和文字，指定基点为标题栏的右下角点，插入点为图框的右下角点，移动到图框中的效果如图 7-13 所示。

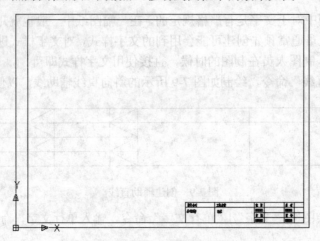

图 7-13　移动标题栏到图框中

（14）　执行"矩形"命令绘制 20 000×2000 的矩形，并将矩形分解。

（15）将分解后的矩形的上边依次向下偏移 500，左边依次向右偏移 2500，效果如图 7-14 所示。

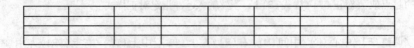

图 7-14　创建会签栏图形

（16）　采用步骤9的方法，绘制斜向直线构造辅助线。

（17）　执行"单行文字"命令，输入单行文字，对正方式 mc，文字样式为 H350，文字的插入点为斜向直线的中点，其中"建筑"、"结构"、"电气"、"暖通"文字中间为4个空格，"给排水"文字每个字之间一个空格，效果如图 7-15 所示。

图 7-15　创建会签栏文字

（18）　删除步骤18创建的斜向构造辅助线。执行"旋转"命令，命令行提示如下：

命令：_rotate

UCS 当前的正角方向：ANGDIR=逆时针　ANGBASE=0

选择对象：指定对角点：找到 19 个//选择会签栏的图形和文字

选择对象://按回车键，完成选择

指定基点://指定会签栏的右下角点为基点

指定旋转角度，或 ［复制(C)/参照(R)］<0>：90//输入旋转角度，按回车键，完成旋转，效果如图 7-16 所示。

（19）　执行"移动"命令，移动对象为图 7-16 所示会签栏图形和对象，基点为会签栏的右上角点，插入点为图框的左上角点，效果如图 7-17 所示。

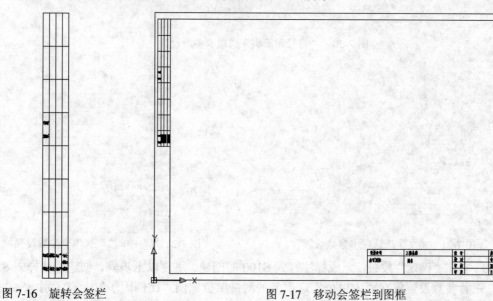

图 7-16　旋转会签栏　　　　　　　　图 7-17　移动会签栏到图框

7.5　创建标注样式

尺寸标注与绘图比例是相关的，本书的绘图比例可能会涉及到 1:100、1:50 和 1:25，因此需要创建三种标注样式，分别命名为 S100，S50 和 S25。具体操作步骤如下：

（1）打开"文字样式"对话框，修改 Standard 样式的字体名为 simplex.shx，单击"应用"按钮，完成样式参数的修改。

（2）选择"格式"|"标注样式"命令，弹出"标注样式管理器"对话框。单击"新建"按钮，弹出"创建新标注样式"对话框，如图 7-18 所示，设置新样式名为 S100。

（3）单击"继续"按钮，弹出"新建标注样式"对话框。对"线"、"符号和箭头"、"文字"和"主单位"选项卡分别进行设置，各选项卡设置情况如图 7-19~图 7-22 所示。

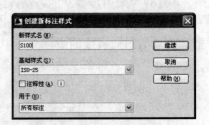

图 7-18　创建新样式 S100

图 7-19　"线"选项卡参数设置

图 7-20　"符号和箭头"选项卡参数设置

图 7-21　"文字"选项卡参数设置　　　　图 7-22　"主单位"选项卡参数设置

（4）单击"确定"按钮，完成标注样式 S100 的创建。重复以上步骤，创建标注样式 S50 和 S25，三者参数设置仅在"主单位"选项卡的测量单位比例"比例因子"上有区别，S50 比例因子为 0.5，S25 比例因子为 0.25，如图 7-23 和图 7-24 所示。

图 7-23　S50 比例因子　　　　　　　　图 7-24　S25 比例因子

（5）三种标注样式创建完成后，单击"关闭"按钮，关闭"标注样式管理器"对话框，完成样式创建。

7.6 创建样板文件

当各种设置完成之后，就需要把图形保存为样板图。选择"文件"|"另存为"命令，弹出"图形另存为"对话框，在"文件类型"下拉文本框中选择"AutoCAD 图形样板"选项，可以把样板图保存在 AutoCAD 默认的文件夹中，为样板图命名"A2"，如图 7-25 所示。

图 7-25 保存为样板图文件

单击"确定"按钮，弹出"样板说明"对话框，在"说明"栏中输入样板图的说明文字，单击"确定"按钮，即可创建样板图文件。

7.7 调用样板图

选择"文件"|"新建"命令，弹出"选择样板"对话框，在 AutoCAD 默认的样板文件夹中可以看到 7.6 节定义的"A2"样板图，如图 7-26 所示。单击"确定"按钮，即可打开样板图，用户可以在样板图中绘制具体的建筑图，然后再另存为图形文件。

图 7-26 调用样板图

7.8 习题与上机练习

7.8.1 填空题

（1） A2 图纸的图幅为_____×_____。
（2） A3 样板图的绘图单位为_____，作图比例为_____。
（3） A3 样板图文字样式的字体名通常选择_____。

7.8.2 选择题

（1） 建筑样板图是一种标准化的建筑图形，其包括固定的（　　）。
　　A. 图幅　　　　　　B. 标题栏　　　　　C. 尺寸样式　　　D. 图层
（2） 建筑样板图中角度测量的起始方向通常设置为（　　）。
　　A. 东　　　　　　　B. 南　　　　　　　C. 西　　　　　　D. 北
（3） 建筑样板图中角度测量的单位通常设置为（　　）。
　　A. 十进制度数　　　B. 度/分/秒　　　　C. 百分度　　　　D. 弧度

7.8.3 简答题

（1） 简述 A2 图纸的样板图中图框的绘制过程。
（2） 简述如何保存和调用建筑样板图。

7.8.4 上机练习

（1） 按照本章所讲的步骤，制作 A3 图纸（42000×29700）的样板图。
（2） 使用本章创建的 S100 标注样式为楼梯详图创建如图 7-27 所示的尺寸标注。

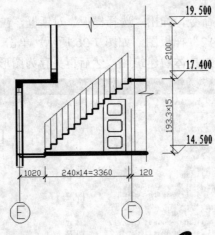

图 7-27　楼梯详图尺寸标注

第8章

建筑总平面图绘制

教学目标:

建筑总平面图的绘制是建筑图纸必不可少的一个重要环节。通常是通过在建设地域上空向地面一定范围投影得到总平面图。总平面图表明新建房屋所在地有关范围内的总体布置,它反映了新建房屋、建筑物等的位置和朝向,室外场地、道路、绿化的布置,地形、地貌标高以及其和原有环境的关系和临界状况。建筑总平面图是建筑物及其他设施施工的定位、土方施工以及绘制水、暖、电等管线总平面图和施工总平面图的依据。

通过本章的学习,希望读者掌握建筑总平面图的绘制方法,以及总平面图绘制时常用的绘图技术。

教学重点与难点:

1. 建筑总平面图的内容。
2. 建筑总平面图的绘制步骤。
3. 建筑总平面图的绘制方法。

8.1 建筑总平面图基础

在介绍建筑总平面图的绘制方法之前,首先了解建筑总平面图的组成内容和绘制步骤。本节主要介绍建筑总平面图的内容和绘制步骤,为掌握总平面图的绘制方法打好基础。

8.1.1 建筑总平面图内容

建筑总平面图所要表达的内容如下:

(1) 建筑地域的环境状况,如地理位置、建筑物占地界限及原有建筑物、各种管道等。

(2) 应用图例以表明新建区、扩建区和改建区的总体布置,表明各个建筑物和构筑物的位置，道路、广场、室外场地和绿化等的布置情况以及各个建筑物的层数等。在总平面图上，一般应该画出所采用的主要图例及其名称。此外，对于《总图制图标准》中所缺乏规定而需要自定的图例，必须在总平面图中绘制清楚，并注明名称。

（3）　确定新建或者扩建工程的具体位置，一般根据原有的房屋或者道路来定位。

（4）　当新建成片的建筑物和构筑物或者较大的公共建筑和厂房时，往往采用坐标来确定每一个建筑物及其道路转折点等的位置。在地形起伏较大的地区，还应画出地形等高线。

（5）　注明新建房屋底层室内和室外平整地面的绝对标高。

（6）　未来计划扩建的工程位置。

（7）　画出风向频率玫瑰图形以及指北针图形，用来表示该地区的常年风向频率和建筑物、构筑物等地方向，有时也可以只画出单独的指北针。

（8）　注写图名和比例尺。

8.1.2　建筑总平面图绘制步骤

绘制建筑总平面图时，坐标和尺寸定位是建筑总平面图绘制的关键。具体绘制的步骤如下：

（1）　设置绘图环境，其中包括图域、单位、图层、图形库、绘图状态、尺寸标注和文字标注等，或者选用符合要求的样板图形。

（2）　插入图框图块。

（3）　创建总平面图中的图例。

（4）　根据尺寸绘制定位辅助线。

（5）　使用辅助线定位创建小区内的主要道路。

（6）　使用辅助线定位插入建筑物图块并添加坐标标注。

（7）　绘制停车场等辅助设施。

（8）　填充总平面图中的绿化。

（9）　标注文字、坐标、及尺寸，绘制风玫瑰或指北针。

（10）　创建图名，填写图框标题栏，打印出图。

8.2　绘制小区总平面图

图 8-1 为某一个地块的建筑总平面图，绘制比例为 1:1000，下面就按照常见的绘制步骤给读者讲解总平面图的绘制方法。

8.2.1　小区总平面图组成

小区总平面图是小区内建筑物及其他设施施工的定位、土方施工以及绘制水、暖、电等管线总平面图和施工总平面图的依据。一般情况下，小区总平面图包括图例、道路、建筑物或构筑物、绿化、小品水景、文字说明及标注等内容。

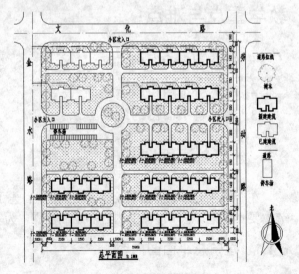

图 8-1　某小区建筑总平面图

8.2.2 创建图例

开始绘制总平面图之前,首先设置绘图环境并创建图例。

具体操作步骤如下:

(1) 打开第 7 章创建的样板图,作为绘制总平面图的绘图环境。

(2) 单击"图层"工具栏中的"图层特性管理器"按钮 ,打开"图层特性管理器"对话框。单击"新建图层"按钮 ,创建总平面图绘制过程中需要的各种图层,如新建建筑图层、已建建筑图层、绿化图层等,为了便于区分,在绘图过程中根据需要通常将不同的图层设置成不同的颜色、线型和线宽,具体设置如图 8-2 所示。

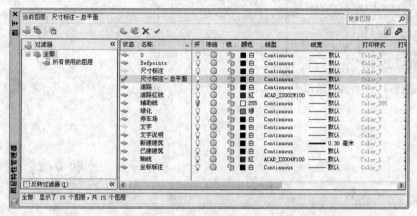

图 8-2 总平面图图层设置

(3) 选择"格式"|"标注样式"命令,弹出"标注样式管理器"对话框。

(4) 单击"新建"按钮,弹出"创建新标注样式"对话框,选择基础样式为"S100",输入新样式名为 S1000。

(5) 单击"继续"按钮,弹出"新建标注样式"对话框,选择"主单位"选项卡,设置测量单位的比例因子为 10,单击"确定"按钮,其他设置和 S100 相同。完成设置,回到"标注样式管理器"对话框,单击"置为当前"按钮,将 S1000 设置为当前标注样式。

(6) 切换到"道路红线"图层,执行"直线"命令,打开"正交"按钮,在绘图区任选一点作为起点,绘制长度为 4000 的直线,创建"道路红线"图例,效果如 8-3 所示。

图 8-3 绘制直线

(7) 此时轴线看不出线型是点画线,这是因为线型比例太小的原因。选中步骤 6 绘制的直线单击右键,弹出快捷菜单,选择"特性"选项,弹出如图 8-4 所示的"特性"对话框,将道路红线的线型比例改为 100,修改后的效果如图 8-5 所示。

(8) 切换到"文字-总平面"图层,执行"单行文字"命令,使用样板图中设置的文字样式 H500 作为图例中的文字说明的文字样式,命令行提示如下:

命令: _dtext

当前文字样式: "H500" 文字高度: 500.0000 注释性: 是//将 H500 设置为当前使用的文字样式

指定文字的起点或〔对正(J)/样式(S)〕://在步骤 7 绘制的道路红线的下方任选一点作为文字的起点

指定文字的旋转角度 <0>://按回车键选择默认设置文字的旋转角度为 0，在绘图区内出现如图 8-6 所示的动态光标提示输入文字，输入完毕后按 Esc 键退出命令，完成绘制，效果如图 8-7 所示。

图 8-4　"特性"选项板

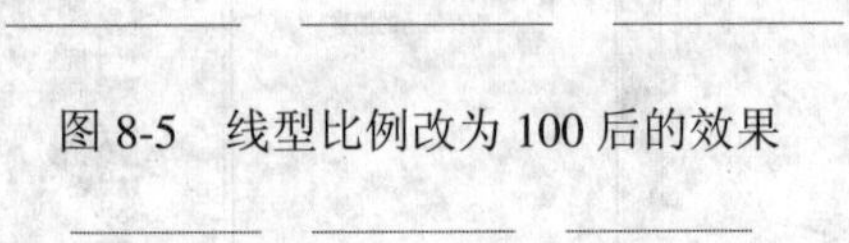

图 8-5　线型比例改为 100 后的效果

图 8-6　绘图区内动态光标

道路红线

图 8-7　文字效果

（9）切换到"绿化"图层，执行"多段线"命令，创建总平面绿化中的"树木"图例，由于自然界中的树木形态各异，所以树木的尺寸没有严格规定，一般徒手绘制。多段线宽度为 0，在绘图区任选一点作为多段线起点，捕捉一些角点绘制一个大致形状为圆形的不规则图形，绘制效果如图 8-8 所示。

（10）执行"圆"命令，以步骤 9 绘制的多段线的中心点作为圆心，绘制半径为 100 的圆，效果如图 8-9 所示。

（11）使用与步骤 8 同样的方法创建"树木"图例的说明文字，效果如图 8-10 所示。

图 8-8　绘制多段线

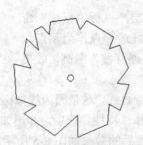

图 8-9　绘制圆

图 8-10　文字效果

（12）切换到"已建建筑"图层，执行"多段线"命令，创建总平面绿化中的"已建建筑"图例，因为总平面的规划设计中建筑物的形状只是确定一个大致的尺寸，不做细部设计，所以通常采用同样的图形插入总平面图中，设置多段线的宽度为 0。在绘图区任选一点作为起点，绘制尺寸及效果如图 8-11 所示。

（13）使用与步骤 8 同样的方法创建"已建建筑"图例的说明文字，效果如图 8-12 所示。

（14）切换到"新建建筑"图层，使用与步骤12、13同样的方法创建"新建建筑"的图。为了绘图方便，"新建建筑"图例的尺寸和"已建建筑"图例的尺寸相同，只是线宽不同，"新建建筑"为粗线，打开"线宽"按钮，显示效果如图8-13所示。

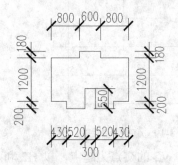

图8-11　绘制多段线

图8-12　文字效果

图8-13　创建"新建建筑"图例

（15）切换到"道路"图层，使用"直线"命令，在绘图区内任选一点作为起点绘制长度为3000的水平直线，再使用与步骤8同样的方法创建图例说明文字，效果如图8-14所示。

（16）切换到"停车场"图层，使用"矩形"命令，在绘图区内任选一点作为起点绘制1 000×2 000的矩形，再使用与步骤8同样的方法创建图例说明文字，效果如图8-15所示。至此，总平面图中的图例创建完毕，效果如图8-16所示。

图8-14　创建"道路"图例　　　　图8-15　创建"停车场"图例

图8-16　图例创建效果

8.2.3　创建网格并绘制主要道路

本节将使用"构造线"命令创建网格，并使用"直线"、"圆角"、"修剪"等各种命令绘制平面图中的各条主要道路。

具体操作步骤如下：

（1）切换到"辅助线"图层，执行"构造线"命令，分别绘制水平和竖向的构造线，再使用"偏移"命令，分别将水平和竖向构造线向右和向下偏移，偏移距离为5000，偏移效果如图8-17所示。为了以下叙述方便，竖向网格线从左到右分别命名为 V1～V6，水平网格线从上到下分别命名为H1～H6。

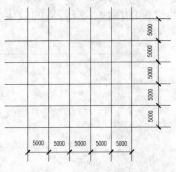

图8-17　绘制完成的网格

（2）执行"构造线"命令，绘制如图8-18所示的4条构造线，并以这4条构造线为剪切边，修剪步骤1绘制的辅助线，删除构造线后的效果如图8-19所示。

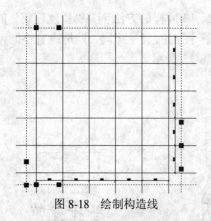

图 8-18 绘制构造线

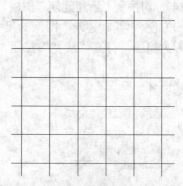

图 8-19 修剪辅助线

（3）切换到"道路"图层，执行"矩形"命令，以 H5 和 V2 的交点为起点，以 H2 和 V5 的交点为终点绘制矩形，并将矩形向外偏移 3000，删除原矩形后效果如图 8-20 所示。

（4）执行"直线"命令，分别沿着 V1、H1、V6 绘制 3 条直线，效果如图 8-21 所示。

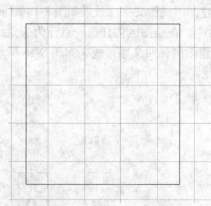

图 8-20 绘制小区粗略边界

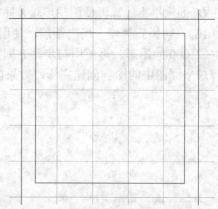

图 8-21 绘制直线

（5）执行"分解"命令，将步骤 3 绘制的矩形分解，分别选中左右和上边线，单击交点进行拉伸，使三条边线的长度分别和与之平行的辅助线相同，效果如图 8-22 所示。

（6）执行"修剪"命令，以步骤 5 绘制的直线和步骤 4 绘制的直线为剪切边修剪两条直线之间的图线，修剪后的效果如图 8-23 所示。

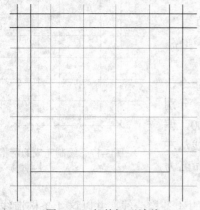

图 8-22 拉伸矩形边线

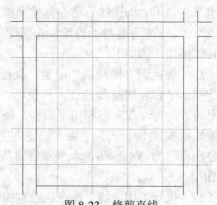

图 8-23 修剪直线

（7）单击"圆角"按钮 ⌐，命令行提示如下：

```
命令：_fillet
```
当前设置：模式 = 修剪，半径 = 0

选择第一个对象或 [放弃(U)/多段线(P)/半径(R)/修剪(T)/多个(M)]：r//输入 r，设置圆角半径

指定圆角半径 <0>：1000//输入圆角半径

选择第一个对象或 [放弃(U)/多段线(P)/半径(R)/修剪(T)/多个(M)]：//选择轮廓线中组成一个角点的两条直线中的其中一条直线

选择第二个对象，或按住 Shift 键选择要应用角点的对象：// 选择轮廓线中组成一个角点的两条直线中的另其中一条直线

重复使用"圆角"命令，修剪道路角点，修剪效果如图 8-24 所示。

（8）执行"直线"命令，以 V3 和步骤 3 绘制的矩形的上边线的交点为起点，以 V3 和步骤 3 绘制的矩形的下边线的交点为终点绘制直线，并将直线向右偏移 1000，效果如图 8-25 所示。

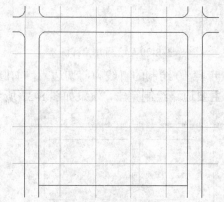
图 8-24　修剪道路角点

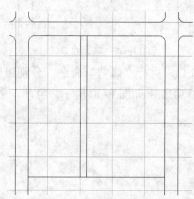
图 8-25　绘制并偏移直线

（9）执行"修剪"命令，以步骤 8 绘制的两条直线为剪切边修剪步骤 3 绘制的矩形的上边线，并执行"圆角"命令，圆角半径设置为 1000，修剪效果如图 8-26 所示。

（10）执行"直线"命令，以 H3 和步骤 3 绘制的矩形的左边线的交点为起点，以 H3 和步骤 3 绘制的矩形的右边线的交点为终点绘制直线，并将直线向下偏移 1000，效果如图 8-27 所示。

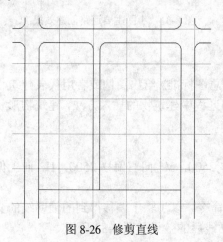
图 8-26　修剪直线

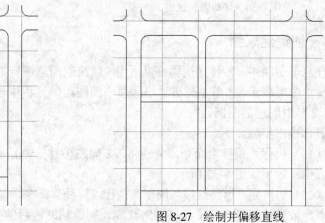
图 8-27　绘制并偏移直线

（11）执行"修剪"命令，以步骤 10 绘制的两条直线为剪切边修剪步骤 3 绘制的矩形的

左右边线，并执行"圆角"命令，圆角半径设置为1000，修剪效果如图8-28所示。

（12）执行"圆"命令，以H3和V3的交点为圆心，绘制半径为2000的圆，并将圆向内偏移700，效果如图8-29所示。

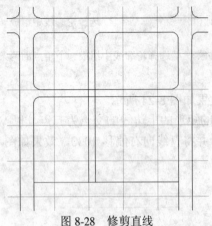

图 8-28　修剪直线

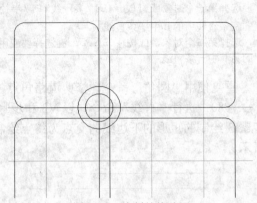

图 8-29　绘制并偏移圆

（13）执行"修剪"命令，分别以圆和步骤8、步骤10绘制的直线为剪切边，修剪圆和直线，修剪效果如图8-30所示。至此，总平面图中的主要道路绘制完毕，效果如图8-31所示。

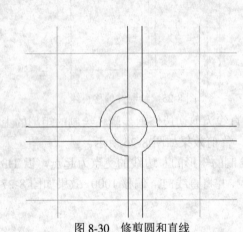

图 8-30　修剪圆和直线

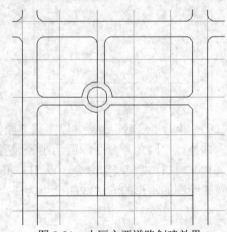

图 8-31　小区主要道路创建效果

8.2.4　创建建筑物

在总平面图中，各种建筑物可以采用《建筑制图总图标准》给出图例或者用代表建筑物形状的简单图形表示。本节主要讲解小区总平面图绘制过程中建筑物的插入方法，建筑物形状采用8.2.2节中创建的图例。

具体操作步骤如下：

（1）执行"偏移"命令，分别将V2向左偏移2500，V5向右偏移2500，H2向上偏移2500，偏移效果如图8-32所示。

（2）切换到"道路红线"图层，执行"直线"命令，以步骤1偏移得到的辅助线的交点为起点，依次捕捉各个交点绘制道路红线，删除辅助线后的效果如图8-33所示。

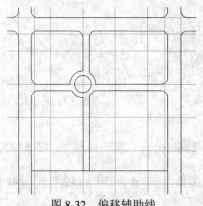

图 8-32　偏移辅助线

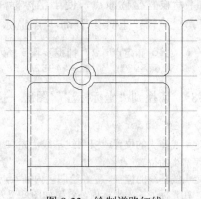

图 8-33　绘制道路红线

（3）执行"创建块"命令，分别创建"已建建筑"图块和"新建建筑"图块，分别以 8.2.2 节创建的"已建建筑"和"新建建筑"图例的左上角点为拾取点，其他参数设置如图 8-34 所示。

图 8-34　创建"已建建筑"图块

（4）切换到"已建建筑"图层，执行"偏移"命令，将步骤 2 绘制的道路红线分别向内偏移 600 作为插入图块的辅助线，效果如图 8-35 所示。

（5）执行"插入块"命令，以步骤 4 偏移得到的辅助线中的上边线和左边线的交点为插入点，插入比例为 1，角度为 0，效果如图 8-36 所示。

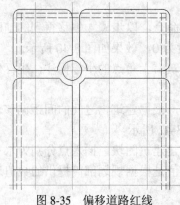

图 8-35　偏移道路红线

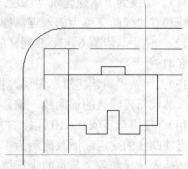

图 8-36　插入"已建建筑"图块

（6）执行"工具 | 新建 UCS | 原点"命令，根据规划部门提供的坐标原点的位置在绘

图区内重新设置坐标原点，便于坐标标注。

（7）执行"工具 | 查询 | 点坐标"命令，命令行提示如下：

命令: '_id 指定点: // 捕捉步骤 5 插入的图块的插入点
X = 23936.8951　　Y = 49525.5873　　Z = 0.0000//插入点的坐标值

（8）切换到"坐标标注"图层，执行"标注 | 多重引线"命令，命令行提示如下：

命令: _mleader
指定引线箭头的位置或 [引线基线优先(L)/内容优先(C)/选项(O)] <选项>://捕捉步骤 5 中的插入点为引线箭头的位置
指定引线基线的位置://在绘图区内插入点的上方合适的位置捕捉一点作为引线基线的位置，此时出现移动光标，在光标处输入坐标值，效果如图 8-37 所示

（9）切换"已建建筑"图层，执行"偏移"命令，根据建筑物之间的间距偏移辅助线创建插入其他已建建筑物的插入点，偏移距离和效果如图 8-38 所示。

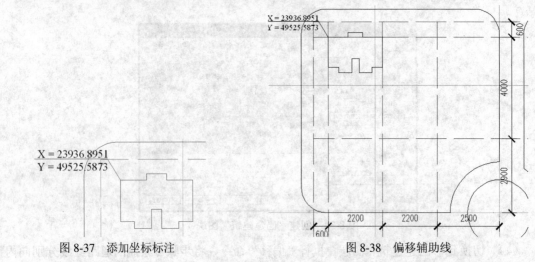

图 8-37　添加坐标标注　　　　　　　　　　图 8-38　偏移辅助线

（10）使用与步骤 5、6、7、8 同样的方法，插入其他已建建筑图块，插入点分别为水平辅助线和竖直辅助线的交点，插入比例为 1，角度为 0，坐标值是根据规划部门提供的数值利用"坐标查询"命令得出，使用"多重引线"命令进行标注，具体插入效果和各个角点的坐标值如图 8-39 所示。

（11）切换到"新建建筑"图层，执行"插入块"命令，以步骤 4 偏移得到的辅助线中的上边线和右边线的交点为插入点，插入比例为 1，角度为 0，效果如图 8-40 所示。

（12）使用与步骤 6、7、8 同样的方法创建新建建筑右上角点的坐标标注，坐标值及效果如图 8-41 所示。

（13）切换"新建建筑"图层，执行"偏移"命令，根据建筑物之间的间距偏移辅助线创建插入其他新建建筑的辅助线，偏移距离和效果如图 8-42 所示。

（14）使用与步骤 9、10 同样的方法，插入其他新建建筑图块，插入点分别为水平辅助线和竖直辅助线的交点，插入比例为 1，角度为 0，坐标值是根据规划部门提供的数值进行标注，具体插入效果和各个角点的坐标值如图 8-43 所示。

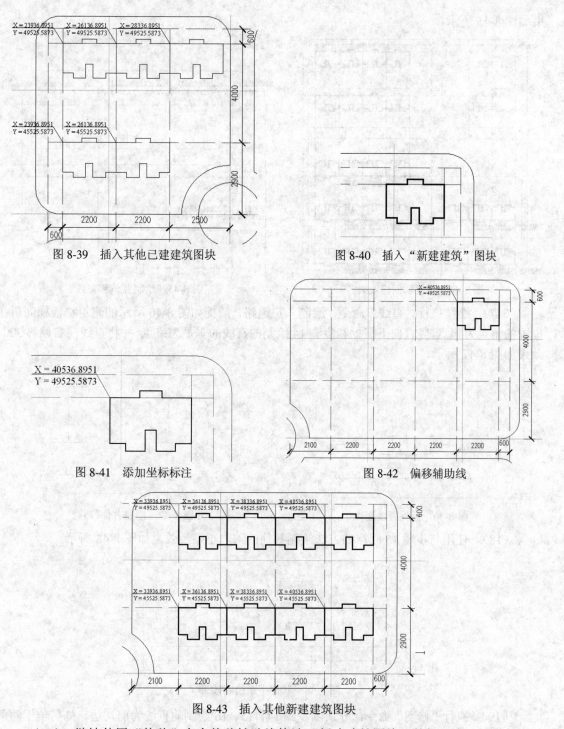

图 8-39　插入其他已建建筑图块

图 8-40　插入"新建建筑"图块

图 8-41　添加坐标标注

图 8-42　偏移辅助线

图 8-43　插入其他新建建筑图块

（15）　继续使用"偏移"命令偏移辅助线构造"新建建筑图块"的插入点，再使用与步骤 9、10 同样的方法插入图块并创建坐标标注，其中在插入图块时插入点为图块的右下角点，插入比例为 1，插入角度为 180，创建效果如图 8-44 所示。

（16）　切换到"道路"图层，执行"直线"命令，绘制宅间道路，以 H2 和 V3 辅助线的交点为起点，以 H2 和道路红线的左边线的交点为终点绘制直线，并将直线向下偏移 400，效果如图 8-45 所示。

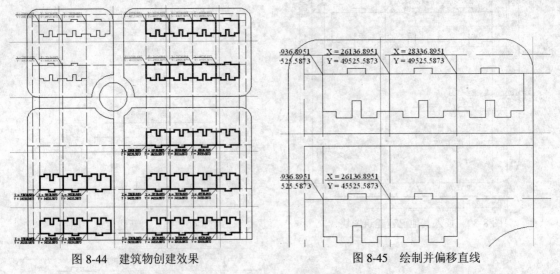

图 8-44　建筑物创建效果　　　　　　　　　图 8-45　绘制并偏移直线

（17）　继续执行"直线"命令，绘制入户道路，捕捉如图 8-46 所示的建筑物楼梯间所在位置的角点为起点，竖直向下捕捉和步骤 14 绘制的直线的垂足为终点，并将直线向右偏移 300，效果如图 8-47 所示。

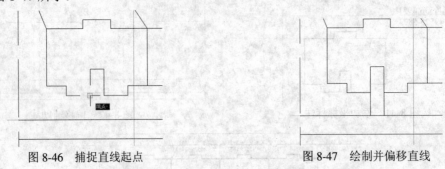

图 8-46　捕捉直线起点　　　　　　　　　　图 8-47　绘制并偏移直线

（18）　使用与步骤 15 同样的方法绘制其他的入户小路，效果如图 8-48 所示。

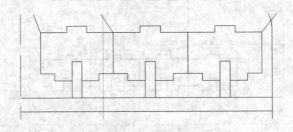

图 8-48　其他小路绘制效果

（19）　执行"修剪"命令，分别以步骤 14、15、16 绘制的直线为剪切边，修剪位于两条直线之间的直线段，修剪效果如图 8-49 所示。

（20）　执行"圆角"命令，圆角半径设置为 300，分别以组成道路角点的两条直线为修剪对象，修剪效果如图 8-50 所示。

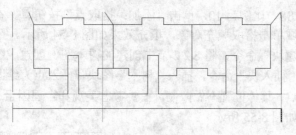

图 8-49　修剪直线

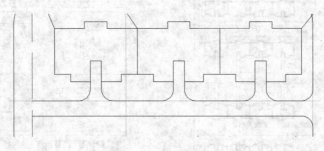

图 8-50　修剪道路角点

（21）　使用与步骤 14、15、16、17、18 同样的
方法绘制其他的小路，宅间路宽度为 400，入户路为
300，圆角半径为 300，关闭"坐标标注"图层和"辅
助线"图层后的显示效果如图 8-51 所示。

8.2.5　创建绿化和停车场

一般来说，小区的绿化包括树与草的绿化，通常
情况下，并不提倡制图人员自己去绘制各种树木，可
以的话，制图人员应该去寻找一些图库，从图库里可
以找到很多已经绘制完成的树木图块。同样草的绘制
也不用制图人员自己绘制，使用 AutoCAD 2009 的填
充功能就能完成。

具体操作步骤如下：

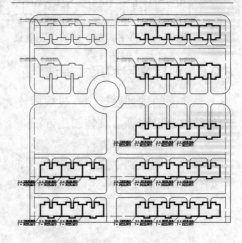

图 8-51　绘制其他道路

（1）　切换到"停车场"图层，执行"矩形"命
令，捕捉如图 8-52 所示的入口位置的道路角点为矩形起点绘制 200×500 的停车位，并将矩形
按照如图 8-53 所示的尺寸进行复制，效果如图 8-53 所示。

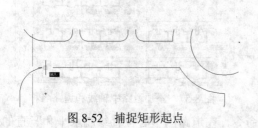

图 8-52　捕捉矩形起点

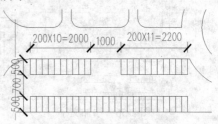

图 8-53　停车场布置效果

（2）　切换到"绿化"图层，执行"图案填充"命令，弹出"图案填充和渐变色"对话框。

设置填充图案为 GRASS，比例为 10，单击"添加：拾取点"按钮 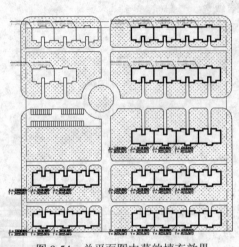，在绘图区内建筑物、停车场和道路以外的区域单击拾取填充对象，填充效果如图 8-54 所示。

（3）执行"创建块"命令，将 8.2.2 节中创建的树木图例创建成图块，以树木的中心位置为拾取点，再执行"插入块"命令，插入"树木"图块，插入点为绘图区内除绿化和建筑物以外的区域内的任意点，具体位置不做限制，主要考虑美观和合理因素进行布置，插入比例为0.5，角度为 0，效果如图 8-55 所示。

图 8-54　总平面图中草的填充效果

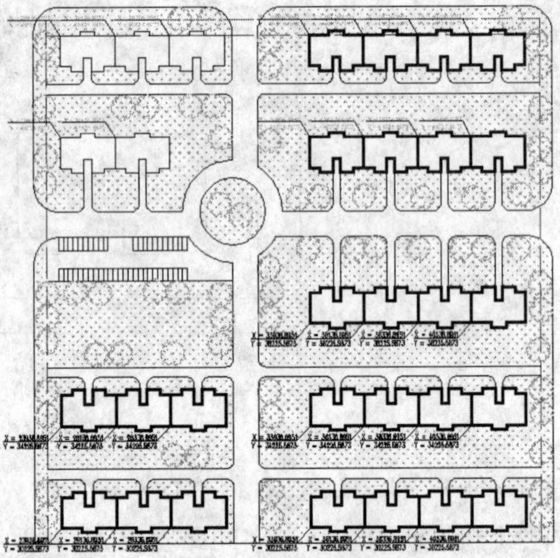

图 8-55　绿化布置效果

8.2.6　创建文字和尺寸标注

总平面的规划设计中一般规模较大，需要使用文字进行说明，如小区的主次入口、小区内的各种设施说明等，具体创建方法如下所述。

具体操作步骤如下：

（1）切换到"文字标注-总平面"，选择"绘图 | 文字 | 单行文字"命令，使用样板图中创建的 H500 文字样式，创建说明文字，效果如图 8-56 所示。

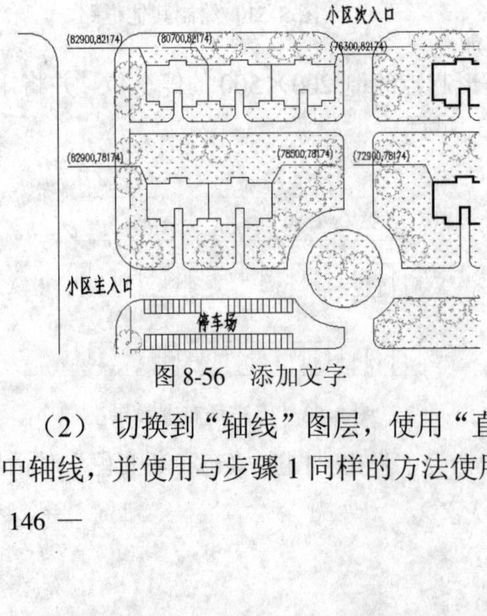

图 8-56　添加文字

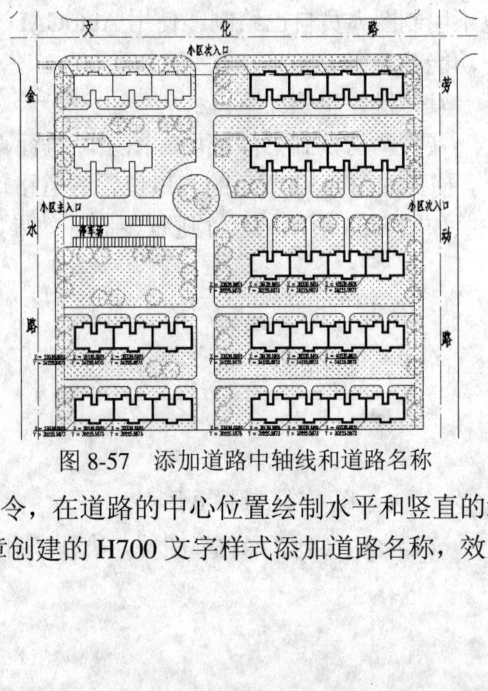

图 8-57　添加道路中轴线和道路名称

（2）切换到"轴线"图层，使用"直线"命令，在道路的中心位置绘制水平和竖直的道路中轴线，并使用与步骤 1 同样的方法使用第 4 章创建的 H700 文字样式添加道路名称，效果如图 8-57 所示。

（3） 切换到"尺寸标注"图层，使用"线性标注"和"连续标注"命令，使用 8.2.2 节创建的 S1000 标注样式，创建总平面图中的道路宽度和建筑物间距的尺寸标注，总平面图下方标注尺寸和效果如图 8-58 所示。

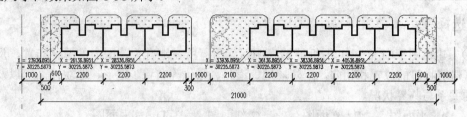

图 8-58 添加下方尺寸标注

（4） 使用与步骤 3 同样的方法创建其他标注，标注效果如图 8-59 所示。

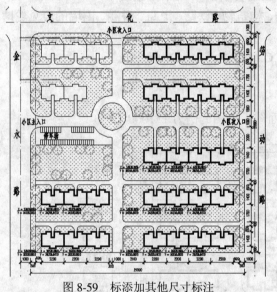

图 8-59 标添加其他尺寸标注

图 8-60 插入指北针

（5） 执行"插入块"命令插入指北针，效果如图 8-60 所示。

（6） 使用"绘图｜文字｜单行文字"命令，采用样板图中创建的 H700 文字样式，创建图名，采用 H350 文字样式，创建比例，效果如图 8-61 所示。

（7） 使用"多段线"命令，线宽设置为 100 绘制下画线，长度和图名长度一样，效果如图 8-62 所示。至此，别墅底层平面图绘制完毕，效果参见图 8-1 所示。

总平面图 1:1000

图 8-61 创建图名

总平面图 1: 1000

图 8-62 创建下画线

8.3 习题与上机练习

8.3.1 填空题

（1） 建筑制图中总图的坐标、标高、距离宜以_____为单位，并应至少取至小数点后

_____ 位。

（2）坐标网格应以细实线表示。分为_____ 和_____ 。

（3）设计人员应以含有_____ 标高的平面作为总图平面，总图中标注的标高为_____ 。

8.3.2　选择题

（1）建筑图纸中（　　）图纸能够表明新建房屋所在地有关范围内的总体布置，反映新建房屋、建筑物等的位置和朝向，室外场地、道路、绿化等布置，地形、地貌标高等以及和原有环境的关系与临界状况。

A. 平面图　　　B. 立面图　　　C.剖面图　　　D. 总平面图

（2）新建建筑物±0.00 高度的可见轮廓线，应该用（　　）表示。

A. 粗实线　　　B. 粗虚线　　　C.细实线　　　D. 细虚线

（3）原有包括保留和拟拆除的建筑物、构筑物、铁路、道路、桥涵、围墙的可见轮廓线，应该用（　　）表示。

A. 粗实线　　　B. 粗虚线　　　C.细实线　　　D. 细虚线

8.3.3　上机练习

（1）创建如图 8-63 所示的小区总平面图，绘图比例为 1∶1000。

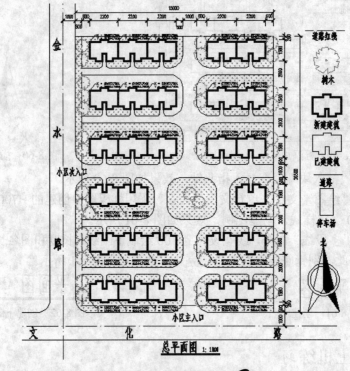

图 8-63　某小区总平面图

第9章

建筑平立剖面图绘制

教学目标：

在建筑制图中，平面图、立面图、剖面图和详图构成了建筑制图的主要部分，平立剖面图和详图很好地反映了建筑物的形状、尺寸、门窗布置、墙面构造、楼层结构等，是工程师和施工人员设计与施工的主要依据。

本章将通过联体别墅的平立剖面图和详图的绘制，帮助读者了解平立剖面图和详图的绘制方法和思路。通过本章的学习，读者要掌握平立剖面图和详图绘制常用的 AutoCAD 技术和绘图注意点，理解定位定点技术的使用。

教学重点与难点：

1. 建筑平面图的内容和绘制。
2. 建筑立面图的内容和绘制。
3. 建筑剖面图的内容和绘制。
4. 建筑详图的内容和绘制。

9.1 建筑平面图绘制

建筑平面图实际上是房屋的水平剖面图（除屋顶平面图外），也就是假想用水平的剖切平面在窗台上方把整栋房屋剖开，移去上面部分后的正投影图，习惯上称它为平面图。

9.1.1 建筑平面图概述

建筑平面图主要表示建筑物的平面形状、水平方向各部分（如出入口、走廊、楼梯、房间、阳台等）的布置和组合关系、门窗位置、墙和柱的布置以及其他建筑构配件的位置和大小等。

一般地说，多层房屋应画出各层平面图。但当有些楼层地平面布置相同，或仅有局部不同时，则只需要画出一个共同地平面图（也称为标准层平面图），对于局部不同之处，只需另绘局部平面图。所以一栋建筑物地所有平面图应包括：底层平面图、标准层平面图、屋顶平面图和局部平面图。一般情况下，三层或者三层以上的建筑物，至少应绘制 3 个楼层平面图，即一层平面图、中间层平面图和顶层平面图。

平面图通常包含以下内容。

- 层次、图名、比例。
- 纵横定位轴线及其编号。
- 各房间的组合和分隔，墙、柱的断面形状及尺寸等。
- 门、窗布置及其型号。
- 楼梯梯级的形状，梯段的走向和级数。
- 其他构件，如台阶、花台、雨棚、阳台以及各种装饰等的布置、形状和尺寸，厕所、洗手间、盥洗间、厨房等固定设施的布置等。
- 标注出平面图中应标注的尺寸和标高，以及某些坡度及其下坡方向的标注。
- 底层平面图中应表明剖面图的剖切位置线和剖视方向及其编号。
- 表示房屋朝向的指北针。
- 屋顶平面图中应表示出屋顶形状、屋面排水方向、坡度或泛水及其他构配件的位置和某些轴线。
- 详图索引符号。
- 各房间名称。

9.1.2　绘制建筑平面图

本节将通过绘制一栋联体别墅的建筑平面图，来详细介绍使用 AutoCAD 绘制建筑平面图的技术和方法。平面图的最终效果，如图 9-1 所示。

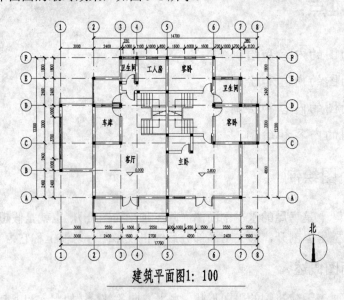

图 9-1　建筑平面图最终效果

1. 完善绘图环境

打开样板图，图中并没有为建筑图创建图层，在正式开始绘图之前，首先完善整个绘图环境。

（1）选择"格式" | "图层"命令，弹出"图层特性管理器"对话框。分别创建"辅助线"、"轴线"、"墙线"、"门窗"、"柱子"、"文字"、"楼梯"和"尺寸标注"等图层。

（2）单击"墙线"图层的线宽选项 ——默认，弹出"线宽"对话框，设置线型宽度为 0.70 mm。

（3）单击"轴线"图层的线型选项 Contin...，弹出"选择线型"对话框，单击"加载"按钮，弹出"加载或重载线型"对话框，在"可用线型"列表中选择线型 ACAD_ISO10W100，单击"确定"按钮，回到"选择线型"对话框，选择线型 ACAD_ISO10W100，单击"确定"按钮，设置完成线型设置。

（4）在各个图层"颜色"的选项下，给每个图层设置不同的颜色，最终的设置效果如图 9-2 所示，单击"关闭"按钮 ✕，完成图层的创建。

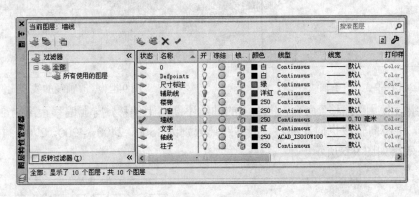

图 9-2　创建图层

2. 绘制轴线和墙体

建筑平面图中，轴线由点画线组成，实际制图过程中，轴线又可以作为墙线的定位直线所使用。在轴线和墙线的绘制过程中主要使用"直线"、"偏移"和"多线"等命令。具体的操作步骤如下：

（1）将图层切换到"轴线"层。单击"直线"按钮 ✏，命令行提示如下：

```
命令：_line
指定第一点：//在样板图的绘图区拾取一点
指定下一点或［放弃(U)］：@17700,0//输入相对坐标创建第一条轴线
指定下一点或［放弃(U)］：@0,12300//输入相对坐标创建第二条轴线
指定下一点或［闭合(C)/放弃(U)］://按回车键，完成横向和竖向轴线的创建，如图 9-3 所示
```

（2）绘制完成的轴线看不出点画线效果，原因是比例太小。选择绘制完成的两条轴线，单击右键，在弹出的快捷菜单中选择"特性"命令，弹出"特性"动态选项板，修改线型比例为 100，如图 9-4 所示。

（3）单击"偏移"按钮 ⬤，命令行提示如下：

```
命令：_offset
当前设置：删除源=否　图层=源　OFFSETGAPTYPE=0
```

指定偏移距离或〔通过(T)/删除(E)/图层(L)〕<通过>：2400//输入偏移距离

选择要偏移的对象，或〔退出(E)/放弃(U)〕<退出>：//选择步骤1绘制的水平轴线

指定要偏移的那一侧上的点，或〔退出(E)/多个(M)/放弃(U)〕<退出>：//向上偏移

选择要偏移的对象，或〔退出(E)/放弃(U)〕<退出>：//按回车键，完成偏移，如图9-5所示

图9-3　两条轴线

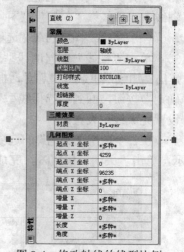

图9-4　修改轴线的线型比例

（4）继续使用"偏移"命令，将生成的轴线不断向上偏移，向上偏移距离为2400，3300，2400，1800，将竖向轴线也向左偏移，偏移距离分别为1500，2400，4200，2700，1500，2400，3000，最终效果如图9-6所示。

图9-5　偏移水平轴线

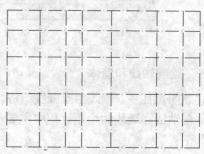

图9-6　轴线最终效果

（5）选择"格式"|"多线样式"对话框，弹出"多线样式"对话框。单击"新建"按钮，弹出"创建新的多线样式"对话框，在"新样式名"文本框中输入240。

（6）单击"继续"按钮，弹出"新建多线样式:240"对话框，如图9-7所示。分别修改两个图元的偏移距离，一个为120，另一个为-120。

（7）单击"确定"按钮，回到"多线样式"对话框，"样式"列表中出现创建的多线样式240，选中，并单击"置为当前"按钮，240样式则可用。

（8）切换到"墙线"图层。选择"绘图"|"多线"命令，使用多线样式"240"，对正为"无"，连接辅助线的交点，效果如图9-8所示。

（9）继续使用"多线"命令，绘制其他经过轴线的墙线，效果如图9-9所示。

图 9-7　设置"新建多线样式:240"对话框

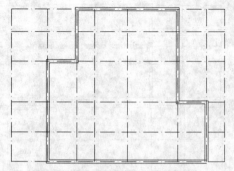

图 9-8　绘制经过轴线的部分墙线

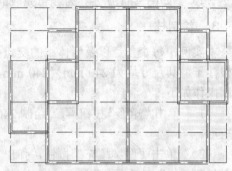

图 9-9　绘制其他经过轴线的墙线

（10）　有一部分墙线不经过轴线，需要绘制辅助线。切换到"辅助线"图层，将自上向下第 2 条轴线分别向下偏移 400 和 1200，将自上向下第 4 条轴线分别向上偏移 700，向下偏移 800，将自左向右第 5 条轴线向右偏移 2200，由于偏移的源对象属于"轴线"层，需要选择所有辅助线，选择"图层"工具栏中的"辅助线"图层，将这些辅助线放入"辅助线"图层。

（11）　使用"多线"命令，利用辅助线，绘制其他墙线，效果如图 9-10 所示。

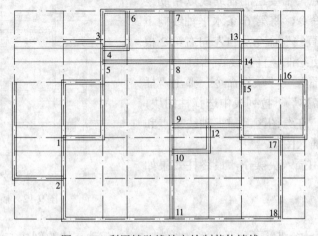

图 9-10　利用辅助线补充绘制其他墙线

（12）　选择"修改"|"对象"|"多线"命令，弹出"多线编辑工具"对话框，将使用多

线编辑工具对多线的连接部分进行编辑整理。单击其中的某一个编辑方式的图标，则命令行提示要求选择需要编辑的连接部分的两个多线。表 9-1 详细地列出了图 9-10 中多线连接部分的各种编辑方法。其中第 17 处连接部分，没有合适的编辑方法，不处理。

表 9-1　多线连接部分编辑一览表

多线交点序号	编辑工具	多线交点序号	编辑工具
1	T 形合并	10	T 形合并
2	T 形合并	11	T 形合并
3	T 形合并	12	T 形合并
4	T 形合并	13	T 形合并
5	T 形合并	14	T 形合并
6	T 形合并	15	T 形合并
7	T 形合并	16	T 形合并
8	十字合并	17	-----
9	T 形合并	18	角点结合

（13）如图 9-11 所示，为编辑完成的墙线。

3. 绘制柱

本实例中每个角点以及墙体线的交点处均有一根柱子，其尺寸均为 240 mm×240 mm，具体绘制操作如下：

（1）单击"矩形"按钮 ▭，绘制 240×240 的矩形。

（2）单击"图案填充"按钮，弹出"图案填充和渐变色"对话框，为步骤 1 填充 SOLID 填充图案。

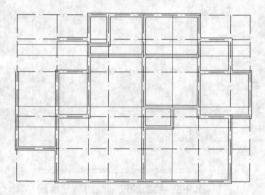

图 9-11　编辑完成的墙线

（3）选择"绘图"|"块"|"创建"命令，弹出"块定义"对话框。在"名称"文本框中输入名称"柱"，选择矩形和填充图案定义为图块，矩形中心点为基点。

（4）切换到"辅助线"图层。由于有两个柱子不在轴线的交点，需要绘制辅助线以帮助绘图，使用"偏移"命令，将第 6 条水平轴线向下偏移 1500，使用"直线"命令从自左向右第 2 根和第 5 根轴线下端点绘制竖直直线。

（5）选择"插入"|"块"命令，弹出"插入"对话框，在"名称"下拉列表中选择柱图块，单击"确定"按钮，在绘图区，捕捉轴线交点和轴线与辅助线交点插入图块。

（6）连续使用插入块操作，最终柱效果如图 9-12 所示。

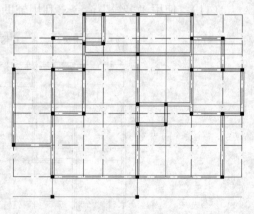

图 9-12　插入柱效果

4. 创建门窗

在第 5 章我们已经讲解了常见图形的绘制方法，门动态块的创建方法已经做过详细的讲解，本节将讲解如何使用"工具选项板"创建门。由于 AutoCAD 没有自带我们需要的窗，所以窗还需要自己创建。具体操作步骤如下：

（1）使用"直线"命令，绘制如图 9-13 所示的窗，窗宽 1000，窗格为 80，将窗定义为块，命名为"1000 窗"，拾取左侧竖向直线的中点为基点。

（2）选择"插入"|"块"命令，弹出"插入"对话框，选择"1000 窗"图块，在"插入点"选项组中选择"在屏幕上指定"复选框，单击"确定"按钮，命令行提示如下：

命令：_insert
指定插入点或 [基点(B)/比例(S)/X/Y/Z/旋转(R)]：from//输入 from，使用相对点法确认插入点
基点：//捕捉拾取自上向下第一条水平轴线和自左向右第 3 条竖向轴线的交点为基点
<偏移>：@250,0//输入相对坐标确认插入点，效果如图 9-14 所示

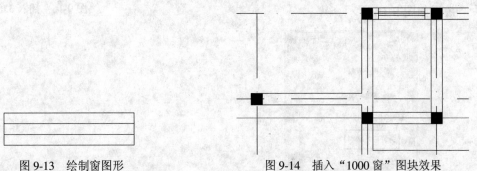

图 9-13　绘制窗图形　　　　　　　　　　图 9-14　插入"1000 窗"图块效果

（3）按照同样的方法，插入其他的窗，效果如图 9-15 所示。窗的插入位置可通过图 9-1 效果图的尺寸标注确认。

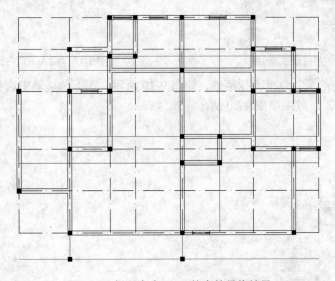

图 9-15　插入宽度 1000 的窗的最终效果

（4）使用"直线"命令绘制宽度为 3700，窗格为 80 的竖向窗，单击"移动"按钮✛，命令行提示如下：

命令：_move
选择对象：指定对角点：找到 6 个//选择绘制完成的窗
选择对象：//按回车键完成选择

指定基点或［位移(D)］<位移>：//拾取上水平线中点为基点

指定第二个点或<使用第一个点作为位移>：from//使用相对点法绘制移动点

基点：//捕捉拾取自上向下第3条水平轴线和自左向右第1条竖向轴线的交点为基点

<偏移>：@0,-1000//输入相对坐标，按回车键效果如图 9-16 所示

（5）选择"工具"|"选项板"|"工具选项板"命令，打开如图 9-17 所示的工具选项板。选择"建筑"选项卡，单击"门-公制"图标 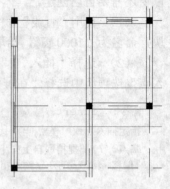，则在绘图区插入一个"门-公制"动态块，效果如图 9-18 所示。

图 9-16　插入 3700 窗效果

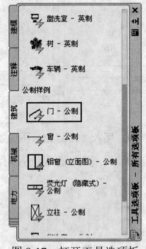

图 9-17　打开工具选项板

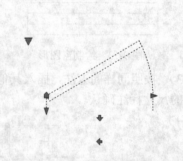

图 9-18　插入"门-公制"动态块

（6）单击夹点 ▼，弹出下拉菜单，如图 9-19 所示，在下拉菜单中选择"打开 90 度"命令，将门打开到 90°，效果如图 9-20 所示。

图 9-19　使用夹点命令

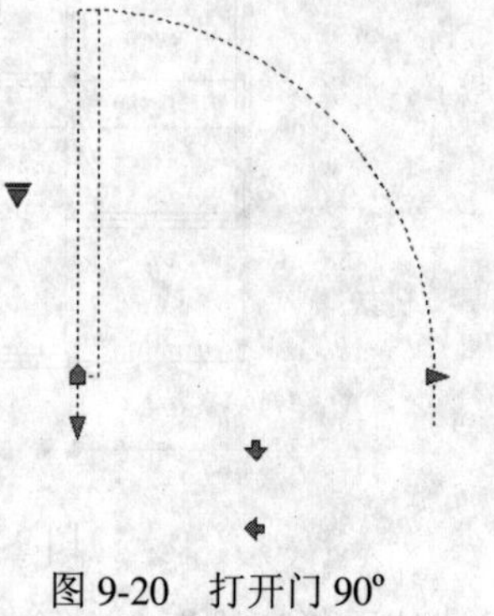

图 9-20　打开门 90°

（7）单击"复制"按钮 ⬚，命令行提示如下：

命令：_copy

选择对象：找到 1 个//选择图 9-21 所示的门动态块

选择对象://按回车键完成选择

当前设置: 复制模式 = 多个

指定基点或〔位移(D)/模式(O)〕<位移>://拾取矩形的左下角点为基点

指定第二个点或<使用第一个点作为位移>:from//使用相对点法确认复制点

基点: //捕捉拾取自上向下第 2 条水平轴线和自左向右第 4 条竖向轴线的交点为基点

<偏移>:@-200,0//输入偏移距离

指定第二个点或〔退出(E)/放弃(U)〕<退出>: from

基点: <偏移>:@-200,0//多次复制, 效果如图 9-21 所示

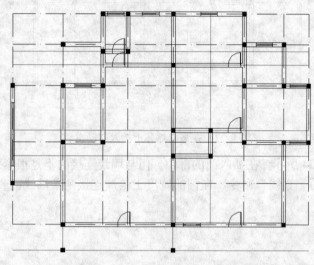

图 9-21　在水平墙体上插入门动态块

（8）　对于需要转换方向的门, 单击翻转图标 ⬇, 并移动门的矩形的右上角点位于轴线上。对于最下方的水平轴线上的门, 在执行"复制"命令的时候, 要复制两次, 在同一位置插入两次门, 选择其中一个门, 单击翻转图标 ⬅, 效果如图 9-22 所示。

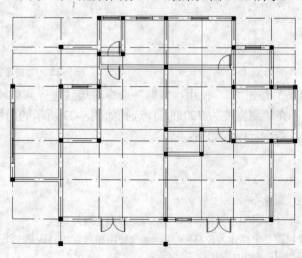

图 9-22　使用翻转夹点编辑门

（9）　使用"复制"命令, 采用同样的方法, 插入竖向墙上的门, 并分别使用"旋转"命令, 旋转 90º 或者-90º, 效果如图 9-23 所示。

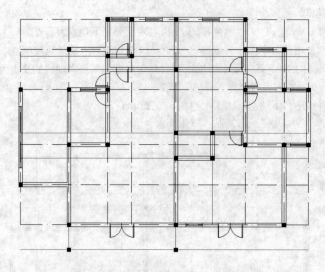

图 9-23　在竖向墙体上插入门动态块

（10）　如图 9-24 所示，在插入门的部位，门与墙线连接的不是很紧密，门线和墙线之间有一定的空隙，使用"直线"命令，在门的宽度上绘制连接两条墙线的直线，效果如图 9-25 所示。

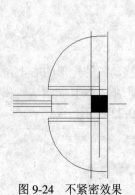

图 9-24　不紧密效果

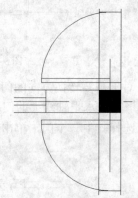

图 9-25　绘制连接墙线的效果

（11）　单击"修剪"按钮 ⊹⚬，使用"修剪"命令对墙线进行修剪，效果如图 9-26 所示。

（12）以下将要补充绘制宽度为 700 的门。选择如图 9-27 所示的门图块和两条竖向直线，单击"复制"按钮 ⚬⚬，命令行提示如下：

```
命令：_copy
找到 3 个
当前设置：复制模式 = 多个
指定基点或 [位移(D)/模式(O)] <位移>：//以门矩形右上角为基点
指定第二个点或 <使用第一个点作为位移>：from//使用相对点法确认第二个点
基点：//拾取如图 9-28 所示的点为基点
 <偏移>：@-200,0//输入相对坐标，按回车键，效果如图 9-29 所示
指定第二个点或 [退出(E)/放弃(U)] <退出>：//按回车键，完成复制操作
```

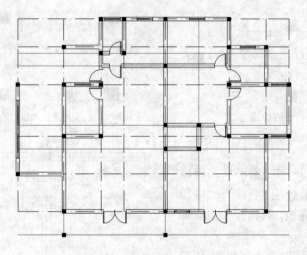

图 9-26　插入宽 750 的门效果

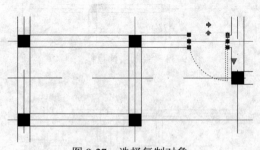

图 9-27　选择复制对象

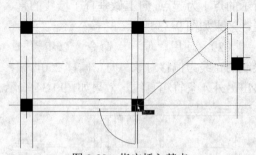

图 9-28　指定插入基点

（13）　使用图块的"翻转"夹点，将门图块翻转，并移动至辅助线上，如图 9-30 所示。

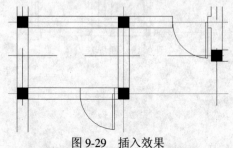

图 9-29　插入效果

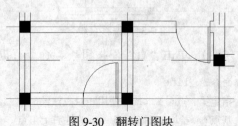

图 9-30　翻转门图块

（14）　单击"缩放"按钮，命令行提示如下：

命令：_scale
选择对象：找到 1 个//选择门图块
选择对象：//按回车键，完成选择
指定基点：//拾取组成门图块矩形的右下角点
指定比例因子或［复制(C)/参照(R)］<1>：r//输入 r，采用参照法
指定参照长度 <1>：750//输入门图块的原宽度 750
指定新的长度或［点(P)］<1>：700//输入需要的新的宽度 700，按回车键，效果如图 9-31 所示

（15）　使用"移动"命令，将图 9-31 所示的直线移动门开启弧线的下端点，并使用"修剪"命令修剪墙线，效果如图 9-32 所示。

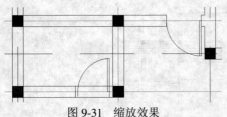

图 9-31　缩放效果

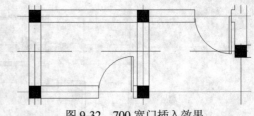

图 9-32　700 宽门插入效果

5.　绘制楼梯

本别墅的楼梯是一个三跑楼梯，楼梯的绘制比较简单，只要使用"直线"、"多段线"、"偏移"等命令完成，具体操作步骤如下：

（1）使用"直线"命令，以图 9-33 所示的点 1 为起点，向上做垂直于墙线的直线，效果如图 9-33 所示。

（2）使用"偏移"命令，以步骤 1 绘制的直线为偏移对象，向左偏移 250，偏移出另外 4 条竹箱直线，效果如图 9-34 所示。

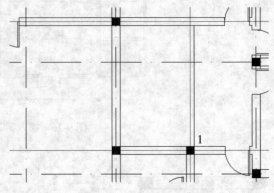

图 9-33　绘制楼梯直线

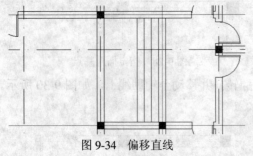

图 9-34　偏移直线

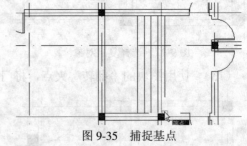

图 9-35　捕捉基点

（3）单击"直线"按钮 ✏，命令行提示如下：

```
命令：_line
指定第一点：from//使用相对点法绘制点
基点：//拾取如图 9-35 所示的柱右上角点
<偏移>：@0,1200//输入相对坐标
指定下一点或〔放弃(U)〕://使用捕捉垂足法指定第二个点
指定下一点或〔放弃(U)〕://按回车键，完成绘制，效果如图 9-36 所示
```

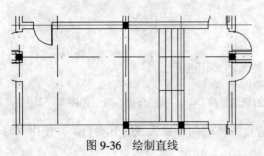

图 9-36　绘制直线

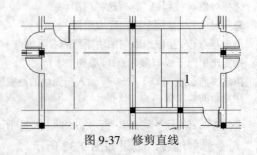

图 9-37　修剪直线

（4）单击"直线"按钮，命令行提示如下：

命令：_line
指定第一点://捕捉如图9-37所示的点1
指定下一点或 [放弃(U)]：@0,100//输入相对坐标
指定下一点或 [放弃(U)]：@-900,0//输入相对坐标
指定下一点或 [闭合(C)/放弃(U)]：@0,480//输入相对坐标
指定下一点或 [闭合(C)/放弃(U)]://按回车键，完成绘制，效果如图9-38所示。

（5）使用"直线"命令，绘制竖向踏步的第一条踏脚线，并使用"偏移"命令把直线向上偏移387，效果如图9-39所示。

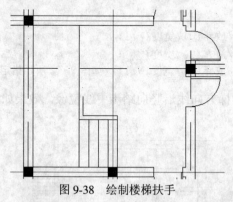

图9-38 绘制楼梯扶手

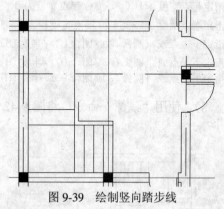

图9-39 绘制竖向踏步线

（6）单击"镜像"按钮，命令行提示如下：

命令：_mirror
选择对象：指定对角点：找到 7 个
选择对象：找到 1 个，总计 8 个
选择对象：找到 1 个，总计 9 个
选择对象：找到 1 个，总计 10 个//依次选取如图9-40所示的镜像对象
选择对象://按回车键，完成拾取
指定镜像线的第一点：//拾取直线A的上端点
指定镜像线的第二点://拾取直线B的中点
要删除源对象吗？[是(Y)/否(N)] <N>://按回车键，完成镜像，效果如图9-41所示

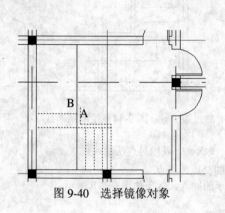

图9-40 选择镜像对象

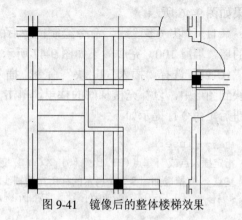

图9-41 镜像后的整体楼梯效果

（7）单击"多段线"按钮 ，命令行提示如下：

命令：_pline
指定起点://拾取竖向踏步区域一点
当前线宽为 0
指定下一个点或 [圆弧(A)/半宽(H)/长度(L)/放弃(U)/宽度(W)]：w//输入 w，设置线宽
指定起点宽度 <0>://起点为 0
指定端点宽度 <0>：100//端点宽度为 100
指定下一个点或 [圆弧(A)/半宽(H)/长度(L)/放弃(U)/宽度(W)]：@0,172//输入相对坐标
指定下一点或 [圆弧(A)/闭合(C)/半宽(H)/长度(L)/放弃(U)/宽度(W)]：w//重新设置宽度
指定起点宽度 <100>：0//起点宽度为 0
指定端点宽度 <0>：0//端点宽度也为 0
指定下一点或 [圆弧(A)/闭合(C)/半宽(H)/长度(L)/放弃(U)/宽度(W)]：
指定下一点或 [圆弧(A)/闭合(C)/半宽(H)/长度(L)/放弃(U)/宽度(W)]：
指定下一点或 [圆弧(A)/闭合(C)/半宽(H)/长度(L)/放弃(U)/宽度(W)]：//如图 9-42 所示指定

（8）使用"镜像"命令，将图 9-42 所示的楼梯方向线沿竖向踏步中线镜像，效果如图
9-43 所示。

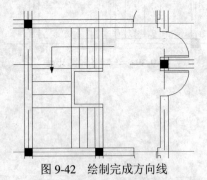

图 9-42　绘制完成方向线

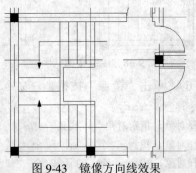

图 9-43　镜像方向线效果

（9）使用"多段线"命令，绘制如图 9-44 所示的剖断线。

（10）选择如图 9-45 所示的图形，使用"镜像"命令，将这些源对象，以轴线为镜像线，进行镜像，效果如图 9-46 所示。

（11）以"多段线"命令绘制镜像后的楼梯一侧的墙，墙厚 100，完成效果如图 9-47 所示。

（12）选择"插入"|"块"命令，插入"柱"图块到图形中，以补充楼梯间的柱子，单击"确定"按钮后，命令行提示如下：

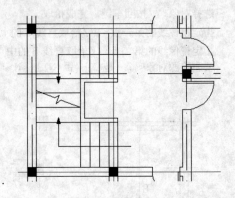

图 9-44　绘制剖断线

命令：_insert
指定插入点或 [基点(B)/比例(S)/X/Y/Z/旋转(R)]：from//以相对点法输入点
基点：//拾取如图 9-64 所示的柱所在的轴线和辅助线的交点为基点
<偏移>：@120,0//输入相对坐标，按回车键，完成柱子的插入，效果如图 9-48 所示

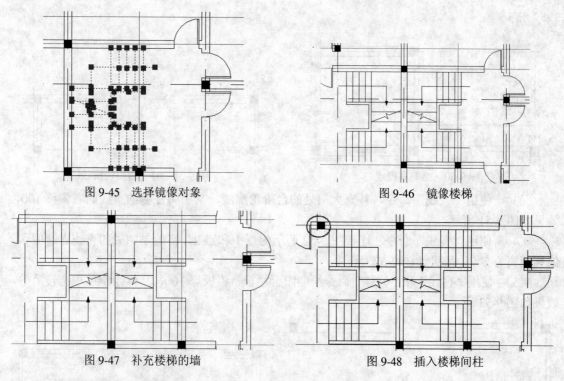

图 9-45　选择镜像对象　　　　　　图 9-46　镜像楼梯

图 9-47　补充楼梯的墙　　　　　　图 9-48　插入楼梯间柱

6.　补充台阶、阳台等

前面的章节把墙线、柱、门窗、楼梯等主要部位绘制完成，以下的步骤将对整个平面图形的图元进行补充和修整，步骤如下：

（1）　使用"直线"命令，绘制直线，连接竖向从左至右第 2 条轴线与水平从上至下第 2 条和第 3 条轴线的交点的柱两个外侧顶点，并使用"偏移"命令将绘制完成的直线偏移 100，效果如图 9-49 所示。

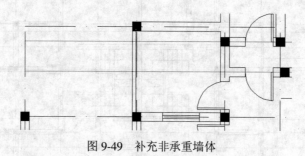

图 9-49　补充非承重墙体

（2）　单击"多段线"按钮 ，命令行提示如下：

命令：_pline
指定起点：// 捕捉点 2
当前线宽为 0
指定下一个点或〔圆弧(A)/半宽(H)/长度(L)/放弃(U)/宽度(W)〕://捕捉点 1
指定下一点或〔圆弧(A)/闭合(C)/半宽(H)/长度(L)/放弃(U)/宽度(W)〕：@0,510
指定下一点或〔圆弧(A)/闭合(C)/半宽(H)/长度(L)/放弃(U)/宽度(W)〕://捕捉垂足
指定下一点或〔圆弧(A)/闭合(C)/半宽(H)/长度(L)/放弃(U)/宽度(W)〕://按回车键，效果如图

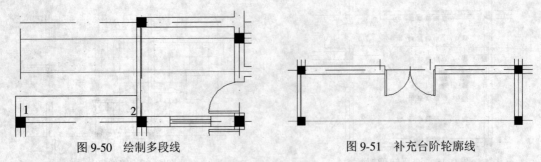

图 9-50　绘制多段线　　　　　　　　　　图 9-51　补充台阶轮廓线

（3）　使用"直线"命令，补充大门处的台阶轮廓线，其中将左侧的直线向右偏移 100，效果如图 9-51 所示。

（4）　使用"直线"命令，连接图 9-52 所示的点 1 和点 2，将绘制完成的直线连续偏移，偏移距离为 240，效果如图 9-52 所示。

（5）　使用"直线"和"偏移"命令绘制阳台栏板，栏板厚 100，具体绘制过程比较简单，效果如图 9-53 所示。

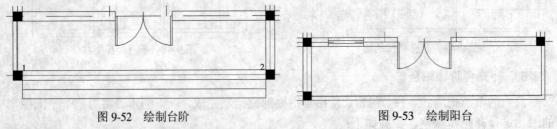

图 9-52　绘制台阶　　　　　　　　　　　图 9-53　绘制阳台

（6）　补充完整的各种建筑图形的平面图如图 9-54 所示。

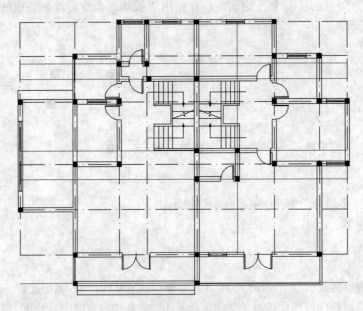

图 9-54　补充完整的建筑的平面图

7. 添加轴线编号

在建筑图中，轴线编号有利于工程技术人员进行工程定位。通常情况下，竖向的定位轴线使用阿拉伯数字表示，横向的轴线使用大写字母编号表示，下面给建筑平面图添加轴线编号。

（1）使用"构造线"命令，在平面图形外侧绘制两条水平和两条竖直构造线作为辅助线，使用"延伸"命令，将各轴线延伸至各辅助线，效果如图 9-55 所示。

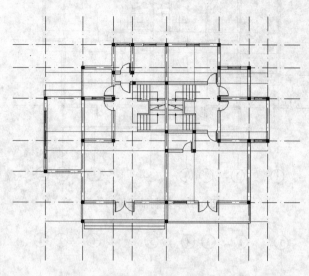

图 9-55　延伸各轴线

（2）从第 5 章调用已经定义好的竖向轴线编号动态块，选择"插入" | "块"命令，选择"竖向轴线编号"图块，单击"确定"按钮，拾取竖向第一条轴线的下端点为插入点。

（3）使用同样的方法插入其他的轴线编号，效果如图 9-56 所示，用户需要注意的是在插入编号时，需要输入轴线的属性。

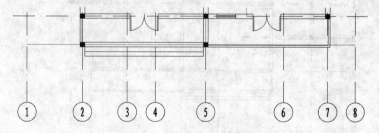

图 9-56　修改轴线编号

（4）选择平面图下侧所有的轴线编号，使用"复制"命令，选择第一个轴线编号的下象限点为基点，指定第一条竖向轴线的上端点为复制的插入点，如图 9-57 所示。

（5）使用同样的方法，将轴线编号补充完毕，效果如图 9-58 所示。

8. 添加尺寸标注

为了让工程人员以及其他人员能够看懂图纸，要求给予文字和尺寸的说明，本节主要讲解尺寸标注的具体步骤。

（1）将光标移动到某个工具栏上，单击鼠标右键，在弹出的下拉菜单中，选择"标注"命令，弹出"标注"工具栏，效果如图 9-59 所示。

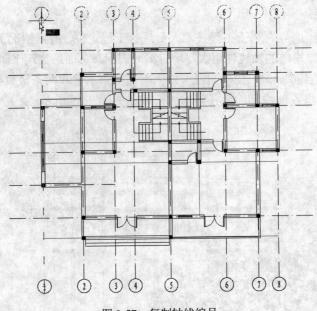

图 9-57 复制轴线编号

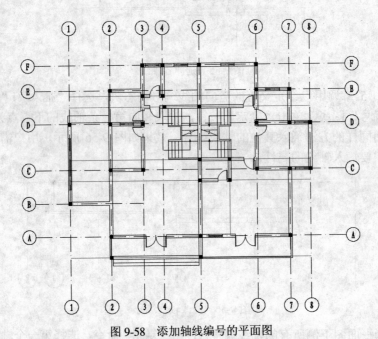

图 9-58 添加轴线编号的平面图

图 9-59 "标注"工具栏

（2）单击"线性"按钮，给平面图下方标注，如图 9-60 所示。选择最左侧的两条竖向轴线，标注尺寸。

（3）单击"连续"按钮，对开间、窗等进行标注，效果如图 9-61 所示。

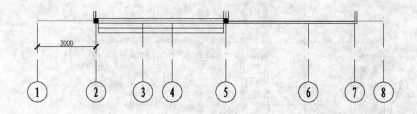

图 9-60　线性标注

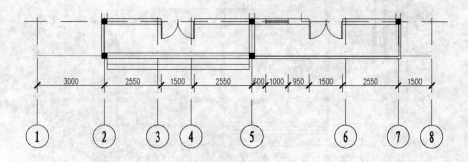

图 9-61　平面图下方部分尺寸标注

（4）　结合线性标注和连续标注，分别对平面图的四个方向进行标注。

（5）　由于本别墅是联体别墅，是相对称的，因此本平面图左侧是一层平面图，右侧是二层平面图，所以标高是不一样的。调用标高图块，插入图形中，标高值分别为 0.000 和 2.800，效果如图 9-62 所示。

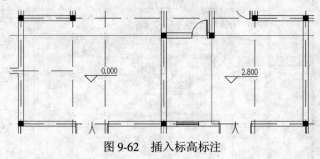

图 9-62　插入标高标注

（6）　如图 9-63 所示，是添加完成尺寸标注和标高标注后的效果。

9.　添加文字说明

下面讲解文字说明的添加具体步骤：

（1）　使用"直线"命令在平面图下方绘制一条直线。使用"单行文字"命令，使用 H11000文字样式，输入文字"建筑平面图 1:100"。

（2）　使用"单行文字"命令输入平面图中各个房间的功能说明文字，文字的样式为 H500。

（3）　创建指北针图块，插入到平面图中，并输入单行文字"北"，文字样式为 H700，创建了标题、房间功能说明文字和指北针的效果如图 9-64 所示。

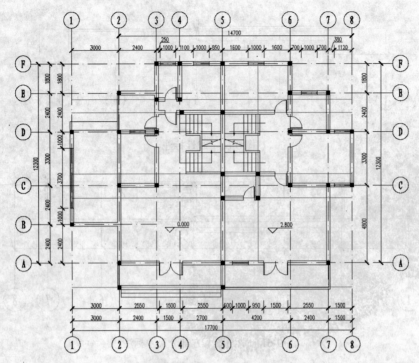

图 9-63　添加标注完成后的平面图效果

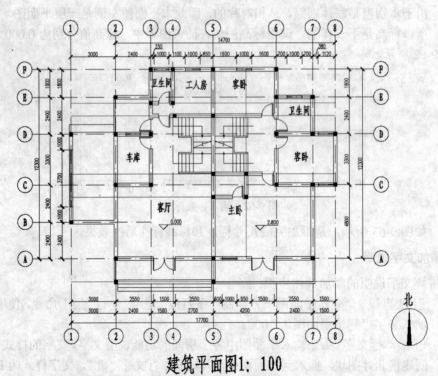

建筑平面图1：100

图 9-64　添加文字完成后的效果

9.2 建筑立面图绘制

建筑立面图是建筑物立面的正投影图，是展示建筑物外貌特征及室外装修的工程图样，即可以表示建筑物从外面看是什么样子、窗户和门等是如何嵌入墙壁中的等。它是建筑施工中进行高度控制与外墙装修的技术依据。绘制立面图的时候，要运用构图的一些基本规律，并密切联系平面设计和建筑体型设计。

9.2.1 建筑立面图概述

建筑立面图可以看作是有很多构件组成的整体，包括墙体、梁柱、门窗、阳台、屋顶和屋檐等。建筑立面图绘制的主要任务是：恰当地确定立面中这些构件的比例和尺度，以达到体型的完整，满足建筑结构和美观的要求。建筑立面设计时应在满足使用要求、结构构造等功能和技术方面要求的前提下，使建筑尽量美观。

建筑立面图主要用来表示建筑物的立面和外形轮廓，并表明外墙装修要求。因此立面图主要为室外装修用。一个建筑物一般应绘出每一侧的立面图，但是，当各侧面较简单或有相同的立面时，可以画出主要的立面图。可以将建筑物主要出入口所在的立面或墙面装饰反映建筑物外贸特征的立面作为主立面图，称为正立面图。其余的相应的称为背立面图、左侧立面图、右侧立面图。如果建筑物朝向比较正，则可以根据各侧立面的朝向命名，有南立面图、北立面图、东立面图、西立面图等。有时也按轴线编号来命名，如①-⑧立面图。

立面图中通常包含以下内容：

（1）建筑物某侧立面的立面形式、外貌及大小。

（2）图名和绘图比例。

（3）外墙面上装修做法、材料、装饰图线、色调等。

（4）外墙上投影可见的建筑构配件，如室外台阶、梁、柱、挑檐、阳台、雨篷、室外楼梯、屋顶，以及雨水管等的位置、立面形状。

（5）标注建筑立面图上主要标高。

（6）详图索引符号，立面图两端轴线及编号。

（7）反映立面上门窗的布置、外形及开启方向（应用图例表示）。

9.2.2 绘制建筑立面图

本节延续 9.1 节，给读者讲解联体别墅的正立面图的绘制，立面图的最终效果，如图 9-65 所示。

1. 设置绘图环境

选择"格式"丨"图层"命令，弹出"图层特性管理器"对话框。分别创建"辅助线"、"轴线"、"地平线"、"尺寸标注"、"门窗"、"其他轮廓线"、"墙面装饰"、"台阶"、"外墙轮廓线"、"文字说明"和"阳台"等图层，设置"地平线"和"外墙轮廓线"线宽为 0.7 mm，"轴线"线型为 ACAD_10W100，"尺寸标注"图层颜色编号为 70，"辅助线"图层颜色编号为 253，"文字说明"图层颜色为红色，如图 9-66 所示。

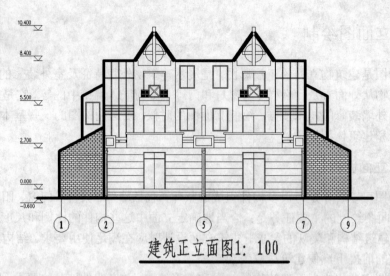

图 9-65　建筑正立面图

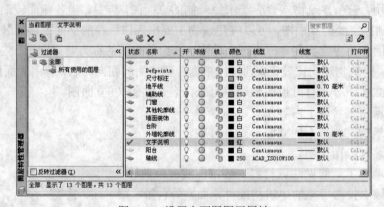

图 9-66　设置立面图图层属性

2.　绘制轮廓线和地平线

在绘制轮廓线和地平线之前，需要绘制轴线和辅助线来进行定位，这是一个非常重要的步骤。立面图中门窗、墙线以及阳台等的绘制都要通过辅助线和轴线来进行定位。

具体操作步骤如下：

（1）　使用"构造线"命令，绘制竖向轴线 1，使用"偏移"命令，连续偏移 3000，6600，形成竖向轴线 2 和竖向轴线 5，效果如图 9-67 所示。

（2）　选择 3 条轴线，单击右键，在弹出的快捷菜单中选择"特性"按钮，弹出"特性"动态选项板，修改"线型比例"为 100，效果如图 9-68 所示。

（3）　切换到"辅助线"图层，使用"构造线"命令绘制一条水平线作为正负零线，别墅楼层分别为-0.600，0.000，2.700，5.500，8.400，10.400，将地平线分别向下偏移 600，向上偏移 2700，5500，8400，10400，为了绘图方便，将绘制完成的辅助线如图 9-69 所示进行命名。

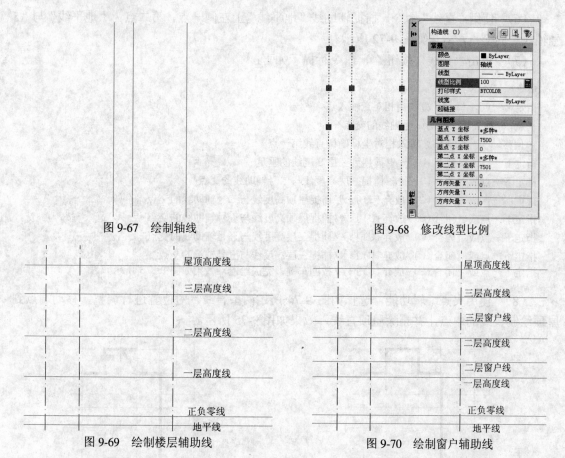

图 9-67　绘制轴线

图 9-68　修改线型比例

屋顶高度线

三层高度线

二层高度线

一层高度线

正负零线

地平线

图 9-69　绘制楼层辅助线

屋顶高度线

三层高度线

三层窗户线

二层高度线

二层窗户线

一层高度线

正负零线

地平线

图 9-70　绘制窗户辅助线

（4）　二层和三层窗户离地 1 m，地板后 0.100 m，因此需要将一层高度线和二层高度线向上偏移 1100，形成二层窗户线和三层窗户线，效果如图 9-70 所示。

（5）　根据平面图的尺寸，将 1 号轴线向右偏移 1500，形成一号辅助线，也就是平面图中的轴线 8，将 2 号轴线和 5 号轴线分别向内偏移 1900，形成屋顶阁楼的辅助线，命名为二号辅助线和五号辅助线，效果如图 9-71 所示。

一号辅助线

二号辅助线

五号辅助线

图 9-71　绘制竖向辅助线

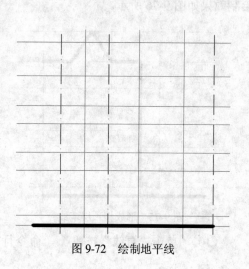

图 9-72　绘制地平线

（6）使用"直线"命令，捕捉辅助线"地平线"上左侧一点，第二点为"地平线"与"5号轴线"的交点，效果如图 9-72 所示。

（7）单击"直线"按钮 ✎，命令行提示如下：

```
命令：_line
指定第一点：from///使用相对点输入点
基点：//捕捉地平线与 2 号轴线的交点
 <偏移>：@-120,0//输入相对坐标确认直线第一点
指定下一点或 [放弃(U)]：//捕捉到三层高度线的垂足
指定下一点或 [放弃(U)]：//捕捉三层高度线与二号辅助线的交点
指定下一点或 [闭合(C)/放弃(U)]：//捕捉屋顶高度线与二号辅助线的交点
指定下一点或 [闭合(C)/放弃(U)]：//捕捉屋顶高度线与五号辅助线的交点
指定下一点或 [闭合(C)/放弃(U)]：//捕捉三层高度线与五号辅助线的交点
指定下一点或 [闭合(C)/放弃(U)]：//捕捉三层高度线与五号轴线的交点
指定下一点或 [闭合(C)/放弃(U)]：//按回车键，完成绘制，效果如图 9-73 所示
```

（8）使用夹点编辑功能，选择如图 9-74 所示两条直线，对位置进行调整，移动端点到屋顶绘制直线的中点，并删除屋顶直线，效果如图 9-75 所示。

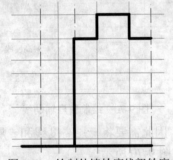

图 9-73　绘制外墙轮廓线粗轮廓

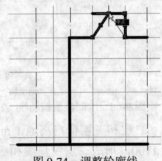

图 9-74　调整轮廓线

（9）使用"直线"命令，绘制车库的墙线，同样采用相对点法输入坐标，基点为地平线与 1 号轴线的交点，相对坐标为（@-120,0），下两个点分别为（@0,3100）和（@3000,1550），绘制效果如图 9-76 所示。

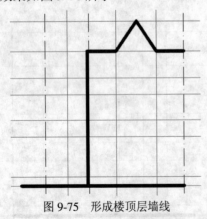

图 9-75　形成楼顶层墙线

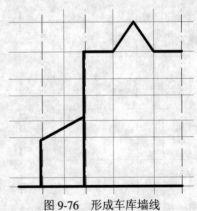

图 9-76　形成车库墙线

（10）单击"直线"按钮 ✎，命令行提示如下：

```
命令：_line
```

指定第一点：//捕捉车库屋顶线的中线

指定下一点或［放弃(U)］：@0,2800//输入相对坐标

指定下一点或［放弃(U)］：@1500,775//输入相对坐标

指定下一点或［闭合(C)/放弃(U)］：//按回车键，完成墙线的绘制，效果如图 9-77 所示

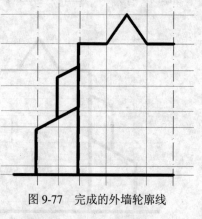

图 9-77　完成的外墙轮廓线

3. 绘制门和窗户

建筑立面图中的门窗反映了建筑物的采光情况，本例中窗户就一种类型，门有两种类型。下面分别绘制，具体步骤如下：

（1）单击"矩形"按钮，绘制一个长为 1000，高为 1500 的矩形。

（2）使用"偏移"命令，将矩形向内偏移 50，效果如图 9-78 所示。

（3）使用"直线"命令，连接内偏移矩形的上下边中点，效果如图 9-79 所示。

图 9-78　偏移矩形

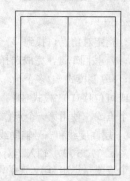

图 9-79　绘制完成的 1000×1500 的窗

（4）单击"移动"按钮，命令行提示如下：

命令：_move

选择对象：指定对角点：找到 3 个//选择图 9-79 所示的窗

选择对象：//按回车键完成选择

指定基点或［位移(D)］<位移>：　//拾取窗户的右下角点为基点

指定第二个点或 <使用第一个点作为位移>：from//使用相对点法确认移动点

基点：//捕捉拾取二层窗户线与 5 号轴线的交点，即⊗图标处

<偏移>：@-600,0//输入相对坐标，按回车键，完成移动，效果如图 9-80 所示

（5）单击"复制"按钮，命令行提示如下：

命令：_copy

选择对象：指定对角点：找到 3 个//选择图 9-80 中的窗

选择对象：//按回车键，完成选择

当前设置：　复制模式 = 多个

指定基点或［位移(D)/模式(O)］<位移>：//拾取窗的右下角点为基点

指定第二个点或 <使用第一个点作为位移>：from//使用相对点法确认复制点

基点：//捕捉拾取三层窗户线与 5 号轴线的交点，即⊗图标处

<偏移>：@-600,0//输入相对坐标，按回车键

指定第二个点或〔退出(E)/放弃(U)〕<退出>://按回车键，完成复制，效果如图9-81所示

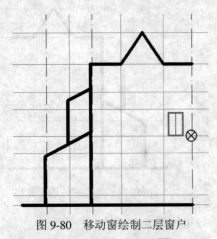

图9-80　移动窗绘制二层窗户

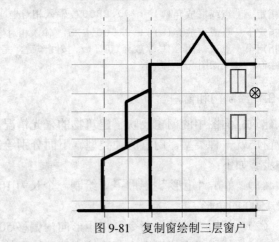

图9-81　复制窗绘制三层窗户

（6）单击"复制"按钮，命令行提示如下：

命令：_copy
选择对象：指定对角点：找到 3 个//选择图9-80中的窗
选择对象://按回车键，完成选择
当前设置：复制模式 = 多个
指定基点或〔位移(D)/模式(O)〕<位移>://拾取窗的右下角点为基点
指定第二个点或 <使用第一个点作为位移>：from//使用相对点法确认复制点
基点://一层高度线和一号辅助线的交点，即⊗图形处
<偏移>：@120,1500//输入相对坐标，按回车键
指定第二个点或〔退出(E)/放弃(U)〕<退出>://按回车键，完成复制，效果如图9-82所示

（7）使用"矩形"命令绘制1500×2000的矩形，使用"分解"命令进行分解，分别偏移左右边，向内偏移50，使用"直线"命令，连接上下边中点绘制直线，效果如图9-83所示。

图9-82　绘制完成的窗户

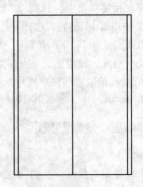

图9-83　绘制二三层门

（8）单击"复制"按钮，命令行提示如下：

命令：_copy
选择对象：指定对角点：找到 7 个//选择图9-83所示的门
选择对象://按回车键完成选择

当前设置： 复制模式 = 多个

指定基点或〔位移(D)/模式(O)〕＜位移＞://拾取门的右下角点为基点

指定第二个点或＜使用第一个点作为位移＞：from//使用相对点法输入复制点

基点：//捕捉一层高度线与5号轴线的角点，即⊗图形处

＜偏移＞：@-2550,100//输入相对坐标，确认二层的门

指定第二个点或〔退出(E)/放弃(U)〕＜退出＞：// @0,2800//输入相对坐标，确认三层的门

指定第二个点或〔退出(E)/放弃(U)〕＜退出＞://按回车键，完成复制，效果如9-84所示

（9） 使用"矩形"命令绘制1500×2400矩形，使用"分解"命令将矩形分解，将矩形的左右边向内偏移100，上边向内分别偏移25，375，400，效果如图9-85所示。

图 9-84　插入二三层门

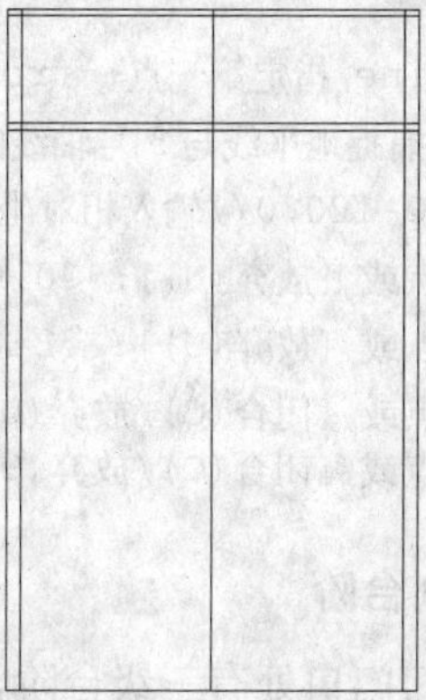

图 9-85　绘制一层门粗轮廓

（10） 使用"修剪"命令，对门进行修剪，效果如图9-86所示。

（11） 单击"移动"按钮✛，命令行提示如下：

命令：_move

选择对象：指定对角点：找到 13 个//选择如图9-86所示的门

选择对象://按回车键完成选择

指定基点或〔位移(D)〕＜位移＞： //拾取门的右下角点为基点

指定第二个点或＜使用第一个点作为位移＞：from//使用相对点法确认移动点

基点： //捕捉正负零线与5号轴线的角点，即⊗图形处

＜偏移＞：@-2550,0//输入相对坐标，按回车键，效果如图9-87所示

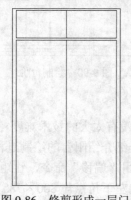

图 9-86　修剪形成一层门

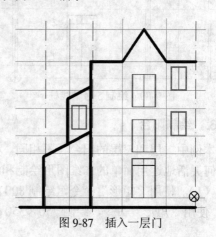

图 9-87　插入一层门

4. 绘制柱子

在雨棚处有 240×240 的柱了，下面绘制，具体操作步骤如下：

（1）单击"直线"按钮，命令行提示如下：

命令：_line 指定第一点：from//使用相对点法确认直线的端点

基点：//捕捉地平线与 2 号轴线的角点，即⊗图形处

<偏移>：@120,0//输入相对坐标

指定下一点或 ［放弃(U)］://捕捉一层高度线的垂足

指定下一点或 ［放弃(U)］://按回车键，完成绘制，效果如图 9-88 所示

（2）单击"直线"按钮，命令行提示如下：

命令：_line 指定第一点：from//使用相对点法确认直线的端点

基点：//捕捉地平线与 5 号轴线的角点，即⊗图形处

<偏移>：@-120,0//输入相对坐标

指定下一点或 ［放弃(U)］：@0,6100//输入相对坐标

指定下一点或 ［放弃(U)］：@240,0//输入相对坐标

指定下一点或 ［闭合(C)/放弃(U)］://捕捉地平线的垂足

指定下一点或 ［闭合(C)/放弃(U)］://按回车键，完成绘制，效果如图 9-89 所示

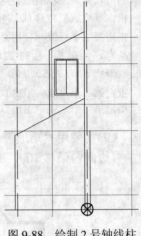

图 9-88　绘制 2 号轴线柱

5. 绘制台阶

别墅正门门口处有三级台阶，使用"直线"命令连接地平线与柱的角点，并使用"偏移"命令，连续向上偏移 200，形成如图 9-90 所示的台阶。

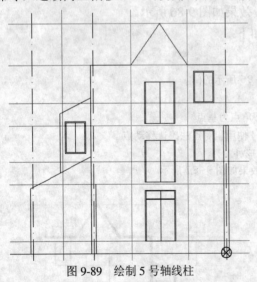

图 9-89　绘制 5 号轴线柱

图 9-90　绘制台阶

6. 绘制阳台

本例中二层和三层的阳台各不相同，对于阳台的绘制，没有太大的技术难度，主要在于用户如何灵活地运用简单的二维图形绘制和编辑命令，下面详细介绍阳台的绘制过程。

（1）使用"矩形"命令，绘制 800×785 的矩形，使用"偏移"命令，让矩形向内偏移 150。使用"矩形"命令，绘制 750×350 的矩形，该矩形的左下角点与 800×785 矩形的右下

角点对齐，效果如图 9-91 所示。

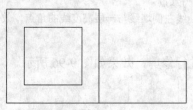
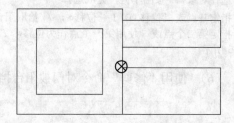

图 9-91　绘制矩形图案　　　　　　　　　　图 9-92　绘制栏杆板

（2）单击"矩形"按钮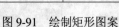，命令行提示如下：

命令：_rectang
指定第一个角点或 [倒角(C)/标高(E)/圆角(F)/厚度(T)/宽度(W)]：from//使用相对点法确认点
基点：//捕捉 750×350 矩形的左上角点为基点
<偏移>：@0,150//输入偏移距离
指定另一个角点或 [面积(A)/尺寸(D)/旋转(R)]：@750,200//输入相对坐标，按回车键，效果如图
9-92 所示

（3）使用"矩形"命令，以 750×350 矩形的右下角点为一个点，另一个点坐标为
（@3740,900）绘制 3740×900 的矩形。单击"矩形"按钮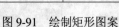，命令行提示如下：

命令：_rectang
指定第一个角点或 [倒角(C)/标高(E)/圆角(F)/厚度(T)/宽度(W)]：from//使用相对点法确认点
基点：// 捕捉 3740×900 矩形的左上角点为基点
<偏移>：@-100,0//输入偏移距离
指定另一个角点或 [面积(A)/尺寸(D)/旋转(R)]：@3940,100//输入相对坐标，按回车键，效果如
图 9-93 所示

图 9-93　绘制主阳台板

（4）单击"镜像"按钮，将图 9-92 所示的图形进行镜像，镜像线为 3740×900 矩形
上下边中点连线，镜像效果如图 9-94 所示。

图 9-94　完成的阳台

（5）单击"移动"按钮，命令行提示如下：

命令：_move

选择对象：指定对角点：找到 10 个//选择如图 9-94 所示的阳台

选择对象://按回车键，完成选择

指定基点或〔位移(D)〕<位移>：//拾取阳台的左下角点为基点

指定第二个点或 <使用第一个点作为位移>://捕捉 2 号轴线左侧墙线与一层高度线的角点，效果如图 9-95 所示

（6）使用"修剪"命令对门被阳台挡住的部分进行修剪，效果如图 9-96 所示。

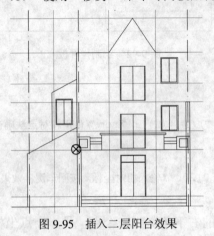

图 9-95　插入二层阳台效果

图 9-96　修剪二层门

（7）使用"矩形"命令，分别绘制 2000×300 和 2000×200 的矩形，效果如图 9-97 所示。

图 9-97　绘制两个矩形

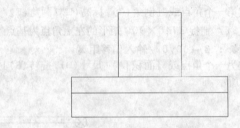

图 9-98　绘制 800×800 矩形

（8）单击"矩形"按钮 ▭，再绘制一个 800×800 的矩形，矩形的下边中点与 2000×200 矩形的上边中点重合。

（9）使用"偏移"命令，将 800×800 矩形向内偏移 50。单击"矩形"按钮 ▭，命令行提示如下：

命令：_rectang

指定第一个角点或〔倒角(C)/标高(E)/圆角(F)/厚度(T)/宽度(W)〕：from//使用相对点法输入点

基点：//捕捉 800×800 的矩形的左下角点

<偏移>：@0,200//输入偏移距离

指定另一个角点或〔面积(A)/尺寸(D)/旋转(R)〕：@-500,50//输入相对坐标，按回车键

（10）继续使用"矩形"命令，重复步骤 9，仅偏移距离修改为(@0,450)，效果如图 9-99 所示。

（11）使用"直线"命令，绘制连接 500×50 的矩形的右侧点，向右分别偏移 250 和 300，效果如图 9-100 所示。

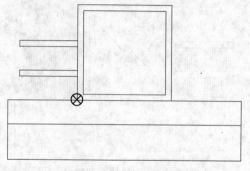

图 9-99　绘制 500×50 矩形

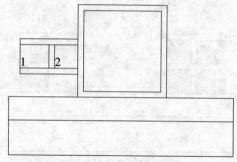

图 9-100　绘制矩形间连线

（12）　单击"阵列"按钮，弹出"阵列"对话框。将竖向直线 1 阵列，列数为 13，列偏移为 20，单击"确定"按钮，完成阵列，效果如图 9-101 所示。

（13）　继续使用"阵列"命令，设置矩形阵列，行为 1，列为 10，列偏移距离为 20，效果如图 9-102 所示。

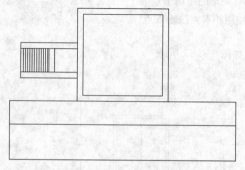

图 9-101　阵列直线 1 效果

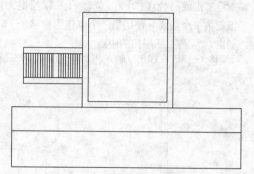

图 9-102　阵列直线 2 效果

（14）　单击"镜像"按钮，对两个 500×50 矩形之间的竖向直线进行镜像，镜像线为 500×50 矩形右边和左边的中点连线，效果如图 9-103 所示。

（15）　继续使用"镜像"命令，以步骤 15 镜像完成的部分加两个 500×50 的矩形为镜像对象，以 800×800 矩形的上下边中点连线为镜像线，效果如图 9-104 所示。

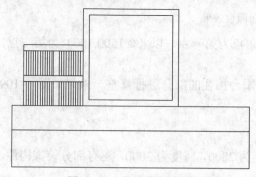

图 9-103　一次镜像效果

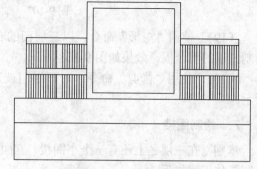

图 9-104　二次镜像效果

（16）　使用"直线"命令，连接 700×700 矩形的对角线，分别向外偏移 25，效果如图 9-105 所示。

（17）　删除对角线，使用"修剪"命令，对其他直线进行修剪，效果如图 9-106 所示。

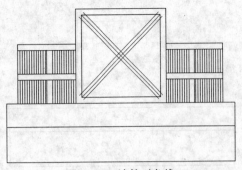

图 9-105　连接对角线　　　　　　　　　　　图 9-106　完成的三层阳台

（18）　单击"移动"按钮✥，命令行提示如下：

命令：_move
选择对象：指定对角点：找到 112 个//拾取如图 9-106 所示的三层阳台
选择对象：//按回车键，完成选择
指定基点或〔位移(D)〕<位移>：　//捕捉 2000×300 矩形的下边中点
指定第二个点或 <使用第一个点作为位移>：from//使用相对点法输入点
基点：//捕捉三层门的中点
<偏移>：@0,-100//输入相对坐标，按回车键，效果如图 9-107 所示

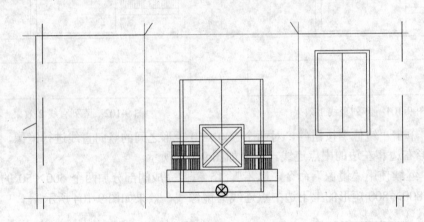

图 9-107　插入三层阳台效果

（19）　使用"矩形"命令，以三层门的右上角点为第一点，以（@1500,100）为第二点，绘制三层的雨台板，效果如图 9-108 所示。

（20）　使用"修剪"命令，对三层门被三层阳台挡住的部分进行修整，效果如图 9-109 所示。

7.　绘制阁楼

本别墅在三层之上还有一个小阁楼，立面宽度为 2800，高度为 2000，还有部分装饰构件，绘制具体步骤如下：

（1）　使用"偏移"命令，将阁楼屋脊线向内偏移 100。

（2）　使用"矩形"和"圆"命令，绘制如图 9-110 所示的阁楼装饰图形，尺寸如图 9-111 所示。

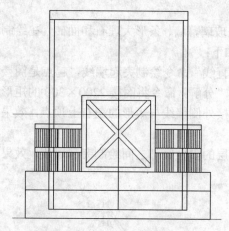

图 9-108　绘制三层雨台板

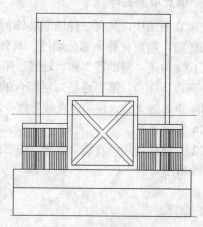

图 9-109　修剪三层门线

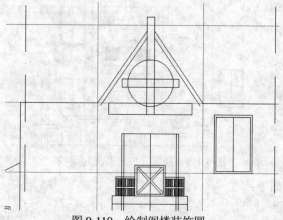

图 9-110　绘制阁楼装饰圆

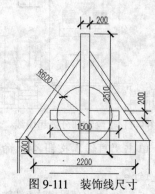

图 9-111　装饰线尺寸

（3）　使用"修剪"命令，对各种装饰线进行修整，效果如图 9-112 所示。

（4）　这样，立面图中的各种基本部件绘制完毕，效果如图 9-113 所示。

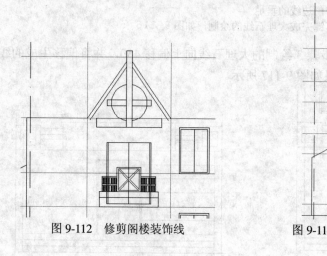

图 9-112　修剪阁楼装饰线

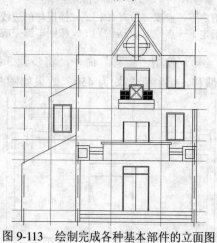

图 9-113　绘制完成各种基本部件的立面图

8. 填充墙面装饰

在本立面图中，共有三种墙面装饰材料，分别是玻璃幕墙、条形大理石和面砖，在绘制墙面装饰之前，需要先补全部分墙线。具体操作步骤如下：

（1）关闭"辅助线"和"轴线"图层，使用"直线"命令绘制突起墙线，起点是阁楼坡屋顶外侧边下端点，第二点是二层阳台的垂足，使用"分解"命令将阁楼2200×300的矩形分解，删除矩形的上边，使用"直线"命令绘制直线连接外侧墙线与矩形的左右上顶点，效果如图9-114所示。

（2）继续使用"直线"命令，在二层的门与三层的阳台底部之间绘制突起墙线，效果如图9-115所示。

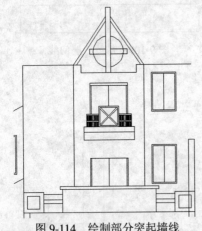

图 9-114　绘制部分突起墙线

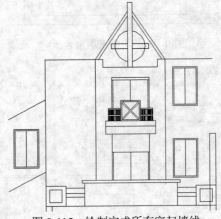

图 9-115　绘制完成所有突起墙线

（3）单击"直线"按钮，命令行提示如下：

```
命令：_line
指定第一点：from//使用相对点法输入点
基点：//捕捉如图9-116所示的点即⊗图标处
<偏移>：@0,450//输入相对坐标
指定下一点或 [放弃(U)]://捕捉与门边线的垂足
指定下一点或 [放弃(U)]://按回车键完成大理石线的绘制，如图9-116
```

（4）使用"偏移"命令，将步骤3绘制的大理石线向上偏移450，并将偏移生成的线，连续偏移，偏移距离均为450，效果如图9-117所示。

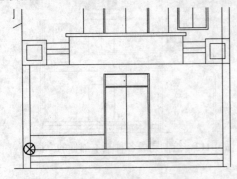

图 9-116　绘制第一条大理石线

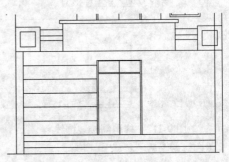

图 9-117　绘制门一侧其他大理石线

（5） 单击“镜像”按钮，镜像 5 条大理石线，镜像线为一层门的开启线，效果如图 9-118 所示。

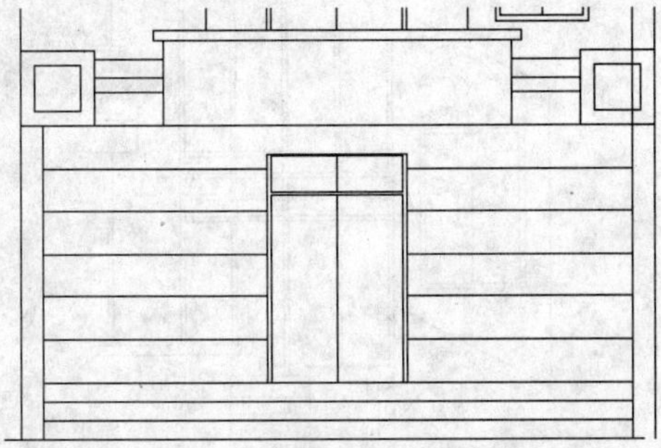

图 9-118　镜像大理石线

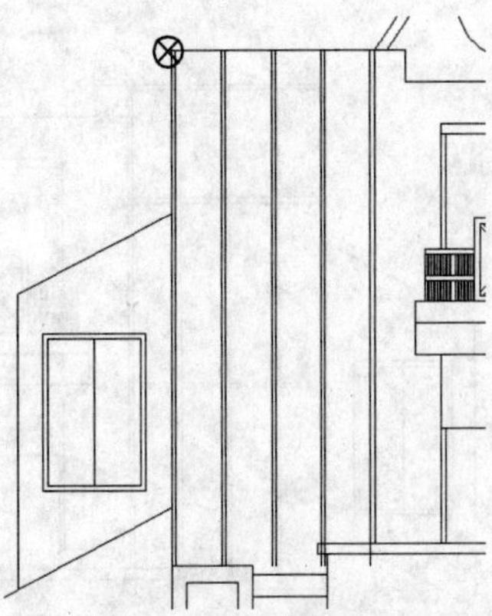

图 9-119　绘制竖向玻璃幕墙线

（6） 单击“直线”按钮，命令行提示如下：

命令：_line 指定第一点：from//使用相对点法输入点
基点：//捕捉墙轮廓线的外侧顶点即⊗图标处
<偏移>：@40,0//输入相对坐标
指定下一点或 [放弃(U)]://捕捉垂足
指定下一点或 [放弃(U)]://按回车键，完成第一条幕墙线的绘制

（7） 使用“偏移”命令，将步骤 6 绘制的直线，向右偏移 455，继续使用“偏移”命令，将新生成的直线连续偏移，偏移距离分别为 40，455，40，455，40，455，效果如图 9-119 所示。

（8） 单击“直线”按钮，命令行提示如下：

命令：_line 指定第一点：from//使用相对点法输入点
基点：//捕捉与步骤 6 同样的基点
<偏移>：@0,-50//输入相对坐标
指定下一点或 [放弃(U)]://捕捉垂足
指定下一点或 [放弃(U)]://按回车键，完成第一条横向幕墙线的绘制

（9） 使用“偏移”命令，将生成的直线连续偏移，偏移距离分别为 1050，50，1750，50，效果如图 9-120 所示。

（10） 单击“阵列”按钮，弹出“阵列”对话框，如图 9-119 所示选择镜像对象，设置行为 4，行偏移为-200，单击“确定”按钮，完成阵列操作。

（11） 使用“修剪”和“延伸”命令，修剪玻璃幕墙线，效果如图 9-121 所示。

（12） 单击“图案填充”按钮，弹出“图案填充和渐变色”对话框，单击“图案”下拉列表框后的按钮…，弹出“填充图案选项板”对话框，选择 BLICK 填充图案。

（13） 单击“确定”按钮，回到“图案填充和渐变色”对话框，单击“添加：拾取点”按钮，拾取车库墙线内一点，回到“图案填充和渐变色”对话框，设置比例为 20。单击“确定”按钮，完成填充，效果如图 9-122 所示。

（14） 如图 9-123 所示，为墙面装饰完成之后的半立面图效果。

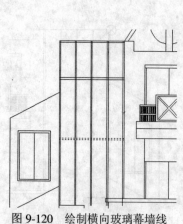

图 9-120　绘制横向玻璃幕墙线

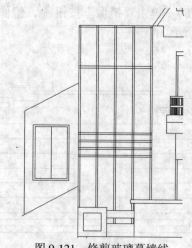

图 9-121　修剪玻璃幕墙线

图 9-122　填充砖效果

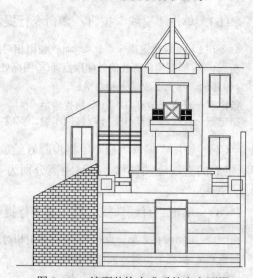

图 9-123　墙面装饰完成后的半立面图

（15）　单击"镜像"按钮△△，选择图 9-123 所示的图形为镜像对象，捕捉墙线的最右侧上下两点的连线为镜像线，效果如图 9-124 所示。

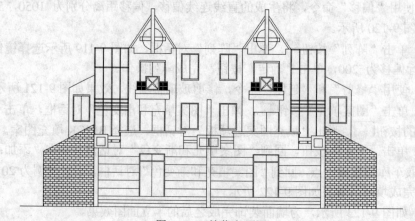

图 9-124　镜像立面图

（16） 镜像后发现，连接部位二层阳台需要修改，如图 9-125 所示选择组成阳台的 4 个矩形，使用"分解"命令进行分解。

（17） 使用"修剪"命令，对阳台线和墙线进行修剪，并使用"直线"命令补齐线，效果如图 9-126 所示。

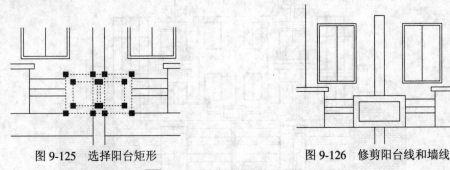

图 9-125　选择阳台矩形　　　　　　　　　图 9-126　修剪阳台线和墙线

（18） 单击"直线"按钮，命令行提示如下：

命令：_line 指定第一点://任意拾取一点
指定下一点或 [放弃(U)]: @0,3100
指定下一点或 [放弃(U)]: @100,0
指定下一点或 [闭合(C)/放弃(U)]: @0,-3200//输入点相对坐标
指定下一点或 [闭合(C)/放弃(U)]:c//输入 c，闭合直线

（19） 继续执行"直线"命令，命令行提示如下：

命令：_line 指定第一点: from//使用相对点法绘制点
基点: //捕捉捕捉 18 绘制图形的右上点
<偏移>: @-100,-200//输入偏移距离
指定下一点或 [放弃(U)]: @300,0
指定下一点或 [放弃(U)]: @-100,-150
指定下一点或 [闭合(C)/放弃(U)]: @-100,0
指定下一点或 [闭合(C)/放弃(U)]: c//输入 c，闭合直线，效果如图 9-127 所示

（20） 使用"修剪"命令，对排水管进行修剪，效果如图 9-128 所示。

图 9-127　绘制排水管轮廓线　　　　　　　　图 9-128　绘制完成排水管

（21）　使用"复制"命令，拾取排水管进水口上边的中点为基点，选择图9-128所示的排水管为复制对象，依次复制到一层2，5，7号轴线所在的墙上，效果如图9-129所示。

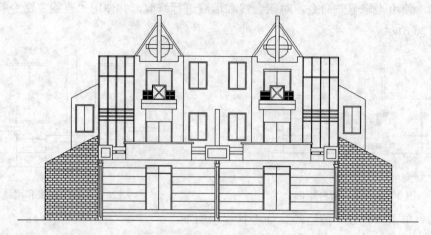

图9-129　添加完排水管的立面图

9.　添加尺寸标注

对于立面图来讲，尺寸的标注主要包括标高的标注，其他标注并不重要，这里把轴线编号的添加也在这里讲解。具体操作步骤如下：

（1）　插入标高图块和竖向轴线编号图块。切换到"辅助线"层，在立面图左侧绘制一条竖向构造线作为辅助线，用于标注标高。切换到"尺寸标注"图层，使用"插入块"命令，插入标高图块，输入标高值为-0.600，如图9-130所示。

（2）　选中标高图块，使用翻转夹点，将图块上下、左右翻转，并移动定位点，效果如图9-131所示。

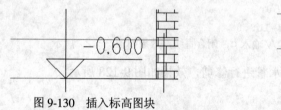

图9-130　插入标高图块　　　　　　　　　图9-131　夹点编辑标高图块

（3）　使用同样的方法，插入其他标高，效果如图9-132所示。

（4）　使用"直线"命令，在标高图块插入点绘制长为600的标高线，效果如图9-133所示。

（5）　在立面图的下方绘制水平辅助线，对轴线进行修剪，插入竖向轴线编号图块，插入方法在平面图绘制中已经详细讲解，这里不再赘述，效果如图9-134所示。

10.　添加文字说明

切换到"文字说明"图层，使用单行文字功能，给立面图添加图题，图题为"建筑正立面图1:100"，使用文字样式"H1000"。使用"直线"命令添加标题线，效果如图9-135所示。

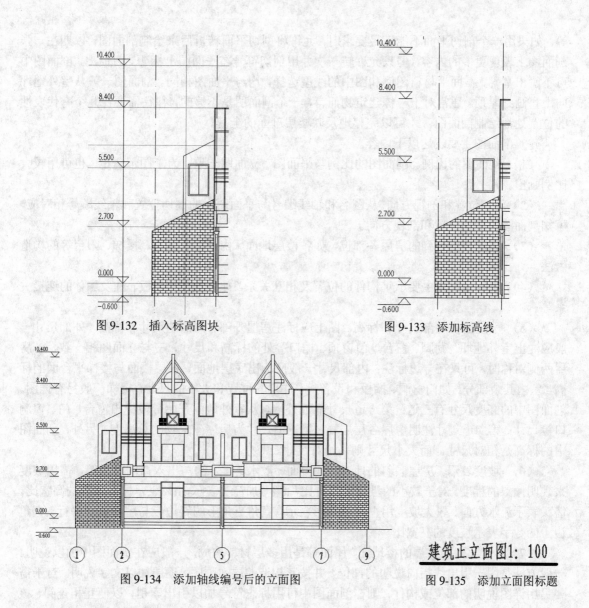

图 9-132　插入标高图块

图 9-133　添加标高线

图 9-134　添加轴线编号后的立面图

建筑正立面图1：100

图 9-135　添加立面图标题

9.3　建筑剖面图绘制

假想用一个铅垂剖切平面，沿建筑物的垂直方向切开，移去靠近观察者的一部分，其余部分的正投影图就叫做建筑剖面图，简称剖面图。切断部分用粗线表示，可见部分用细线表示。根据剖切方向的不同可分为横剖面图及纵剖面图。

9.3.1　建筑剖面图概述

建筑剖面图是用来表示建筑物内部的垂直方向的结构形式、分层情况、内部构造及各部位高度的图样，例如：屋顶的形式、屋顶的坡度、檐口形式、楼板的搁置方式、楼梯的形式等。

剖面图的剖切位置，应选择在内部构造和结构比较复杂与典型的部位，并应通过门窗洞的位置。剖面图的图名应与平面图上标注的剖切位置的编号一致，如Ⅰ-Ⅰ剖面图，Ⅱ-Ⅱ剖面图等。如果用一个剖切平面不能满足要求时，允许将剖切平面转折后来绘制剖面图，以期在一张剖面图上表现更多的内容，但只允许转一次并用剖切符号在平面图上标明。习惯上，剖面图中可不画出基础，截面上材料图例和图中的线型选择，均与平面图相同。剖面图一般从室外地坪向上直画到屋顶。通常对于一栋建筑物而言，一个剖面图是不够的，往往需要在几个有代表性的位置处都绘制剖面图，才可以完整地反映楼层剖面的全貌。

建筑剖面图主要表达以下内容。

（1）剖面图的比例。剖面图的比例与平面图、立面图一致，为了图示清楚，也可用较大比例画出。

（2）剖切位置和剖视方向。从图名和轴线编号与平面图上的剖切位置和轴线编号相对应，可知剖面图的剖切位置和剖视方向。

（3）表示被剖切到的房屋各部位，如各楼层地面、内外墙、屋顶、楼梯、阳台等的构造做法。

（4）表示建筑物主要承重构件的位置及相互关系，如各层的梁、板、柱及墙体的连接关系等。

（5）房屋的内外部尺寸和标高。图上应标注房屋外部、内部的尺寸和标高，外部尺寸一般应注出室外地坪、勒脚、窗台、门窗顶、檐口等处的标高和尺寸，应与立面图相一致，若房屋两侧对称时，可只在一边标注；内部尺寸一般应标出底层地面、各层楼面与楼梯平台面的标高，室内其余部分，如门窗洞、搁板和设备等，注出其位置和大小的尺寸，楼梯一般另有详图。剖面图中的高度尺寸有三道：第一道尺寸靠近外墙，从室外地面开始分段标出窗台、门、窗洞口等尺寸；第二道尺寸注明房屋各层层高；第三道尺寸为房屋建筑物的总高度。另外，剖面图中的标高是相对尺寸，而大小尺寸则是绝对尺寸。

（6）坡度表示。房屋倾斜的地方，如屋面、散水、排水沟与出入口的坡道等，需用坡度来表明倾斜的程度。对于较小的坡度用百分比"n％"加箭头表示，n％表示屋面坡度的高宽比，箭头表示流水方向。较大坡度用直角三角形表示，直角三角形的斜边应与屋面坡度平行，直角边上的数字表示坡度的高宽比。

（7）材料说明。房屋的楼地面、屋面等是用多层材料构成，一般应在剖面图中加以说明。一般方法是用一引出线指向说明的部位，并按其构造的层次顺序，逐层加以文字说明。对于需要另用详图说明的部位或构件，则在剖面图中可用标志符号加以引出索引，以便互相查阅、核对。

9.3.2　绘制建筑剖面图

如图 9-136 所示，在平面图中绘制剖切符号。

图 9-137 所示就是沿剖切线所形成的剖面图。

1. 设置绘图环境

选择"格式"|"图层"命令，弹出"图层特性管理器"对话框，分别创建"辅助线"、"轴线"、"剖切墙线楼层线"、"轮廓线"、"门窗"、"阳台"、"尺寸标注"和"文字标注"等图层，设置"剖切墙线楼层线"线宽为 0.7 mm，"轴线"线型为 ACAD_10W100，"尺寸标注"图层颜色为绿色，"辅助线"图层颜色编号为 253，"文字标注"图层颜色为红色，如图 9-138 所示。

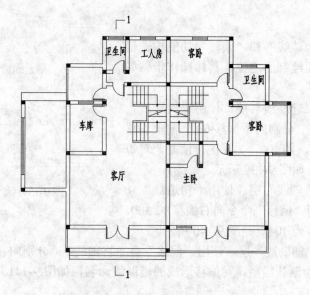

图 9-136　绘制剖切符号

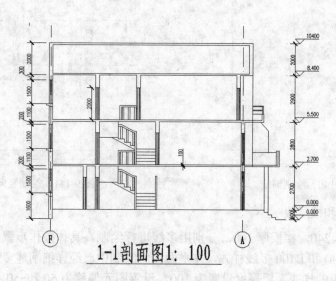

1-1剖面图1: 100

图 9-137　绘制完成的剖面图

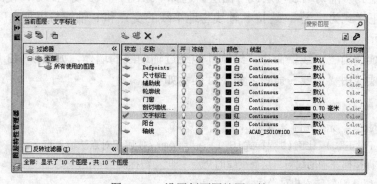

图 9-138　设置剖面图绘图环境

2. 绘制辅助线

本节将使用"构造线"和"偏移"功能构造辅助线，以实现剖面图绘制的定位，具体操作步骤如下：

（1）切换到"辅助线"层。使用"构造线"命令绘制一条水平线，分别向下偏移600，向上偏移2 700，5 500，8 400，10 400，为了区分清楚，对每条辅助线进行命名，如图9-139所示。

图9-139 绘制水平辅助线

（2）切换到"轴线"层。使用"构造线"功能绘制竖向线，使用"偏移"命令向右偏移12 300，并设置"线型比例"为100，如图9-140所示。

（3）切换到"辅助线"层。使用"偏移"命令将轴线F，分别向右偏移2 200，3 000，6 800，并修改线型为默认线型，对偏移形成的辅助线命名，如图9-141所示。

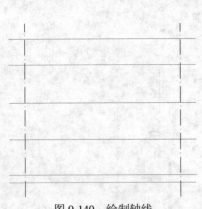

图9-140 绘制轴线

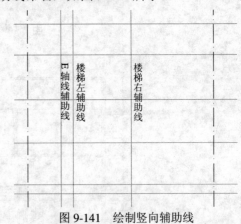

图9-141 绘制竖向辅助线

3. 绘制墙线和楼层线

本例中，墙厚240，楼板厚100，分别用多线进行绘制，具体操作步骤如下：

（1）创建240和B100多线样式，在平面图的绘制中已经详细阐述多线的创建，这里不再赘述。B100为板的样式，板厚度设置为100，设置图元偏移为50和-50。

（2）切换到"剖切墙线楼层线"图层。选择"绘图"|"多线"命令，使用多线样式240绘制墙线，对正样式为"无"，连接F轴线与地平线的交点和F轴线与屋顶高度线的交点，效果如图9-142所示。

（3）继续使用"多线"命令，绘制其他经过辅助线的墙体，如图9-143所示。

（4）继续使用"多线"命令，命令行提示如下：

```
命令：_mline
当前设置：对正 = 无，比例 = 1.00，样式 = 240
指定起点或 [对正(J)/比例(S)/样式(ST)]：from//使用相对点法输入点
基点：//捕捉楼梯左辅助线与二层高度线的交点，即⊗图标处
<偏移>：@2600,0//输入相对坐标
指定下一点://捕捉与三层高度线的垂足
```

指定下一点或 [放弃(U)]://按回车键，完成效果如图 9-144 所示

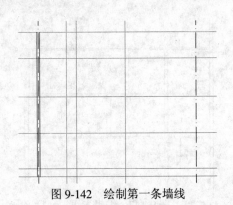

图 9-142　绘制第一条墙线

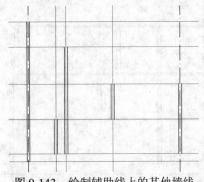

图 9-143　绘制辅助线上的其他墙线

（5）　继续使用"多线"命令，使用相对点法绘制多线，基点为 A 轴线与二层高度线的交点，偏移为（@-300,0），第二点为三层高度线垂足，效果如图 9-145 所示。

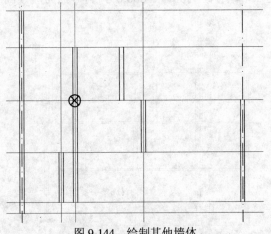

图 9-144　绘制其他墙体

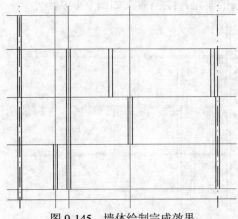

图 9-145　墙体绘制完成效果

（6）　选择"绘图" | "多线"命令，命令行提示如下：

```
命令: _mline
当前设置：对正 = 无，比例 = 1.00，样式 = B100
指定起点或 [对正(J)/比例(S)/样式(ST)]: j//输入 j，设置对正样式
输入对正类型 [上(T)/无(Z)/下(B)] <无>:  b//输入 b，表示下对齐
当前设置：对正 = 下，比例 = 1.00，样式 = B100
指定起点或 [对正(J)/比例(S)/样式(ST)]://指定一层高度线与 F 轴线的交点
指定下一点://指定一层高度线与 A 轴线的交点
指定下一点或 [放弃(U)]://按回车键，完成绘制
```

（7）　使用同样的方法，绘制其他的楼层板，效果如图 9-146 所示。

（8）　选择"修改" | "对象" | "多线"命令，弹出"多线编辑工具"对话框，选择"T形合并"图标，对多线的连接部分进行修改，关闭"辅助线"和"轴线"层，效果如图 9-147 所示。

（9）　单击"分解"按钮，将所有多线分解，使用"修剪"命令如图 9-148 所示进行修剪，效果如图 9-148 所示。

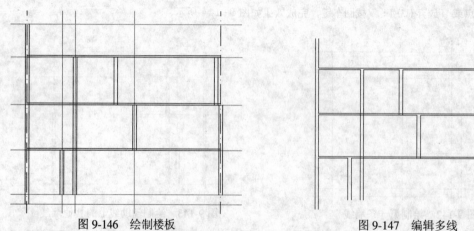

图 9-146 绘制楼板

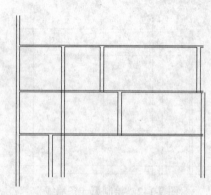

图 9-147 编辑多线

（10） 使用"多线"命令，使用 240 样式，"无"对正样式，绘制屋顶的右侧墙体，使用相对点法绘制，基点为三层高度线与 A 轴线的交点，偏移距离为（@800,0），另一点为屋顶高度线的垂足，绘制效果如图 9-149 所示。

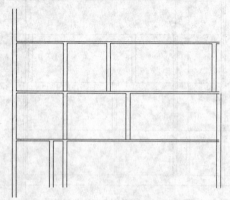

图 9-148 修剪多线

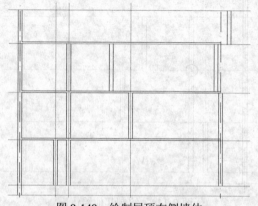

图 9-149 绘制屋顶右侧墙体

（11） 使用 B100 多线，"上"对正样式，绘制屋顶板，使用"分解"命令，将步骤 10 和 11 绘制的多线分解，使用"修剪"和"延伸"命令进行修改，效果如图 9-150 所示。

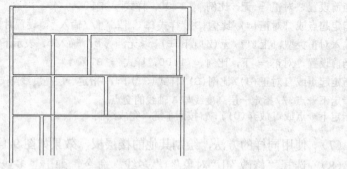

图 9-150 绘制屋顶板

（12） 使用"直线"命令，绘制地平线如图 9-151 所示。关闭"辅助线"和"轴线"层的效果如图 9-152 所示。

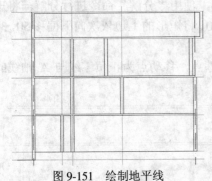

图 9-151　绘制地平线

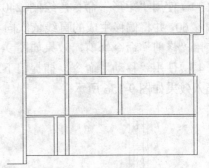

图 9-152　绘制完成地平线

4. 绘制门窗

在剖面图中，有一种类型的窗，两种类型的门，门和窗都可以通过简单"直线"、"矩形"和"偏移"命令绘制，具体创建过程如下：

（1）使用"矩形"命令，绘制 240×2000 矩形，使用"分解"命令分解，将矩形左侧的边向右偏移 60，生成的直线依次向右偏移 80 和 40，绘制 2000 高的门，效果如图 9-153 所示。

图 9-153　2000 高门

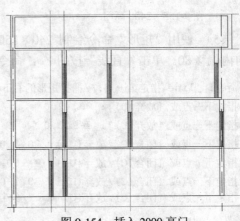

图 9-154　插入 2000 高门

（2）单击"复制"按钮，命令行提示如下：

命令：_copy

选择对象：指定对角点：找到 7 个//选取如图 9-154 所示的门

选择对象：//按回车键，完成选择

当前设置：　复制模式 ＝ 多个

指定基点或 〔位移(D)/模式(O)〕<位移>：//拾取门的下边中点

指定第二个点或 <使用第一个点作为位移>：//拾取正负零线与 E 轴线辅助线的交点

指定第二个点或 〔退出(E)/放弃(U)〕<退出>：

指定第二个点或 〔退出(E)/放弃(U)〕<退出>：

指定第二个点或 〔退出(E)/放弃(U)〕<退出>：

指定第二个点或 〔退出(E)/放弃(U)〕<退出>：

指定第二个点或 〔退出(E)/放弃(U)〕<退出>：

指定第二个点或 〔退出(E)/放弃(U)〕<退出>：//依次捕捉如图 9-154 所示的各个交点

指定第二个点或 〔退出(E)/放弃(U)〕<退出>：//按回车键，完成门的插入，效果如图 9-154 所示

（3）使用"矩形"命令，绘制 240×2400 矩形，使用"分解"命令进行分解，将矩形向右偏移 60，并将偏移生成的直线依次向右偏移 80，40，将矩形的上边依次向下偏移 50，300，50，使用"修剪"命令修剪，效果如图 9-155 所示。

（4）使用"移动"命令，捕捉门下边的中点为基点，移动点为正负零线与 A 轴线的交点，插入效果如图 9-156 所示。

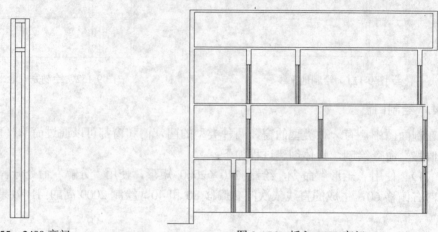

图 9-155　2400 高门　　　　　　　图 9-156　插入 2400 高门

（5）使用"矩形"命令绘制 240×1500 矩形，使用"分解"命令将矩形分解，将左右边向内偏移 80。单击"直线"按钮 ✐，命令行提示如下：

命令：_line 指定第一点：//捕捉矩形的右下角点
指定下一点或［放弃(U)］：@0,-200
指定下一点或［放弃(U)］：@-240,0
指定下一点或［闭合(C)/放弃(U)］：@0,100
指定下一点或［闭合(C)/放弃(U)］：@-160,0
指定下一点或［闭合(C)/放弃(U)］：@0,100
指定下一点或［闭合(C)/放弃(U)］：c//绘制闭合图形，效果如图 9-157 所示

（6）单击"复制"按钮 ⬚，命令行提示如下：

命令：_copy
选择对象：指定对角点：找到 12 个//选取图 9-157 所示的窗
选择对象：//按回车键，完成选择
当前设置：复制模式 = 多个
指定基点或［位移(D)/模式(O)］<位移>：//捕捉窗下边的中点
指定第二个点或 <使用第一个点作为位移>：from//使用相对点法输入点
基点：//捕捉 F 轴线与正负零线的交点
<偏移>：@0,800//输入相对偏移距离
指定第二个点或［退出(E)/放弃(U)］<退出>：from//使用相对点法输入点
基点：// 捕捉 F 轴线与一层高度线的交点
<偏移>：@0,900//输入相对偏移距离
指定第二个点或［退出(E)/放弃(U)］<退出>：from//使用相对点法输入点
基点：// 捕捉 F 轴线与二层高度线的交点
<偏移>：@0,900//输入相对偏移距离，按回车键，效果如图 9-158 所示。

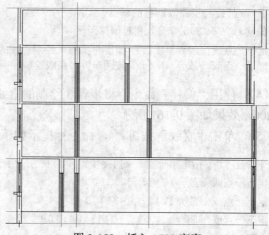

图 9-157　1500 高窗

图 9-158　插入 1500 高窗

（7）对与窗台相交的墙线，进行修剪，效果如图 9-159
所示。

5. 绘制楼梯

在剖面图中，二层的楼梯是最完全的，因此我们先绘制
二层的楼梯，一层和三层的楼梯通过二层的楼梯的绘制方法
来完成，具体步骤如下：

（1）单击"直线"按钮 ✎ ，命令行提示如下：

命令：_line 指定第一点：from//使用相对点法输入点
基点：//捕捉如图 9-160 所示的点，即 ⊗ 图标处
<偏移>：@-1200,0//输入相对偏移距离
指定下一点或［放弃(U)］://捕捉三层楼板的线的垂足
指定下一点或［放弃(U)］://按回车键，完成绘制

（2）使用"偏移"命令，将步骤 1 绘制的直线向左偏
移 100，效果如图 9-160 所示。

图 9-159　修剪与窗相交的墙线

图 9-160　绘制楼梯扶手线

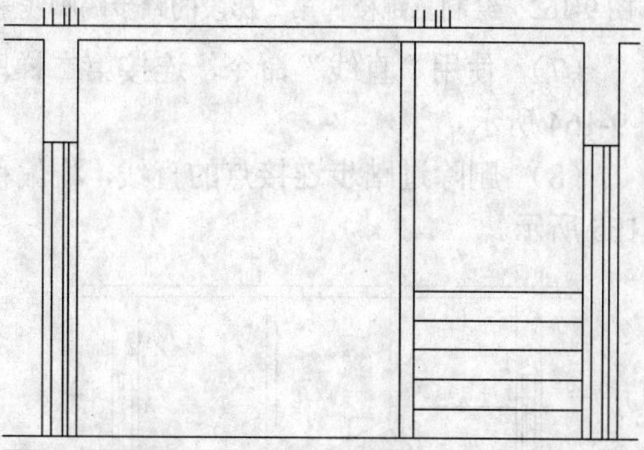

图 9-161　绘制楼梯踏步线

（3）单击"直线"按钮 ✎ ，命令行提示如下：

命令：_line 指定第一点：from//使用相对点法输入点

基点://捕捉与步骤1同样的基点

<偏移>：@0,200//输入相对偏移距离

指定下一点或 [放弃(U)]://捕捉与步骤1绘制直线的垂足

指定下一点或 [放弃(U)]://按回车键，完成绘制

（4）使用"偏移"命令，将步骤3绘制的直线向上偏移200，并依次将生成的直线向上偏移200，效果如图9-161所示。

（5）单击"直线"按钮 ⟋，命令行提示如下：

命令：_line 指定第一点://捕捉步骤4绘制的最后一条踏步线的左端点

指定下一点或 [放弃(U)]： @0,200

指定下一点或 [放弃(U)]： @-387,0

指定下一点或 [闭合(C)/放弃(U)]： @0,200

指定下一点或 [闭合(C)/放弃(U)]： @-386,0

指定下一点或 [闭合(C)/放弃(U)]： @0,200

指定下一点或 [闭合(C)/放弃(U)]： @-387,0

指定下一点或 [闭合(C)/放弃(U)]： @0,200

指定下一点或 [闭合(C)/放弃(U)]://依次输入相对坐标，绘制完成踏步和踢脚线，如图9-162所示

（6）修剪第二梯段第一段踏步线，过最后一个踢脚线中点向墙体作垂线，并延长最后一段踢脚线到三层楼板的底线，效果如图9-163所示。

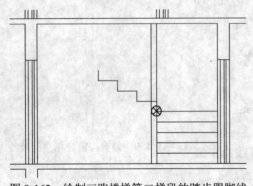

图9-162 绘制三跑楼梯第二梯段的踏步踢脚线

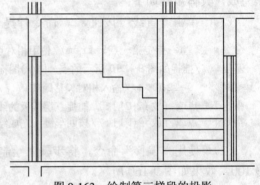

图9-163 绘制第三梯段的投影

（7）使用"直线"命令，连接第二梯段踏步连接点，并将直线向左下偏移100，效果如图9-164所示。

（8）删除过踏步连接点的直线，将偏移的直线延伸，形成第二梯段的楼梯板，效果如图9-165所示。

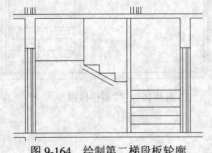

图9-164 绘制第二梯段板轮廓

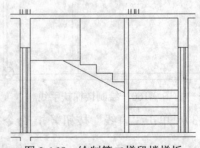

图9-165 绘制第二梯段楼梯板

（9）　过第二梯段踏步线的中点绘制高为 800 的直线，连接直线的端点，效果如图 9-166 所示。

（10）　使用偏移命令，偏移水平和斜向线，向上偏移，距离为 100，将竖向的直线向左右各偏移 50，效果如图 9-167 所示。

图 9-166　绘制扶手轮廓线

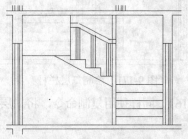

图 9-167　偏移扶手轮廓线

（11）　使用"延伸"和"修剪"命令，对第二梯段的扶手进行修剪，效果如图 9-168 所示。

（12）　使用"延伸"命令，将第三梯段的轮廓线延伸到二层楼板的顶面线，延伸第一梯段的第四台阶踏步线，效果如图 9-169 所示。

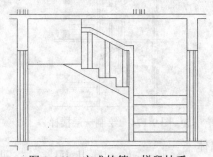

图 9-168　完成的第二梯段扶手

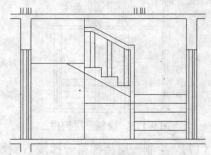

图 9-169　绘制楼层栏杆辅助线

（13）　使用"偏移"命令把水平直线向上偏移 100，竖向直线向右偏移 100，并修剪，效果如图 9-170 所示。

（14）　将第二梯段的栏杆线向下延伸，到达二层楼板的顶面线，效果如图 9-171 所示。使用"修剪"命令进行修剪，效果如图 9-172 所示。

（15）　单击"复制"按钮，命令行提示如下：

命令：_copy

选择对象：指定对角点：找到 10 个//拾取二层楼梯的护栏部分

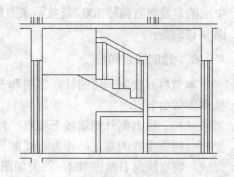

图 9-170　二层扶手

选择对象://按回车键，完成选择

当前设置：　复制模式 = 多个

指定基点或 [位移(D)/模式(O)] <位移>：//拾取如图 9-172 所示的点，即⊗图标处

指定第二个点或 <使用第一个点作为位移>：//指定如图 9-173 所示的点，即⊗图标处

指定第二个点或 [退出(E)/放弃(U)] <退出>：//按回车键，完成复制，效果如图 9-173 所示

图 9-171　绘制二层栏杆

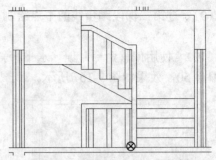

图 9-172　绘制完成的二层护栏

（16）　同样使用复制命令，将二层楼梯的非护栏部分，复制到一层，效果如图 9-174 所示。

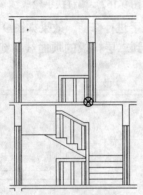

图 9-173　绘制三层护栏

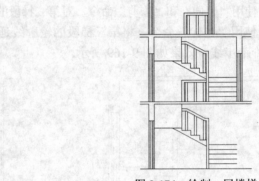

图 9-174　绘制一层楼梯

（17）　绘制一层楼梯第一梯段右侧墙体，右侧墙体与左侧墙体等高，所以将左侧墙体线向右偏移 1200，新生成的直线向右偏移 100，连接两条直线的顶点，效果如图 9-175 所示。

6.　绘制阳台和柱

本节将要绘制一层的柱，二层和三层的阳台，具体操作步骤如下：

（1）　过右侧外侧墙线下端点，向下绘制直线，捕捉与一层高度线的垂足，作为直线的另一个端点，绘制完成，将直线向右偏移 700，效果如图 9-176 所示。

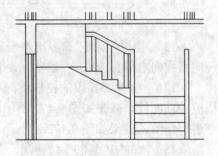

图 9-175　绘制完成的一层楼梯

（2）　将步骤 1 偏移的直线，向左偏移 100，并将三层楼板线向右延伸至偏移线，对直线进行修剪，效果如图 9-177 所示。

（3）　单击"直线"按钮 ✐，命令行提示如下：

命令：_line 指定第一点：from//使用相对点法绘制点
基点：//捕捉如图 9-178 所示的点
<偏移>：@0,400//输入相对偏移距离
指定下一点或 [放弃(U)]://捕捉最右侧竖向直线的垂足
指定下一点或 [放弃(U)]://按回车键，完成绘制，如图 9-178 所示

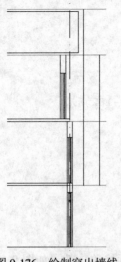

图 9-176　绘制突出墙线

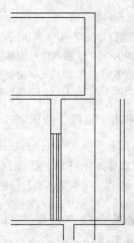

图 9-177　绘制三层阳台轮廓线

（4）使用"偏移"命令，将步骤 3 绘制的直线向上偏移 200，将新生成的直线依次向上偏移 50，200，20，将竖向的直线，向内偏移 25，效果如图 9-179 所示。

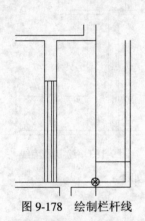

图 9-178　绘制栏杆线

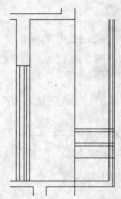

图 9-179　绘制其他阳台栏杆线

（5）使用"修剪"命令，对三层阳台进行修剪，效果如图 9-180 所示。

（6）将突起墙线，分别向右偏移 1 000，1 720，延伸二层楼板线至最外侧偏移线，效果如图 9-181 所示。

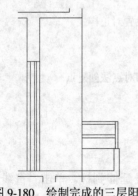

图 9-180　绘制完成的三层阳台

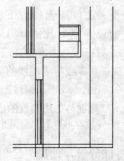

图 9-181　绘制二层阳台辅助线

（7）使用"偏移"命令，将最外侧竖向直线向内分别偏移 100，200。单击"直线"按

钮 ，命令行提示如下：

命令：_line 指定第一点：from//使用相对点法输入点
基点：//捕捉如图 9-182 所示的点
<偏移>：@0,800//输入相对偏移距离
指定下一点或 [放弃(U)]://捕捉垂足
指定下一点或 [放弃(U)]://按回车键，完成绘制，效果如图 9-182 所示

（8）单击"直线"按钮，命令行提示如下：

命令：_line 指定第一点：from//使用相对点法输入点
基点：//捕捉如图 9-183 所示的点
<偏移>：@0,1350//输入相对偏移距离
指定下一点或 [放弃(U)]：@-500,550//输入相对坐标
指定下一点或 [放弃(U)]://按回车键

（9）使用"修剪"和"延伸"命令，对二层阳台进行修改，效果如图 9-183 所示。

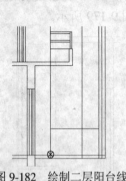

图 9-182　绘制二层阳台线

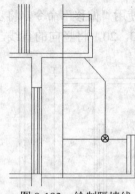

图 9-183　绘制隔墙线

（10）使用"多线"命令，绘制一层柱，命令行提示如下：

命令：_mline
当前设置：对正 = 上，比例 = 1.00，样式 = B100
指定起点或 [对正(J)/比例(S)/样式(ST)]：st//输入 st，设置样式
输入多线样式名或 [?]：240//采用 240 样式
当前设置：对正 = 上，比例 = 1.00，样式 = 240
指定起点或 [对正(J)/比例(S)/样式(ST)]：j//输入 j，设置对正样式
输入对正类型 [上(T)/无(Z)/下(B)] <上>：z//采用无样式
当前设置：对正 = 无，比例 = 1.00，样式 = 240
指定起点或 [对正(J)/比例(S)/样式(ST)]：from//使用相对点法创建点
基点://捕捉正负零线与 A 轴线的交点
<偏移>：@1500,0//输入偏移距离
指定下一点://捕捉与二层楼板的底面线的垂足
指定下一点或 [放弃(U)]://按回车键，效果如图 9-184 所示

（11）将柱分解，使用"延伸"命令，将一层的地板线延伸到柱。单击"直线"按钮 ，
绘制台阶，命令行提示如下：

命令：_line 指定第一点://拾取柱左侧线下点
指定下一点或 [放弃(U)]：@0,-150
指定下一点或 [放弃(U)]：@240,0
指定下一点或 [闭合(C)/放弃(U)]：@0,-150
指定下一点或 [闭合(C)/放弃(U)]：@240,0
指定下一点或 [闭合(C)/放弃(U)]：@0,-150
指定下一点或 [闭合(C)/放弃(U)]：@240,0
指定下一点或 [闭合(C)/放弃(U)]：@0,-150//依次输入相对坐标
指定下一点或 [闭合(C)/放弃(U)]://拾取水平向上一点
指定下一点或 [闭合(C)/放弃(U)]://按回车键，完成台阶创建，效果如图 9-185 所示

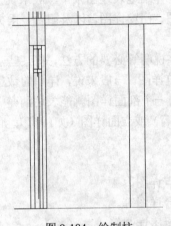

图 9-184　绘制柱

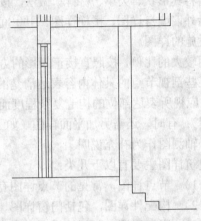

图 9-185　绘制台阶

7.　添加尺寸标注

在剖面图中，主要给图形添加窗户、门、墙体和楼板等的尺寸，并给出各楼层的标高，同时添加上轴线编号，效果如图 9-186 所示。

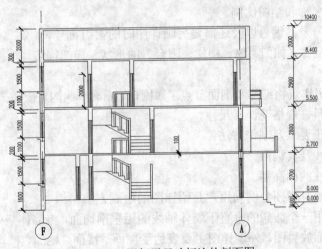

图 9-186　添加了尺寸标注的剖面图

8.　添加文字标注

添加剖面图标题，采用单行文字，字体样式为 H1000，效果如图 9-187 所示。

1-1剖面图1：100

9.4　建筑详图绘制

建筑详图是建筑平面图、立面图和剖面图的重要补充，对房屋的细部和构件、配件用较大的比例将其形状、大小、材料和做法，按正投影的画法，详细地表述出来。一般来说，建筑详图包括外墙墙身详图、楼梯详图、卫生间详图、立面详图、门窗详图，以及阳台、雨棚和其他固定设施的详图。

用较大的比例，按照直接正投影的方法，辅助以文字说明等必要的方法，将某些建筑构配件和某些剖视节点的具体内容表达清楚的图样，称为建筑详图。一般来说，详图的数量和图示方法，应视所表达部位的构造复杂程度而定，有时，只需一个剖面详图就能表达清楚（如墙身剖面图）；有时，还需另加平面详图（如卫生间、楼梯间等）或立面详图（如门窗）；有时还要另加一轴测图作为补充说明。

建筑详图主要有以下几类：

（1）节点详图，常见的节点详图有外墙身剖面节点详图。

（2）构配件详图，包括门窗详图、雨篷详图、阳台详图等。

（3）房间详图，包括楼梯间详图、卫生间详图、厨房详图等。

建筑详图所表现的内容相当广泛，可以不受任何限制。一般地说，只要平、立、剖视图中没有表达清楚的地方都可用详图进行说明。因此，根据房屋复杂的程度，建筑标准的不同，详图的数量及内容也不尽相同。一般来说，建筑详图包括外墙墙身详图、楼梯详图、卫生间详图、门窗详图以及阳台、雨棚和其他固定设施的详图。建筑详图中需要表明以下内容。

（1）详图的名称和绘图比例。

（2）详图符号及其编号以及还需要另画详图时的索引符号。

（3）建筑构配件（如门、窗、楼梯、阳台）的形状、详细构造、连接方式、有关的详细尺寸等。

（4）详细说明建筑物细部及剖面节点（如檐口、窗台、明沟、楼梯扶手、踏步、屋顶等）的形式、做法、用料、规格及详细尺寸。

（5）表示施工要求及制作方法。

（6）定位轴线及其编号。

（7）需要标注的标高等。

下面我们以外墙身详图为例向用户介绍详图的绘制方法。

外墙身详图使用一个假想的垂直于墙体轴线的铅垂剖切面，将墙体某处从防潮层剖开，得到建筑剖面图的局部放大图。外墙详图主要表达了屋面、楼面、地面、檐口构造、楼板与墙的连接、门窗顶、窗台和勒脚、散水、防潮层、墙厚等外墙各部位的尺寸、材料、做法等详细构造情况。外墙详图与平面图、立面图、剖面图配合使用，是施工中砌墙、室内外装修、门窗立口及概算、预算的主要依据。

建筑剖面图的绘制过程中，已经绘制了外墙的大致轮廓，但是对于外墙的具体构造，并不清楚，所以还需要外墙详图来说明。

9.4.1 提取外墙轮廓

由于提取的墙身轮廓并不符合外墙身详图的要求，因此要做部分改动，删去一些不必要的部分。具体操作步骤如下：

（1）打开第 9 章绘制的 1-1 剖面图，删除轴线和一些尺寸标注。

（2）使用"构造线"命令绘制如图 9-188 所示的水平和竖直构造线。

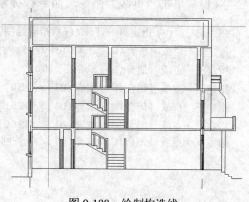

图 9-188 绘制构造线

（3）使用"删除"和"修剪"命令，将构造线以外的多余部分删除，效果如图 9-189 所示。

（4）使用"构造线"命令，命令行提示如下：

命令：_xline 指定点或 [水平(H)/垂直(V)/角度(A)/二等分(B)/偏移(O)]：h//输入 h，绘制水平线

指定通过点：from//使用相对点法输入点

基点：//捕捉一层窗户下顶点

<偏移>：@0,200//输入相对偏移距离

（5）使用同样的方法绘制 6 条如图 9-190 所示的构造线，修剪构造线之间的部分，效果如图 9-191 所示。

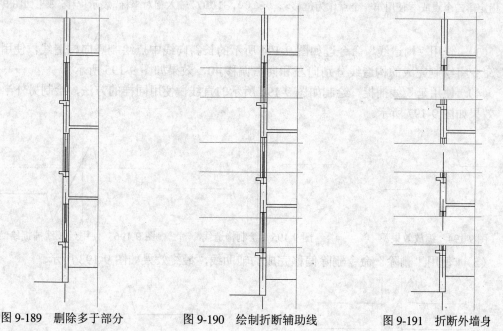

图 9-189 删除多于部分　　　图 9-190 绘制折断辅助线　　　图 9-191 折断外墙身

9.4.2 修改墙身轮廓

由于提取的墙身轮廓并不符合外墙身详图的要求，因此要做部分改动，使用折断线折断不必要的部分。具体操作步骤如下：

（1）单击"直线"命令，命令行提示如下：

命令：_line 指定第一点://任意拾取绘图区一点
指定下一点或 [放弃(U)]：@200,0//输入相对坐标
指定下一点或 [放弃(U)]：@25,100//
指定下一点或 [闭合(C)/放弃(U)]：@50,-200//
指定下一点或 [闭合(C)/放弃(U)]：@25,100//
指定下一点或 [闭合(C)/放弃(U)]：@200,0//依次输入相对坐标
指定下一点或 [闭合(C)/放弃(U)]://按回车键，完成绘制，效果如图9-192所示

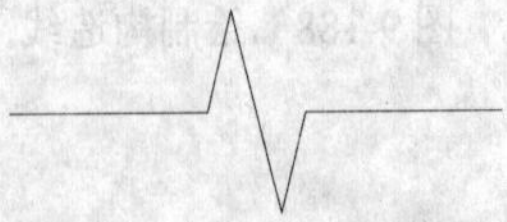

图9-192 绘制单折断线 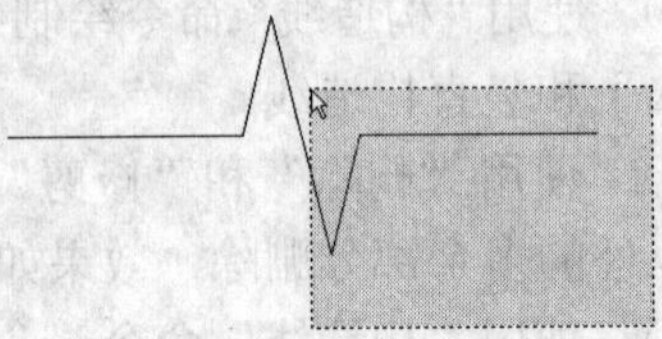　　　　　　　　　　图9-193 拉伸折断线

（2）单击"缩放"按钮，命令行提示如下：

命令：_stretch
以交叉窗口或交叉多边形选择要拉伸的对象...
选择对象：指定对角点：找到 3 个//使用交叉窗口法选择如图9-193所示的图形
选择对象：//按回车键，完成对象选择
指定基点或 [位移(D)] <位移>://任意拾取一点
指定第二个点或 <使用第一个点作为位移>：@100,-100//输入相对坐标，表示位移，效果如图9-194所示

（3）使用"构造线"命令过如图9-194所示的长斜向线中点绘制竖向构造线，使用"偏移"命令将绘制完成的构造线分别向左和向右偏移40，效果如图9-195所示。

（4）使用延长线捕捉，绘制如图9-196所示的直线，使用同样的方法，绘制另外半段直线，效果如图9-197所示。

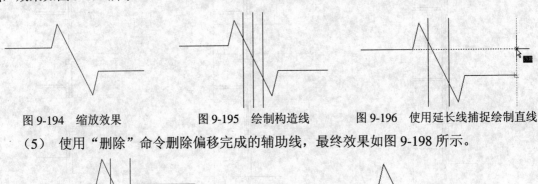

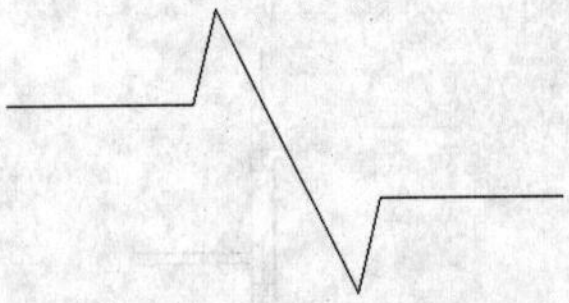

图9-194 缩放效果　　　图9-195 绘制构造线　　　图9-196 使用延长线捕捉绘制直线

（5）使用"删除"命令删除偏移完成的辅助线，最终效果如图9-198所示。

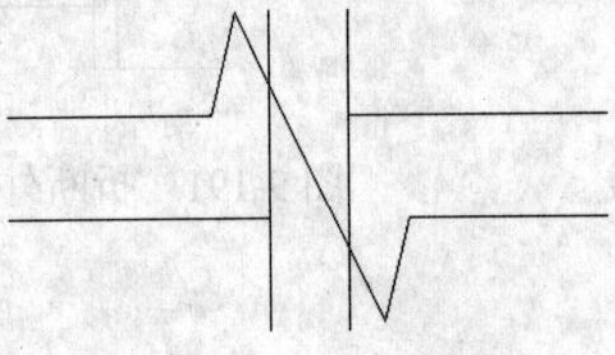

图9-197 绘制另外一半直线 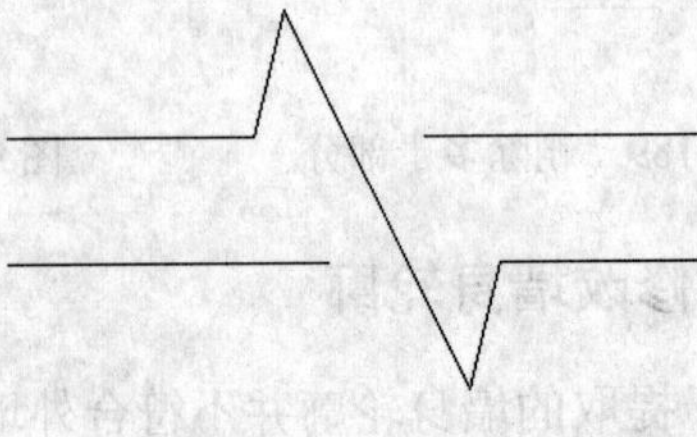　　　　　　　　图9-198 绘制完成的折断符号

（6）　单击"复制"按钮 ，命令行提示如下：

命令：_copy
选择对象：指定对角点：找到 7 个//拾取如图 9-198 所示的折断符号
选择对象：//按回车键，完成选择
当前设置：　复制模式 = 多个
指定基点或［位移(D)/模式(O)］<位移>：//拾取如图 9-198 所示的⊗图标所在位置点作为基点
指定第二个点或 <使用第一个点作为位移>：
指定第二个点或［退出(E)/放弃(U)］<退出>：
指定第二个点或［退出(E)/放弃(U)］<退出>：//如图 9-199 所示依次捕捉点
指定第二个点或［退出(E)/放弃(U)］<退出>：//按回车键，完成复制

（7）　单击"移动"按钮 ，命令行提示如下：

命令：_move
选择对象：指定对角点：找到 29 个//选择如图 9-200 所示的移动对象
选择对象：//按回车键，完成选择
指定基点或［位移(D)］<位移>：　//拾取图 9-200 所示上部 ⊗ 图标所在位置的基点
指定第二个点或 <使用第一个点作为位移>：//拾取图 9-200 所示下部 ⊗ 图标所在位置的点作为位移的点，效果如图 9-201 所示

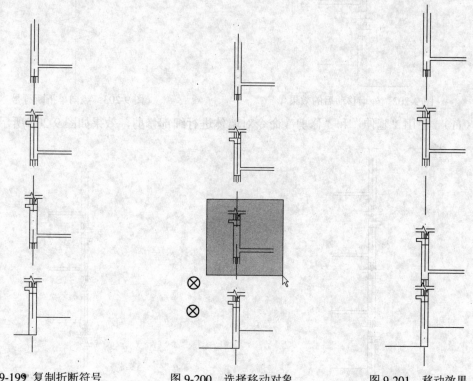

图 9-199　复制折断符号　　　　图 9-200　选择移动对象　　　　图 9-201　移动效果

（8）　继续使用"移动"命令，将墙体其他部分移动至如图 9-202 所示位置。

（9）　单击"旋转"按钮 ，命令行提示如下：

命令：_rotate

UCS 当前的正角方向： ANGDIR=逆时针　ANGBASE=0

命令：_rotate

选择对象：指定对角点：找到 5 个//拾取如图 9-192 所示的单折断线

选择对象：//按回车键，完成选择

指定基点：//拾取单折断线上任意一点

指定旋转角度，或 ［复制(C)/参照(R)］<0>： 90//输入旋转符号，按回车键，效果如图 9-203 所示

（10）　使用"复制"命令，将竖向单折断线复制到外墙体的其他位置，同时把水平单折断线复制到如图 9-204 所示的位置，其中最下侧水平单折断线距离地平线 610。

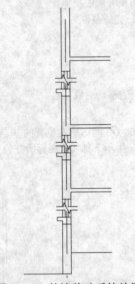

图 9-202　外墙移动后的效果　　　　　　　　　　　　　图 9-203　竖向单折断符号

（11）　使用"延伸"和"修剪"命令对墙体进行细部修剪，效果如图 9-205 所示。

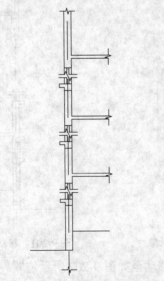

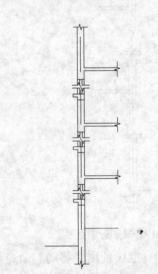

图 9-204　在其他部位布置折断符号　　　　　　　　图 9-205　修剪完成后的外墙体

9.4.3 修改地面

地面部分的构造是非常复杂的,包括防潮层、室内外地面、散水、勒脚等。在剖面图中,对地面部分的绘制采用了简化处理,但是在外墙详图中,需要详细地表示出其构造。具体绘制步骤如下:

(1) 使用"偏移"命令,将地平线和正负零线的直线分别向下偏移 100,再将偏移完成的直线向下偏移 200,效果如图 9-206 所示。

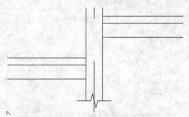

图 9-206 偏移地平线和正负零线

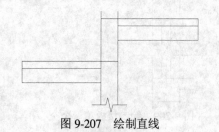

图 9-207 绘制直线

(2) 使用"直线"命令,将图形封闭,绘制隔断线,效果如图 9-207 所示。

(3) 单击"图案填充"按钮 ,使用"图案填充"命令对图形进行填充。地面和散水的上部均为素混凝土,下部为灰土,防潮层为防水砂浆砌砖。在"图案填充和渐变色"对话框中分别选择填充图案为 AR-CONC,AR-SAND 和 ANSI37,填充比例分别为 0.5、0.5、20,完成图案填充的图形如图 9-208 所示。

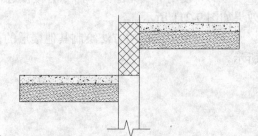

图 9-208 地面、散水和防潮层填充完成的效果

9.4.4 修改楼板

本例中的连排别墅采用的是混凝土空心楼板,但是在剖面图中并没有表达出来,因此需要在外墙详图中将其绘制出来。具体操作步骤如下:

(1) 保持"轴线层"打开状态,使用"延伸"命令将楼板线延伸至轴线,并使用"直线"命令连接楼板与轴线交点。

(2) 单击"圆"按钮 ,命令行提示如下:

命令:_circle 指定圆的圆心或 [三点(3P)/两点(2P)/相切、相切、半径(T)]: from//使用相对点法绘制圆心

基点://捕捉楼板左侧的竖向端线中点
<偏移>:@300,0//输入相对偏移距离
指定圆的半径或 [直径(D)]:30//输入圆半径,按回车键,效果如图 9-209 所示

(3) 使用"复制"命令,复制其他的楼板空心孔,复制相对距离为 300,命令行提示如下:

命令:_copy
选择对象:找到 1 个//选择绘制完成的第一个空心孔
选择对象://按回车键,完成复制

当前设置： 复制模式 = 多个

指定基点或 [位移(D)/模式(O)] <位移>://拾取圆的圆心为基点

指定第二个点或 <使用第一个点作为位移>: @300,0//输入相对坐标确认第二个空心孔

指定第二个点或 [退出(E)/放弃(U)] <退出>: @600,0//输入相对坐标确认第三个空心孔

指定第二个点或 [退出(E)/放弃(U)] <退出>://按回车键完成复制，效果如图 9-210 所示

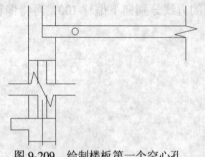

图 9-209　绘制楼板第一个空心孔

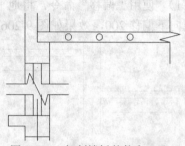

图 9-210　复制楼板其他空心孔

（4）使用"填充图案"命令对楼板进行填充，填充图案为 AR-CONC，填充比例为 0.5，效果如图 9-211 所示。

（5）使用同样的方法绘制其他楼层的楼板空心孔，并对楼板进行填充，效果如图 9-212 所示。

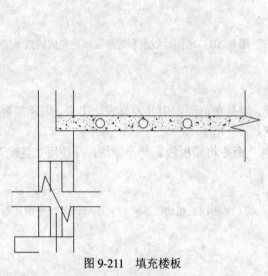

图 9-211　填充楼板

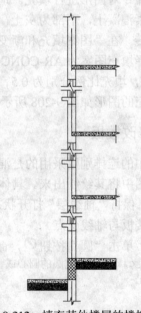

图 9-212　填充其他楼层的楼板

9.4.5　填充外墙和窗台

对外墙和窗台进行填充，具体操作步骤如下：

（1）使用"填充图案"命令，选择填充图案为 LINE，并将填充角度设置为 45°，比例设置为 20，来完成对外墙的填充，填充了外墙的图形如图 9-213 所示。

（2）使用"填充图案"命令，选择填充图案为 AR-CONC，比例设置为 0.5，来完成对窗台的填充，填充了窗台的图形如图 9-214 所示。

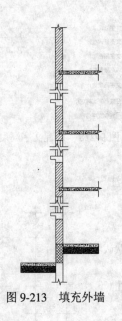

图 9-213　填充外墙

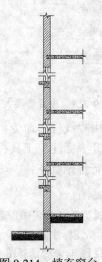

图 9-214　填充窗台

9.4.6　尺寸标注

对填充完成的外墙，需要添加各种尺寸标注，具体操作步骤如下：

（1）使用"标高"图块，给外墙体设置标高，标高值分别设置为 0.000、2.800、5.600 和 8.500，效果如图 9-215 所示。

（2）使用"竖向轴线编号"图块，设置轴线编号，效果如图 9-215 所示。

（3）选择"格式"|"标注样式"命令，打开"标注样式管理器"对话框。修改 S100 标注样式的部分参数，其中修改"直线"选项板中的"尺寸界线"选项组中的"固定长度的尺寸界线"长度为 400，设置如图 9-216 所示。

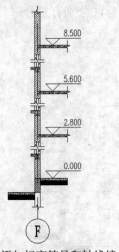

图 9-215　添加标高符号和轴线编号

图 9-216　设置尺寸界线长度

（4）修改"符号和箭头"选项板中的"箭头"选项组中的"箭头大小"数值为 150，如图 9-217 所示。设置"文字"选项板中的"文字外观"选项组中的"文字高度"数值为 200，如图 9-218 所示。

图 9-217　设置箭头大小

图 9-218　设置文字高度

（5）　使用"线性"命令，标注效果如图 9-219 所示。

（6）　打开"标注"工具栏，单击工具栏中的"编辑标注"按钮，命令行提示如下：

命令：_dimedit

输入标注编辑类型［默认(H)/新建(N)/旋转(R)/倾斜(O)］<默认>：n//输入 n，表示新建标注值

选择对象：找到 1 个//选择图 9-219 所示的数值为 1800 的标注(下部的 1800)

选择对象：找到 1 个，总计 2 个//选择图 9-219 所示的数值为 1800 的标注(上部的 1800)

选择对象：找到 1 个，总计 3 个//选择图 9-219 所示的数值为 1900 的标注

选择对象：//按回车键，弹出多行文字编辑器

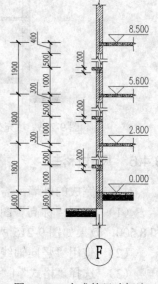

图 9-219　完成的尺寸标注

（7）　在多行文字编辑器里，将 1800 修改为 2800，1900 修改为 2900。

（8）　使用同样的方法，修改标注 500 为 1500，效果如图 9-220 所示。

（9）　图 9-220 中，标注值为 1500 的标注与 300 和 400 的标注分别有重合部分，使用夹点编辑方法，移动标注位置，效果如图 9-221 所示。

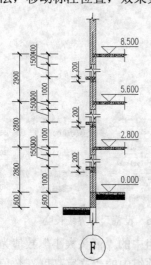

图 9-220　修改标注数值

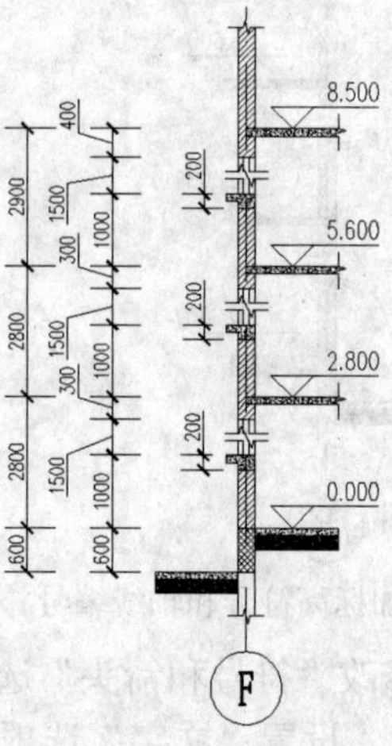

图 9-221　移动标注线

9.4.7 文字说明

建筑详图需要输入很多文字以说明其构造、材料、做法等，包括室外散水的材料和做法、防潮层的材料和做法，以及各部位名称等。具体操作方法如下：

（1）使用"直线"命令，绘制如图 9-222 所示的文字引出线。

（2）使用"单行文字"命令创建文字，文字样式使用 H350，完成效果如图 9-223 所示。

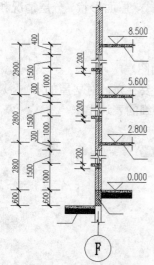

图 9-222　绘制文字引出线

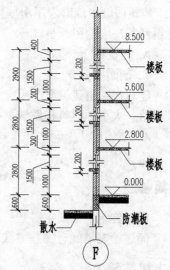

图 9-223　创建说明文字

9.5　习题与上机练习

9.5.1　填空题

（1）建筑平面图形包括_____、_____、_____、_____。

（2）建筑平面图主要表达建筑物的平面形状，房间的布局、形状、大小、用途，门窗的类型、位置，墙、柱的位置，各部分的联系，以及各类构配件的尺寸等；是该层_____、_____、_____的依据。

（3）建筑_____图是施工放线、墙体砌筑、门窗安装、室内装修的依据。

（4）建筑立面设计时应在满足_____要求、_____等功能和_____方面要求的前提下，使建筑尽量美观。

（5）剖面图的剖切位置，应选择在内部构造和结构比较复杂与典型的部位，并应通过_____的位置。

（6）建筑详图可分为_____、_____和_____三类。

9.5.2　选择题

（1）建筑制图中以下比例（　　）的使用不规范。

A.　1:1　　　　　　　　　　B.　1:2

C.　1:35　　　　　　　　　 D.　1:20

（2）外墙上投影可见的建筑构配件有（　　　）。

    A. 台阶   B. 梁和柱

    C. 室内楼梯   D. 雨水管

（3）建筑详图中需要表明的内容有（　　　）。

    A. 详图的名称和图例   B. 详图符号及其编号

    C. 定位轴线及其编号   D. 标高

（4）建筑图纸中能够表示房屋内部的结构或构造方式、屋面形状、分层情况和各部位的联系、材料及其高度的图纸是（　　　）。

    A. 平面图   B. 立面图

    C. 剖面图   D. 总平面图

（5）建筑详图是建筑平面图、立面图和剖面图的重要补充，对房屋的（　　　）用较大的比例将其形状、大小、材料和做法，按正投影的画法，详细的表述出来。

    A. 整体尺寸   B. 细部

    C. 构配件   D. 墙体位置

9.5.3　简答题

（1）简述建筑立面图由哪些部分组成。

（2）简述绘制墙线有哪些方法。

9.5.4　上机练习

（1）绘制如图 9-224 所示的某办公楼底层平面图，绘图比例为 1:100。

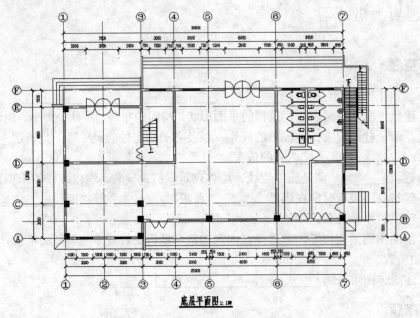

图 9-224　某办公楼底层平面图

（2）绘制如图 9-225 所示的某办公楼标准层平面图，绘图比例为 1:100。

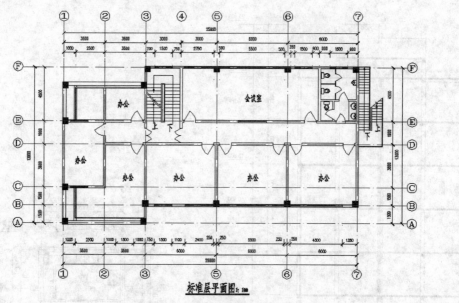

图 9-225　某办公楼标准层平面图

（3）根据某办公楼底层平面图和标准层平面 S 图创建如图 9-226 所示的办公楼正立面图。

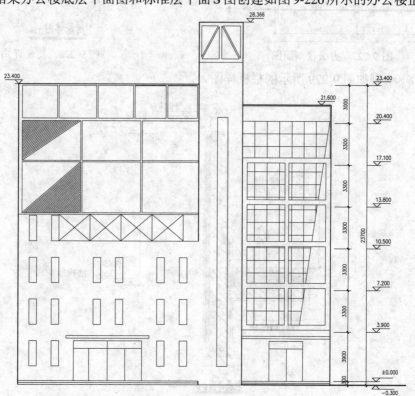

图 9-226　办公楼正立面图

（4）根据某办公楼底层平面图和标准层平面图以及办公楼立面图绘制如图 9-227 所示的办公楼剖面图。

（5）绘制如图 9-228 所示的厨房详图。

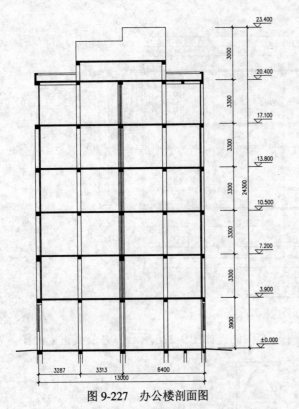

图 9-227　办公楼剖面图

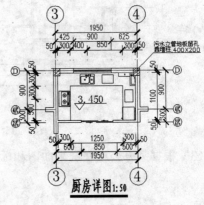

图 9-228　厨房详图

（6）　绘制如图 9-229 所示的栏板详图。

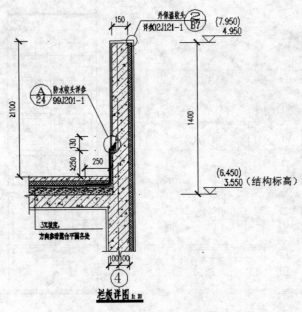

图 9-229　栏板详图

第 10 章

结构施工图的绘制

教学目标：

结构施工图是结构设计的成果，结构设计和施工图的质量直接决定了建筑物的安全性。结构施工图主要是表示结构构件的具体位置及其做法的图纸。本章将要介绍一些常用的结构施工图，包括楼层结构施工图、构件详图、楼梯结构图、基础图等的内容和绘制方法。通过本章的学习，读者能了解各种构件的布置方式和各种钢筋的绘制方法，并能独立完成结构施工图的绘制。

教学重点与难点：

1. 楼层结构施工图的内容和绘制。
2. 梁柱等构件详图的内容和绘制。
3. 楼梯结构图的内容和绘制。
4. 基础图和基础详图的内容与绘制。

结构施工图是用来表示一栋房屋承重体系的布局和建筑物的各承重构件(如基础、承重墙、柱、梁、板、屋架、屋面板等)的布置、形状、大小、数量、类型、材料作法以及相互关系和结构形式等内容的图纸,通常简称为结构图。结构施工图通常包括楼层结构平面图、构件详图、楼梯结构图和基础图。

10.1 楼层结构施工图

在结构施工图中,表示建筑物上部的结构布置的图样,称为结构布置图。在结构布置图中,以结构平面图的形式为最多。由于楼面和屋面的结构布置及表示方法基本相同,因此仅以楼层为例介绍结构平面图的绘制。

10.1.1 楼层结构平面图简介

楼层平面图是用假想的一个水平剖切面沿着楼面将房屋剖切后作的楼层水平投影,也称为楼层结构平面布置图,按照施工方法可以分为预制装配式和现浇整体式两大类。它是用来表示每层楼层的梁、板、柱、墙的平面布置,现浇钢筋混凝土楼板的构造和配筋,以及它们之间的关系。楼层结构平面图是施工时安装梁、板、柱等各种构件或现浇构件的依据。

楼层结构平面图的绘制有着不同于别的图形的特点,介绍如下。

1. 预制构件的布置方式

预制构件的布置方式主要有以下两种。

(1) 在结构单元范围内(每一开间)按实际投影用细实线分块画出各预制板,并注出其数量、规格和型号,如图 10-1 所示。

(2) 在每一结构单元范围内,画一条对角线,并沿着对角线方向注明预制板的块数、规格及型号,如图 10-2 所示。

图 10-1 按实际投影方式绘制

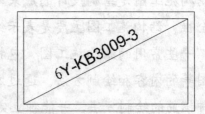

图 10-2 绘制对角线注明

对于预制楼板布置方式相同的开间,可用相同的编号,如甲、乙等表示,就不必一一表示楼板的布置情况。

楼层结构平面图中的预制混凝土多孔板都用规定的代号和编号表示,察看这些代号就可以知道构件的规格和尺寸。其标注符号的含义如图 10-3 所示。

图 10-3 楼板的标注含义

2. 过梁的布置方式

通常在门窗洞口的上部设置过梁,从而承受上部的荷载,并将其传递到门洞两侧的墙上。过梁通常分为砖砌过梁和钢筋混凝土过梁两种。根据过梁断面的形状,钢混过梁又分为矩形断面过梁、小挑口断面过梁、大挑口断面过梁三种,如图 10-4 所示。

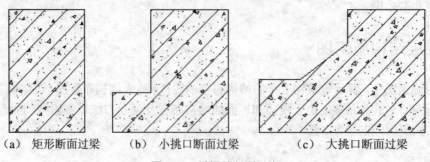

(a) 矩形断面过梁　　　(b) 小挑口断面过梁　　　(c) 大挑口断面过梁

图 10-4 过梁的断面形式

过梁标注方式及其含义如图 10-5 所示。

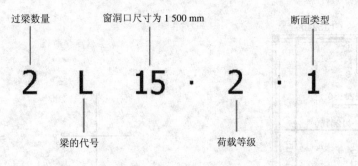

图 10-5　过梁的标注含义

在楼层结构平面布置图中，用粗点画线表示过梁的中心位置，如图 10-6 所示。图 10-6 中过梁上的文字是对过梁的标注，也就是编号。过梁也有固定的方式来标注，其标注的含义如图 10-7 所示。

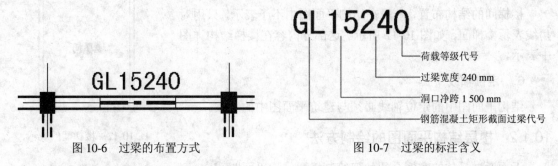

图 10-6　过梁的布置方式　　　　　　　　　　图 10-7　过梁的标注含义

3. 梁的布置方式

在楼层结构平面布置图中，梁的布置方式往往与墙的布置方式类似，用与梁宽相同的双线表示，两条线都为中粗线。并且梁都被楼板遮挡，所以用虚线绘制其轮廓，如图 10-8 所示。

图 10-8 中文字是对该梁的标注，也是编号，其具体的含义如图 10-9 所示。它表示该梁轴线跨度为 3 600 mm，能承受 3 级荷载。

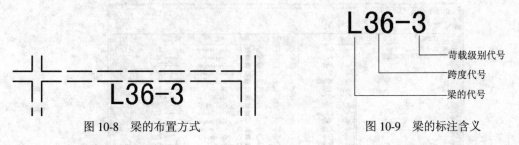

图 10-8　梁的布置方式　　　　　　　　　　图 10-9　梁的标注含义

4. 现浇构件的布置

如图 10-10 所示的现浇板 B1，图中用中实线画出墙体可见的轮廓线；用中虚线画出被现浇板遮盖住的墙体不可见轮廓线，并以粗实线画出受力筋、分布筋和其他构造钢筋的配置和弯曲情况。图中应注明各种钢筋的编号、规格、直径、间距等。每种规格的钢筋只画一根，按其立面形状画在钢筋安放的位置上。还应该注明各构造钢筋伸入墙（或梁）边的距离。如图中有双层钢筋时，底层钢筋弯钩应向上或向左画出，顶层钢筋弯钩应向下或向右画出，如图 10-11 所示。

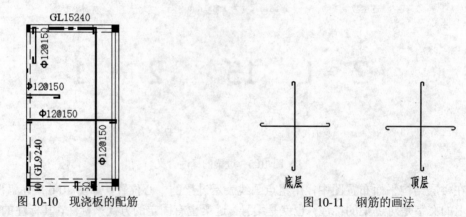

图 10-10　现浇板的配筋

图 10-11　钢筋的画法

5. 楼梯间

楼梯间的结构布置，一般在结构平面图中不予表示，只用对角线表示楼梯间，如图 10-12 所示。这部分内容在楼梯结构详图中表示。

6. 定位轴线

结构平面图中的定位轴线必须与建筑平面图中的一致。

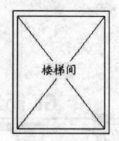

图 10-12　楼梯间的表示

10.1.2　楼层结构平面图的绘制方法

下面通过具体的实例介绍如何绘制楼层结构平面图。

1. 设置图层

新建图形文件，将其命名为"建筑平面图"，将其尺寸设置为 20 000×20 000。在绘制建筑平面图时，需要建立"轴线"、"墙线"、"门"等图层，建立图层的方法详见第 4 章，建立完成所有图层的"图层特性管理器"对话框如图 10-13 所示。

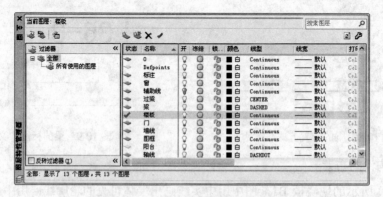

图 10-13　"图层特性管理器"对话框

2. 绘制辅助线和定位轴线

（1）在"图层"工具栏中的下拉列表中选择"辅助线"图层，将其设置为当前图层。

（2）选择"直线"命令绘制水平和竖直基准线。选择"复制"命令将水平线按照固定的距离沿水平和垂直方向复制，如图10-14所示。

（3）在"图层"工具栏中的下拉列表中选择"轴线"图层，将其设置为当前图层。

（4）采用"直线"命令绘制结构平面图的轴线。用户要注意选择对象捕捉功能，充分选择已经绘制的辅助线来绘制轴线，当然，也可以采用相对坐标来绘制轴线。选中刚刚绘制的所有轴线，右击鼠标，在弹出的"特性"对话框中将线型比例改为20，绘制完成的轴线如图10-15所示。

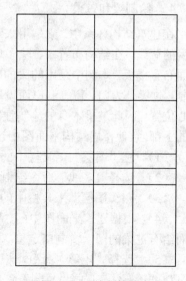

图 10-14　绘制辅助线

3. 绘制墙线、柱子

在建筑结构中，柱子主要用来承受竖向荷载，墙主要用来承受横向荷载。

（1）在"图层"工具栏中的下拉列表中选择"墙线"图层，将其设置为当前图层。

（2）定义多线样式。在"格式"菜单中选择"多线样式"选项，打开"多线样式"对话框。定义绘制墙体的多线，其元素偏移量分别为±120。

（3）选择"多线"命令绘制墙体。选择 Mledit 命令处理墙线相交处，绘制完成的墙线如图10-16所示。

（4）单击"绘图"工具栏中的绘制多边形按钮 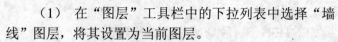，在一个轴线交点的位置绘制 240 mm ×240 mm 的柱子。单击绘图工具栏中的状态填充按钮，打开"图案填充和渐变色"对话框，在"图案"下拉列表框中选择 Solid，单击"确定"按钮，对此正方形进行填充。

（5）选择"复制"命令，将填充完成的第一个柱子依次复制合适的地方，如图10-16所示。

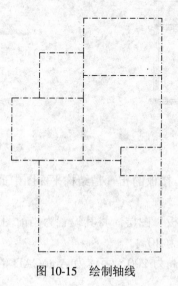

图 10-15　绘制轴线

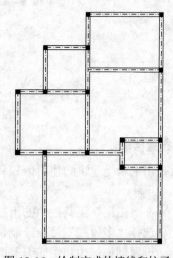

图 10-16　绘制完成的墙线和柱子

4. 绘制梁和过梁

在建筑结构体系中，梁是用来承受楼板传来的荷载，而过梁是弥补承受门窗处本应由墙体承受的荷载。在结构布置中，除了墙之外，尚需依靠梁来将楼板分成各个封闭的平面，从而在上面布置楼板。本例中采用的梁的断面形状为矩形断面，由于梁位于楼板之下，因此需用虚线绘制。过梁是为门、窗等洞口而设置的。在楼层结构平面图中，是通过粗点画线来表示过梁的中心位置。因此过梁本身的绘制往往很简单，而关键在于过梁的定位。由于过梁是在门、窗洞口的上部，致使楼层结构平面图中过梁的定位方法和建筑平面图中门、窗洞口的定位方法一致。

（1）在"图层"工具栏中的下拉列表中选择"梁"图层，将其设置为当前图层。

（2）选择"多线"命令绘制梁，注意线型应该选择虚线，如图 10-17 所示。

（3）在"图层"工具栏中的下拉列表中选择"过梁"图层，将其设置为当前图层。

（4）根据建筑平面图中门、窗洞口的位置，通常情况下是选择"偏移"命令，偏移轴线从而给有过梁的门、窗洞口定位。

（5）选择"矩形"命令，根据建筑平面图中门、窗洞的宽度和墙厚绘制矩形，作为门、窗洞口的轮廓线。选择"复制"命令中的多次复制将门、窗洞口的矩形轮廓线插入到所定位的位置。同时删除用于定位的辅助轴线和多余轴线。

（6）将"过梁"图层线型设置为 CENTER，选择"多段线"命令绘制过梁。在门、窗洞口轮廓线中的轴线上，绘制多段线，线宽为 70。然后选中多段线，单击"标准"工具栏中的"特性"按钮，选择合适线型比例，如图 10-17 所示。

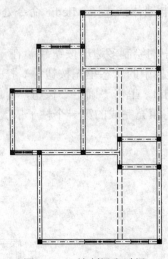

图 10-17　绘制梁和过梁

5. 布置楼板

楼板是用来承受建筑的使用恒载和活载的结构部件。楼板的布置是结构平面图中最重要的工作。

（1）在"图层"工具栏中的下拉列表中选择"楼板"图层，将其设置为当前图层。

（2）选择"多段线"命令绘制钢筋，其线宽设置为 40。

（3）设置钢筋标注和钢筋编号的文字样式。其字高为 200，字体为 AutoCAD 的标准字体。选择"多行文字"命令标注钢筋。

（4） 选择"镜像"命令生成另一户的楼层结构平面图，如图 10-18 所示。

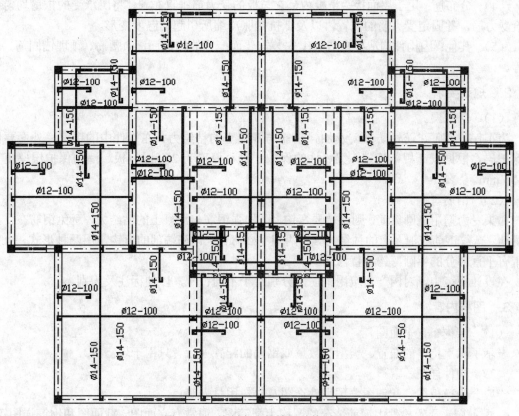

图 10-18　绘制完成的楼层结构平面图

10.2　构件详图

构件详图主要包括钢筋混凝土梁结构图和钢筋混凝土柱结构图。下面介绍其绘制方法。

10.2.1　构件详图简介

构件详图分为配筋图、模板图、预埋件详图和材料用量表等。配筋图着重表示构件内部的钢筋配置、形状、数量和规格，包括立面图、截面图和钢筋详图。模板图只用于较复杂的构件，以便于模板的制作和安装。

钢筋混凝土构件分为定型构件和非定型构件两种。对于定型构件，可以直接引用标准图或本地区的通用图，在图上注明即可，不必单独绘制；对于非定型构件和现浇构件，必须绘制出结构详图。

1. 钢筋的分类和作用

钢筋混凝土结构中的钢筋，按其作用分类如下。

（1） 受力筋：承受拉、压应力的钢筋。用于梁、板、柱等构件，梁、板的受力筋还分为直筋和弯筋两种。

（2） 箍筋：承受一部分斜拉应力，并固定受力筋的位置，多用于梁和柱内。

（3）　架立筋：用于固定梁内箍筋位置，构成梁内的钢筋骨架。

（4）　分布筋：用于屋面板、楼板内，它与板的受力筋垂直布置，将所承受的重量均匀地传给受力筋，并固定受力筋的位置，以及抵抗热胀冷缩所引起的温度变形。

（5）　其他：因构件构造要求或施工安装需要而配置的构造筋，如腰筋、预埋锚固筋、吊环等。

2.　规范要求

（1）　保护层。

为了保护钢筋、防蚀防火，及加强钢筋与混凝土的粘结力，在构件中的钢筋，外面要留有保护层。根据设计规范规定，梁、柱的保护层最小厚度为 25 mm，板、墙的保护层厚度为10~15 mm。

（2）　钢筋弯钩。

如果受力筋用光圆钢筋，则两端要弯钩，以加强钢筋与混凝土的粘结力，避免钢筋在受拉时滑动。带纹钢筋与混凝土的粘结力强，两端不必弯钩。钢筋端部的弯钩常用两种形式，分别为带有平直部分的半圆弯钩和直弯钩。

在设计规范中，对国产建筑用钢筋，分别给予不同符号，以便标注及识别。

3.　图样内容

（1）　结构布置平面图。

表示了承重构件的布置、类型和数量或钢筋的配置（后者只用于现浇板）。

（2）　构件详图。

一般分为模板图、配筋图、预埋件详图及材料用量表等。

- 配筋图：显示构件中钢筋情况的图称为配筋图，通常有立面图、截面图和钢筋详图等。着重表示构件内部的钢筋配置、形状、数量和规格，是构件详图的主要图样。
- 模板图：构件的制作，是把钢筋按设计要求置入由模板组成的模型中，然后把调制好的混凝土浇注其中，待混凝土凝固后拆去模板。模板使用木材或钢材根据模板图制造，就是构件的外形图。模板图只用于较复杂的构件，以便于模板的制作和安装。
- 预埋件图：由于构件连接、吊装等的需要，制作构件时常将一些铁件预先固定在钢筋骨架上，并使其一部分或一两个表面伸出或露出在构件的表面，浇筑混凝土时便将其埋在构件中，这就叫预埋件。通常要在模板图或配筋图中标明预埋件的位置，预埋件本身应另画出埋件图，表明其构造。

10.2.2　配筋图的图示特点

假定混凝土是透明体，在图样上只画出构件内部钢筋的配置情况，这样的图称为配筋图。配筋图用来表示构件内部钢筋的配置情况。

（1）　线型。为了突出表示钢筋的配置状况，构件的立面图和截面图的线型要求如下。构件轮廓线用细实线画出；钢筋线用粗实线（立面图）和黑圆点（截面图）画出；立面图中的钢箍用中实线画出；不可见的钢筋用粗虚线、预应力钢筋用粗双点划线画。

（2）　表达。如构件左右对称，可在其立面图的对称位置上，画出对称符号，一半表示外形，另一半表示内部配筋的情况。注意图内不画材料图例。

（3）　当构件纵横向尺寸相差悬殊时，可在同一详图中纵横向选用不同比例。

（4） 结构图中的构件标高，一般标注在构件底面的结构标高。

（5） 构件配筋较简单时，可在其模板图的一角用局部剖面的方式，绘出其钢筋布置。

钢筋结构中的布置形式很复杂，所以在配筋图中的画法也很多，图 10-19 所示的即为不同钢筋的表示方法。

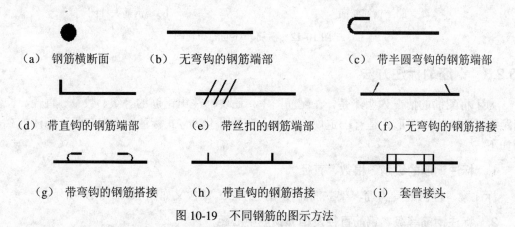

（a） 钢筋横断面　　（b） 无弯钩的钢筋端部　　（c） 带半圆弯钩的钢筋端部

（d） 带直钩的钢筋端部　　（e） 带丝扣的钢筋端部　　（f） 无弯钩的钢筋搭接

（g） 带弯钩的钢筋搭接　　（h） 带直钩的钢筋搭接　　（i） 套管接头

图 10-19　不同钢筋的图示方法

在平面图中配置双层钢筋时，底层钢筋弯钩应向上或向左，如图 10-20（a） 所示；顶层钢筋弯钩则向下或向右，如图 10-20（b） 所示；若为配置双层钢筋的墙体，在配筋立面图中，远面钢筋的弯钩应向上或向左，近面钢筋的弯钩应向下或向右，如图 10-20（c） 所示。其中上面和左面为近面，下面和右面为远面。

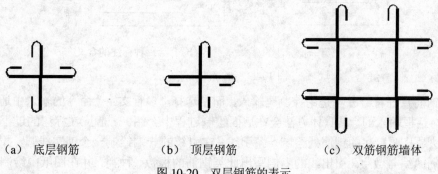

（a） 底层钢筋　　　　（b） 顶层钢筋　　　　（c） 双筋钢筋墙体

图 10-20　双层钢筋的表示

如果在断面图中不能表示清楚钢筋布置，应在断面图外面增加钢筋大样图，如图 10-21 所示；如果断面图中表示的箍筋、环筋的布置复杂，应加画钢筋大样图，如图 10-22 所示。

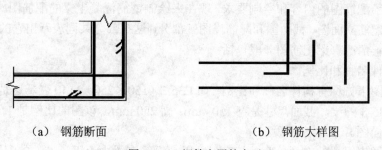

（a） 钢筋断面　　　　　　　（b） 钢筋大样图

图 10-21　钢筋布置的表示

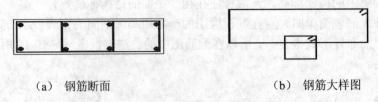

(a) 钢筋断面   (b) 钢筋大样图

图 10-22   箍筋、环筋的布置图

10.2.3   钢筋的标注方法

为了将配筋的情况说明清楚，在配筋图中，还要标注出钢筋的等级、数量、直径、长度和间距等。钢筋的标注形式是有一定规定的，一般采用引线方式标注，通常有两种标注方式，分别如下。

1. 标注钢筋的级别、根数、直径

标注梁、柱内的受力筋、架立筋时使用此方法。其含义如图 10-23（a）所示。

2. 标注钢筋等级、钢筋直径及相邻钢筋中心距

标注梁、柱内的箍筋及板内的分布筋时使用此方法。其含义如图 10-23（b）所示。

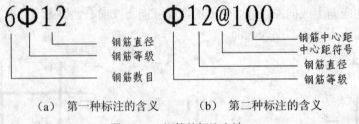

（a） 第一种标注的含义   （b） 第二种标注的含义

图 10-23   钢筋的标注方法

这里钢筋直径符号并不是用控制码输入，而是选择"多行文字"命令的输入中通过"字符映射表"对话框输入的。其具体方法会在后面绘制过程中介绍。一般应在标注的过程中将钢筋编号。方法是从要标注的钢筋处绘制一条引线，在引线的一端绘制一个细实线圆，并在圆内注写出该钢筋的编号数字，引出线的上侧写出此类钢筋的根数、种类，并在图纸中绘制同编号的钢筋详图。

10.2.4   钢筋混凝土梁配筋图基础

上文介绍了配筋图的内容和绘制要求，现在来绘制钢筋混凝土梁的配筋图。钢筋混凝土梁的配筋图分为配筋立面图、截面图和配筋详图三部分，这三部分共同表示出它的外形轮廓和梁内各钢筋的布置情况。梁配筋图一般包括：

（1） 构件名称和比例。

梁的立面图下方标有构件名称和比例，如 L36-3（150×250）1:40 表示这是楼层结构平面图中编号为 L36-3 的梁，截面尺寸是宽 150 mm，高 250 mm，该图的比例是 1:40。

（2） 立面图。

梁的立面图表示梁的立面轮廓、长度尺寸以及钢筋在梁内上下、左右的配置。

（3）　截面图。

截面图表示梁的截面形状、宽度、高度尺寸和钢筋上下、前后的排列情况。

（4）　钢筋详图。

对于配筋较复杂的构件，一般还要把每种规格的钢筋抽出，画成钢筋详图，以便钢筋车间下料加工。在详图中还应注明每种钢筋的编号、根数、直径、各段长度以及弯起点的位置等。

10.2.5　钢筋混凝土柱配筋图基础

通常，钢筋混凝土柱分现浇和预制两种，其构件详图通过立面图和断面图表示。对于形状和配筋较复杂的柱，应绘制模板图。钢筋的绘制和表示方法与梁配筋图中的表示方法相同。柱配筋图一般包括：

（1）　模板图。

表示柱外形、尺寸、标高，以及预埋件的位置等，作为制作、安装模板和预埋件的依据。

（2）　配筋图。

包括立面图、截面图和钢筋详图。

（3）　预埋件详图。

预埋件详图表示预埋钢板的形状和尺寸，表示各预埋件的锚固钢筋的位置、数量、规格以及锚固长度等。

10.2.6　梁配筋图的绘制方法

钢筋混凝土梁结构图主要包括配筋立面图、截面配筋图、钢筋详图三部分。下面介绍如何选择 AutoCAD 绘制梁结构图。

1.　绘制配筋立面图

配筋立面图主要反映梁的立面轮廓、长度尺寸以及钢筋在梁内上下左右的配置情况，我们以连排别墅中客厅中的一根梁为例，向读者介绍如何绘制钢筋立面图。绘制步骤如下。

（1）　单击"创建新图形"对话框中的"默认选项"按钮建立新文件。

（2）　在"图层"工具栏中的下拉列表中选择"墙线"图层，将其设置为当前图层。选择"矩形"命令绘制梁的轮廓，矩形长 3 760，高 500。

（3）　绘制梁的支座，分别在梁的左右两边各绘制两个宽 240、高 250 的矩形作为梁的支座，在矩形的下底面绘制折断线，并将其填充，填充图案选择为 AR-CONC，将图案比例设为0.5，如图 10-24 所示。

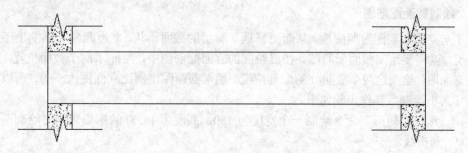

图 10-24　梁的轮廓

（4）　在"图层"工具栏中的下拉列表中选择"楼板"图层，将其设置为当前图层。选择

"直线"命令绘制楼板,注意设置线型为 DASHED,线型比例为 5。绘制结果如图 10-25 所示。

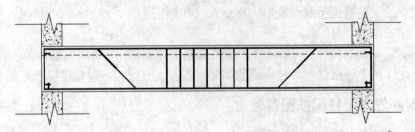

图 10-25　绘制梁内的钢筋

（5）　新建"钢筋"图层并将其设置为当前层,绘制梁内的钢筋。具体方法如下。

● 将外轮廓矩形向内偏移,偏移距离设置为 30（保护层厚度）。

● 选择"编辑多段线"命令,将线宽设置为 10。

● 为钢筋加上弯钩,弯钩部分的线宽同样设置为 10。

● 绘制梁内的箍筋和钢筋的弯起部分,箍筋的间距为 150,选择"偏移"命令绘制,弯起部分钢筋的弯终点为距离梁的边缘 400,如图 10-25 所示。

（6）　给轴线编号标注尺寸。将箭头大小和文字高度均设置为 50,选择"线性标注"命令标注出梁的长度和高度,以及弯起点的位置,并书写钢筋编号。

（7）　绘制截面位置,书写截面符号,在梁的中间部分做 1-1 截面,在梁的右侧做 2-2 截面,如图 10-26 所示。

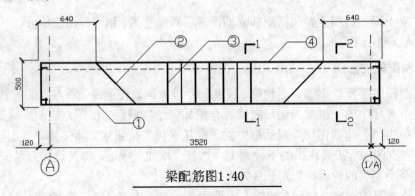

梁配筋图1:40

图 10-26　标注尺寸和钢筋编号

（8）　选择"多行文字"命令,按照钢筋的标注方法书写钢筋的规格,如图 10-27 所示。

2.　绘制截面配筋图

为了与立面配筋图对照阅读,从而更好地了解梁的截面形状、宽度尺寸和钢筋上下前后的排列情况,就需要绘制截面配筋图。在已绘制的立面配筋图中,绘制了两个截面位置,现在我们对照立面图,绘制这两个截面处的配筋情况。通常截面图比例比立面图大一倍,所以我们按两倍尺寸大小绘制,操作步骤如下。

（1）　选择"矩形"命令绘制一个宽度为 480,高度为 1 000 的矩形。同时绘制两侧楼板（厚 200）和折线。

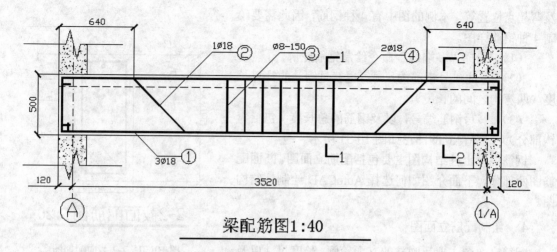

梁配筋图1:40

图 10-27 标注钢筋规格

（2） 选择"偏移"命令将此矩形向内偏移，偏移距离设为 60。

（3） 由于内部矩形表示的是直径为 8 的箍筋，选择"编辑多段线"命令将内部矩形的线宽设置为 10。

（4） 绘制箍筋的弯钩，其线宽同样设置为 10。

（5） 绘制梁截面上的钢筋截面，用实心的圆表示即可，圆的半径设为 18。绘制好钢筋后的截面如图 10-28 所示。

（6） 选择"线性标注"命令标注出梁截面的尺寸，由于绘制图形的时候采用的是原尺寸的两倍来绘制的，所以在标注的时候要将其缩小到实际的尺寸。

（7） 标注钢筋样式，书写钢筋编号。注意要和立面配筋图中保持一致。完成标注后的截面配筋图如图 10-29 所示。

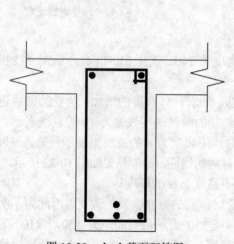

图 10-28 Ⅰ-Ⅰ截面配筋图

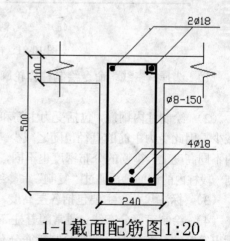

1-1截面配筋图1:20

图 10-29 1-1 截面配筋图

（8） 同理绘制 2-2 截面配筋图。绘制完成的图形如图 10-30 所示。

3. 绘制钢筋详图

钢筋详图的主要作用是方便下料加工，应标明每种钢筋的编号、根数、直径、各段长度以及弯起点位置等。本例的图中有 4 种钢筋，因此需要绘制 4 种钢筋详图。

（1）选择"多端线"命令绘制钢筋轮廓。

（2）标注一号钢筋的尺寸，也就是钢筋的计算长度（两弯钩之间的长度）。

（3）书写钢筋编号，以及钢筋的总长度（包括弯钩部分）。最终得到的图形如图 10-31 所示。

钢筋混凝土柱结构图主要包括配筋立面图、断面配筋图两部分。下面介绍如何选择 AutoCAD 绘制柱结构图。

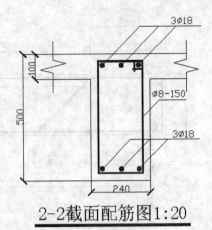

2-2截面配筋图1:20

图 10-30　2-2 截面配筋图

4．绘制配筋立面图

配筋立面图主要反映柱的立面轮廓、长度尺寸以及钢筋在柱内上下左右的配置情况。

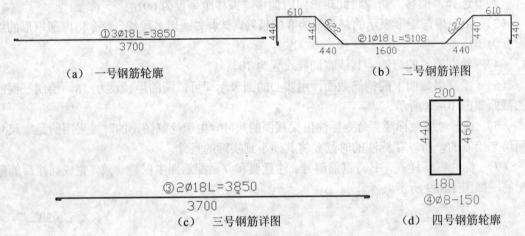

（a）一号钢筋轮廓　　　　　　　　　　（b）二号钢筋详图

（c）三号钢筋详图　　　　　　　　（d）四号钢筋轮廓

图 10-31　柱配筋图的绘制方法

（1）选择"多线"命令绘制柱体轮廓，柱的宽度为 240，选择 Mledit 命令编辑多线相交处。

（2）绘制柱内钢筋，包括受力主筋和分布箍筋。随着柱体高度的增加，所受的荷载也逐渐减少，因此受力主筋的直径也随之减少。但通常绘制的时候均用线宽为 10 的直线表示。在柱的不同高度上，箍筋的分布密度也不同，绘制的时候用线宽为 8 的直线来表示箍筋。可以先绘制一段柱内的钢筋，再通过"复制"命令绘制整个柱内的钢筋。绘制结果如图 10-32 所示。

（3）标注尺寸。主要包括各层高度、地板以下高度、柱的厚度等。

（4）绘制箍筋分布线。通常随着柱高度的变化，箍筋的分布会发生改变，因此为了明确表示出箍筋的分布情况，需要绘制箍筋分布线。其中 @150 表示箍筋间距为 150，@100 表示箍筋加密，间距为 100，其上的尺寸表示箍筋分布的范围。如果是 500，则表示 500 范围内箍筋间隔均为 100。

（5）选取典型断面，绘制断面符号。本例中，由于柱共两层，所以在每层均选取一个断面，并绘制断面符号，从下向上分别为 1-1、2-2 断面，最终得到的配筋立面图如图 10-33 所示。

5. 断面图

柱的配筋断面图用于表示不同高度上的典型断面的配筋情况。在本例中的立面图中，一共选取了 4 个典型断面，因此需要绘制 4 个断面图。以 1-1 断面图为例介绍其绘制方法，另外的断面图选择同样的方法即可绘制。

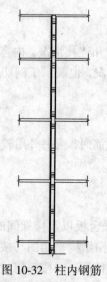

图 10-32　柱内钢筋

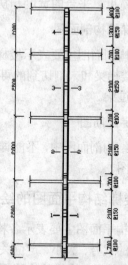

图 10-33　柱的配筋立面图

断面图的绘制步骤如下。

（1）选择"多边形"命令绘制柱轮廓线。

（2）选择"偏移"、"编辑多段线"、"圆角"等命令绘制箍筋线。

（3）选择"圆"命令和"复制"命令绘制柱体断面上的钢筋。

（4）选择 SOLID 图案填充钢筋。

（5）标注断面尺寸。

（6）标注受力主筋和箍筋的规格，1-1 断面图中的受力主筋直径为 20。

经过以上步骤，即可完成 1-1 断面配筋图的绘制，最终得到的图形如图 10-34 所示。

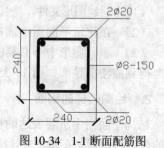

图 10-34　1-1 断面配筋图

10.3　楼梯结构图

楼梯结构图也是建筑结构图的重要组成部分，在具体绘制楼梯结构图之前，首先将其内容概括如下。

10.3.1　楼梯结构图简介

楼梯结构详图包括各层楼梯结构平面图、楼梯结构剖面图以及配筋图。这 3 种结构图所表达的内容有所不同，绘制的方法和步骤也不一样。我们将以连排别墅楼梯为例，分别介绍 3 种结构图的绘制。

1. 楼梯结构平面图

楼梯结构平面图主要表示各构件（如楼梯梁、梯段板、平台板以及楼梯间的门窗过梁等）的平面布置的代号、大小、定位关系以及它们的结构标高。与楼梯建筑平面图比较，楼梯结构平面图主要表示楼梯间各构件的情况，而楼梯建筑平面图主要表示楼梯段的水平长度和宽度、各级踏步的宽度、平台的宽度和扶手位置等。

2. 楼梯结构剖面图

楼梯结构剖面图主要表示楼梯的承重构件竖向布置、构造和连接情况。内容包括：剖切到的踏步板、楼梯梁和未剖切到的可见的踏步板的形状和联系情况，也表示了剖切到的楼梯平台的预制板和过梁。

3. 楼梯配筋图

在楼梯结构剖面图中，不能详细表示楼梯板和楼梯梁的配筋时，应另外用较大的比例绘制出楼梯配筋图。

10.3.2　楼梯结构平面图的绘制方法

楼梯结构平面图主要表示各构件（如楼梯梁、梯段板、平台板以及楼梯间的门窗过梁等）的平面布置的代号、大小、定位关系以及它们的结构标高。楼梯结构平面图与楼梯建筑平面图相类似，不同的是，楼梯结构平面图主要表示楼梯间各构件的情况，而楼梯建筑平面图主要表示楼梯段的水平长度和宽度、各级踏步的宽度、平台的宽度和扶手位置等。

下面将具体介绍如何选择 AutoCAD 来绘制连排别墅中楼梯的结构平面图。具体绘制步骤如下。

1. 提取楼梯的平面轮廓

（1）　新建图形文件，将其命名为"楼梯结构平面图"，将其尺寸设置为 10 000×10 000。

（2）　在建筑平面图中选择楼梯部分的图形，将其复制到新建图形中。

（3）　删除图形中不必要的图素。

得到的楼梯轮廓如图 10-35 所示。

2. 绘制楼梯的钢筋

结构平面图中所要表达的楼梯中的钢筋主要包括以下部分：踏步板的配筋情况、休息平台板的配筋情况等，在本例中，楼梯均为现浇，其配筋图在楼梯结构剖面图中另有详述。楼梯平台板的配筋情况，主要包括：板与墙体连接部分的箍筋，连接楼梯梁与墙体的钢筋。选择"多段线"命令绘制钢筋，将线宽设为 10。绘制的图形如图 10-36 所示。

3. 标注尺寸及钢筋

绘制出楼梯的平面轮廓和其中的钢筋之后，还需要对其进行正确的标注，才能够完整地表示出配筋情况，完成结构平面图的绘制。具体步骤如下。

（1）　标注尺寸。需要标注的尺寸并不多，主要有：楼梯间的长度和宽度，箍筋进入板内的长度等。箍筋进入楼板的长度均为 360。选择"线性标注"命令即可完成。

（2）　楼梯部分分别标注 TB1、TB2 和 TB3，平台部分标注 B1 和 B2。

（3）　标注楼梯梁。楼梯梁的详细配筋情况将在楼梯的剖面配筋图中表示。在平面图中，只需要标注 TL1 即可。

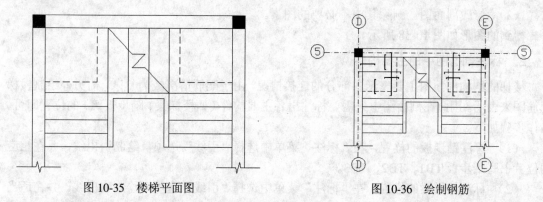

图 10-35　楼梯平面图　　　　　　　　　　图 10-36　绘制钢筋

（4）标注各部分箍筋。本例中的平台板两面连接于墙体，两面连接于楼梯梁。连接平台板与墙体的箍筋直径 8，间距 100，连接平台板与楼梯梁的箍筋直径 8，间距 100，连接楼梯梁与墙体的箍筋直径 10，间距 150。按照前文所述标注钢筋的方法绘制。

完成标注后的楼梯如图 10-37 所示。

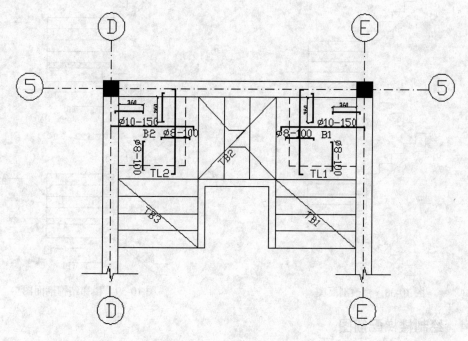

图 10-37　标注之后的结构平面图

10.3.3　绘制楼梯结构剖面图

楼梯结构剖面图主要表示楼梯的承重构件竖向布置、构造和连接情况。具体绘制步骤如下。

1. 提取楼梯剖面轮廓

在绘制建筑详图时绘制过楼梯的剖面详图，现在将其提取出来，作为绘制结构剖面图的基础。操作步骤如下。

（1）新建图形文件，将其命名为"楼梯结构剖面图"，将其尺寸设置为 10 000×10 000。

（2）在建筑剖面图选取楼梯部分的图形，将其复制到新建图形中。

（3）修改剖面图。删除其中不必要的图素。

得到的图形如图10-38所示。

2. 标注剖面图中的主要构件

楼梯的结构剖面图主要表示各部分的连接情况，由于配筋情况较为复杂，需另外绘制楼梯配筋图来表示。因此在剖面图中只需要标注出各主要构件（如楼梯梁、踏步板等）的位置即可。操作步骤如下。

（1）标注踏步板的位置，在"标注"菜单中选择"引线"选项，绘制引出线，并在相应的位置书写踏步板TB1、TB2、TB3。

（2）标注楼梯梁的位置，在"标注"菜单中选择"引线"选项，绘制引出线，并在适当位置标注出楼梯梁TL1。

标注了踏步板和楼梯梁之后的结构剖面图如图10-39所示。

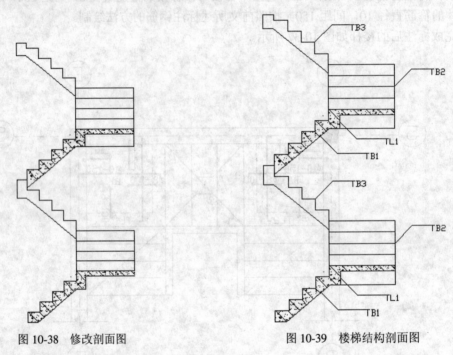

图 10-38　修改剖面图　　　　　　　　　　图 10-39　楼梯结构剖面图

10.3.4　绘制楼梯配筋图

楼梯的配筋情况较为复杂，仅由楼梯结构剖面图不能详细表示楼梯板和楼梯梁的配筋，通常要另外用较大的比例绘制出楼梯配筋图。操作步骤如下。

1. 提取一段楼梯

提取方法在前文中已经介绍过，此处不再介绍。修改后的图形如图10-40所示。

2. 绘制斜梁中的钢筋

绘制楼梯斜梁中的钢筋。楼梯斜梁中的钢筋包括受力主筋、分布箍筋和与上下两段连接处的构造筋。

（1）选择"坐标系"命令新建用户坐标系，使之与楼梯斜梁正交，如图 10-41 所示。

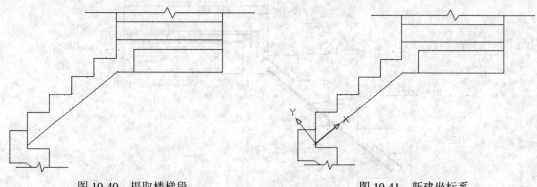

图 10-40　提取楼梯段　　　　　　　　　　图 10-41　新建坐标系

（2）选择"偏移"命令将斜梁向上偏移，偏移距离设置为 30。

（3）选择"编辑多段线"命令修改斜梁的线宽，以表示受力主筋，受力主筋的直径为 18，所以设置线宽为 18。

（4）选择"多段线"命令为偏移之后的钢筋加上弯钩，多段线的线宽设置为 18。

（5）同样选择"多段线"命令绘制斜梁两端的构造钢筋，构造钢筋的直径为 12，因此将线宽设置为 12。

（6）在斜梁的中间部分绘制箍筋断面。箍筋的直径为 8，间距为 150。因此绘制直径为 8 的实心圆，并选择"复制"命令将其向两侧复制 150。

绘制完斜梁上的钢筋之后，得到的图形如图 10-42 所示。

3. 绘制休息平台中的钢筋

绘制楼梯休息平台中的钢筋。休息平台中的钢筋同样包括受力主筋、分布箍筋和与左右两段连接处的构造筋。绘制的方法与绘制斜梁中钢筋的方法基本相同，其中受力主筋和构造筋采用直径为 12 的钢筋，箍筋采用直径为 8 的钢筋，绘制之前首先选择"坐标系"命令将用户坐标系恢复到世界坐标系。绘制完休息平台中的钢筋后，得到的配筋图如图 10-43 所示。

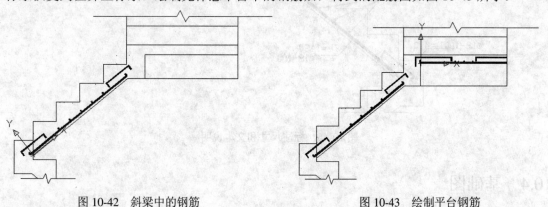

图 10-42　斜梁中的钢筋　　　　　　　　　　图 10-43　绘制平台钢筋

4. 标注钢筋

绘制完钢筋之后，还需要根据其具体情况进行标注，才能够使整个图形清楚完整。需要标注的钢筋包括斜梁和平台上的受力主筋、构造筋和箍筋等。标注完钢筋之后的图形如图 10-44 所示。

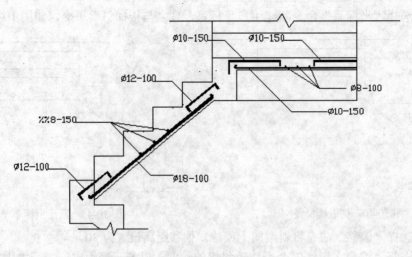

图 10-44 标注钢筋

5. 添加尺寸标注和文字注释

在前文中已经多次提到尺寸标注和文字注释的方法。本例中需要标注的尺寸并不多，主要有：斜梁上受力主筋之间的距离、斜梁两端的构造筋的长度、平台两端的构造筋的长度。其中距离的标注选择"线性标注"命令完成，钢筋长度用文本说明的方式表达。用户可以参照前文完成设置和标注。配筋图如图 10-45 所示。

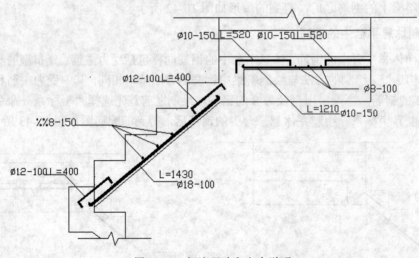

图 10-45 标注尺寸和文本说明

10.4 基础图

支承建筑物的土层称为地基。我们将地基以上至房屋首层室内地坪以下承重部分称为基础。上部结构将所受荷载传给基础，再由基础传给地基承受。基础的形式根据上部承重结构的形式、地基地岩土类别和形状以及施工条件等综合考虑来确定。一般低层建筑物常用的基础形式有条形基础、独立基础、箱形基础等。独立基础又有扩张基础和桩基础等。高层建筑经常采用的基础形式有筏板基础和箱形基础。

10.4.1 基础图简介

表达基础结构布置及构造的图称为基础结构图，简称基础图。它是施工时在基地上放线、开挖基坑和做基础的依据。基础施工图通常包括基础平面图和基础详图。

基础平面图是设想一个水平剖切的平面，沿着房屋底层室内地面，把整栋房屋剖切开来，移去剖切面后剩下的部分在水平面上的投影。基础的地面形状和尺寸大小是通过基础平面图表示出来，基础详图是用来辅助表现基础平面图形的，由于基础平面图只表明了基础的平面布置，而各个基础部分的形状、大小、材料、构造以及基础的埋置深度等都没有表达出来，这就需要用基础详图来表示。

10.4.2 基础平面图的绘制方法

基础平面图的绘制方法与建筑平面图相似，需要使用 AutoCAD 中的"直线"、"矩形"、"复制"、"图层"以及"尺寸标注"等命令。下面通过具体的实例详细介绍基础平面图的绘制方法。

1. 设置图层

新建图形文件，将其命名为"建筑平面图"，其尺寸设置为 30 000×30 000。在绘制建筑平面图时，需要建立"辅助线"、"墙线"、"轴线"等图层，建立完成所有图层的"图层特性管理器"对话框如图 10-46 所示。

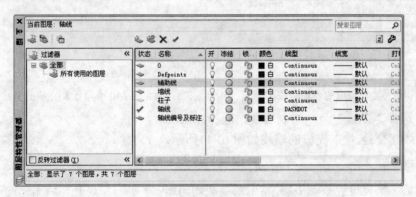

图 10-46 "图层特性管理器"对话框

2. 绘制辅助线

辅助线是帮助用户准确定位的直线。下面将要介绍如何选择"直线"命令和"复制"命令绘制轴线。

（1）在"图层"工具栏中的下拉列表中选择"辅助线"图层，将其设置为当前图层。

（2）选择"直线"命令绘制水平和竖直基准线。选择"复制"命令将基准线沿水平和竖直方向复制，如图 10-47 所示。

3. 绘制轴线

绘制完辅助线，用户可以在已经绘制的辅助线的基础上绘制定位轴线，从而为下面将要绘制的基础定位。

（1）在"图层"工具栏中的下拉列表中选择"轴线"图层，将其设置为当前图层。打开

"线型管理器"对话框，加载 Dashdot 线型，并将本层线型设置为 Dashdot。

（2）选择"直线"命令绘制基础平面图的轴线，注意利用"对象捕捉"辅助工具，充分利用已经绘制的辅助线来绘制轴线，当然，也可以采用相对坐标来绘制轴线。

（3）激活所有绘制的轴线，右击鼠标，在弹出的快捷菜单中选择"特性"选项，打开"特性"选项板，将线型比例设为 25，绘制完成的轴线如图 10-48 所示。

4. 绘制墙线

绘制完轴线后，下面就可以进行墙线的绘制。

（1）在"图层"工具栏中的下拉列表中选择"墙线"图层，将其设置为当前图层。

（2）设置多线样式，在"格式"菜单中选择"多线样式"命令，打开"多线样式"对话框。创建"墙线"多线样式，图元的偏移量为 120 和-120。

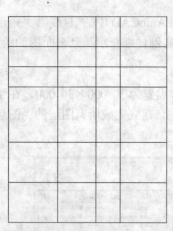

图 10-47　绘制完成的"辅助线"

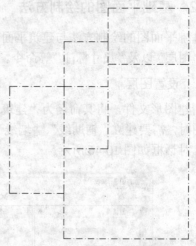

图 10-48　绘制完成的轴线

（3）选择"多线"命令绘制墙线，选择 Mledit 命令编辑墙线相交处，绘制完成的墙线如图 10-49 所示。

5. 绘制垫层

在基础墙下需要设置基础垫层，将上部荷载均匀地传递到基础和地基上。可以采用"多义线"命令和"矩形"命令来绘制垫层轮廓线，也可以通过炸开墙线并将其偏移一定的距离来表示。下面介绍如何利用 AutoCAD 绘制垫层。

（1）在"图层"工具栏中的下拉列表中选择"垫层"图层，将其设置为当前图层。

（2）选择"炸开"命令炸开墙线，选择"偏移"命令向两侧偏移墙线，偏移距离为 300，选择"修剪"和"延伸"命令编辑偏移后的墙线，使其连接为垫层轮廓线，如图 10-50 所示。

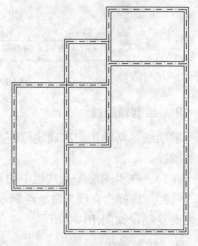

图 10-49　绘制完墙线的基础平面图

6. 绘制柱子

本例中柱子均为 240×240 的矩形，可以先绘制一个填充的矩形，然后复制到合适之处即可，也可以采取先复制一排，再整排复制的办法。

（1）在"图层"工具栏中的下拉列表中选择"柱子"图层，将其设置为当前图层。

（2）选择"矩形"命令绘制柱子的轮廓，选择 Solid 图案对柱子的矩形轮廓进行填充。

（3）选择"复制"命令将绘制完成的柱子复制到合适的位置，如图 10-51 所示。

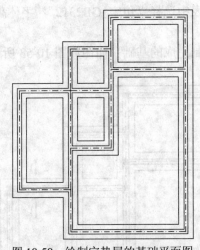

图 10-50　绘制完垫层的基础平面图

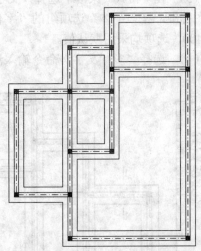

图 10-51　绘制完柱子的基础平面图

7. 绘制剖切线

一套完整的基础图除了基础平面图之外，还包括基础详图。基础平面图反映的是基础的平面尺寸，在基础平面图中并不能反映出基础的竖向尺寸。基础详图能够完整地表达出基础的具体形状。由于有时基础的尺寸和形式有许多种，因此不同的尺寸和形式的基础都应该绘制基础详图。构件的编号可以采用"1-1"，"2-2"等来表示，也可以采用 J1-J2，J2-J3 等来表示剖切位置；对于独立基础则只采用代号编号，例如 J1、J2 和 J3 等。需要注意的是相同构造的基础必须采用同一编号。

基础的剖切符号通常采用两段互相对称的粗实线表示，并在粗实线的一侧绘制出剖切编号，绘制剖切编号的一侧就是基础剖切后的投影方向。用户可以选择"多段线"命令和"单行文字"命令绘制剖切线，如图 10-52 所示。

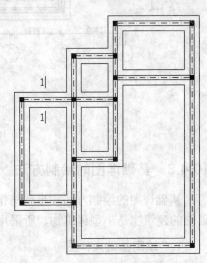

图 10-52　绘制完剖切线的基础平面图

8. 添加尺寸标注和文字说明

绘制完基础图之后，还需要在图形中添加必要的尺寸标注和文字注释，从而更加清晰明了地表示出基础图的内容。

（1）在"格式"菜单中选择"标注样式"选项，打开"标注样式管理器"对话框，单击"标注样式管理器"右侧的"修改"按钮，打开"修改标注样式"对话框,选择"符号和箭头"选项卡。在"箭头"栏中的"第一个"、"第二个"和"引线"下拉列表中选择"建筑标记"选项,将箭头大小设置为200,选择"文字"选项卡,设置尺寸标注的文字样式,将文字高度设置为200,在"从尺寸线偏移"文本框中输入30,选择"调整"选项卡,在"文字位置"一栏中选择"尺寸线上方,加引线"复选框,在"调整"一栏中选择"标注时手动放置文字"复选框。

(2) 选择"线性标注"命令和"连续标注"命令标注轴线间的距离。

(3) 在"格式"菜单中选择"文字样式"选项,打开"文字样式"对话框。根据国家建筑制图标准,在"字体"选项组的"字体名"下拉列表中选择"仿宋_GB2312",字体高度设置为400,选项均采用默认值。

(4) 选择"多行文字"命令输入注释文字,绘制完成的基础平面图如图 10-53 所示。

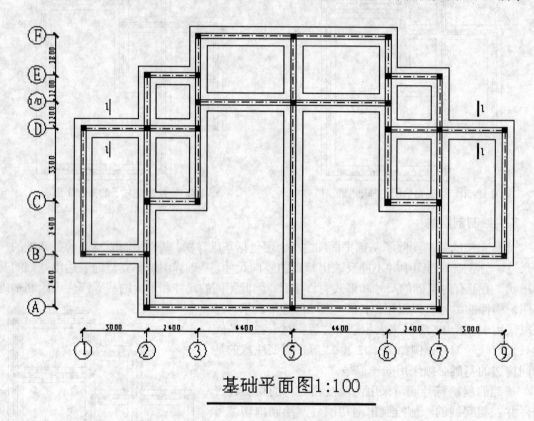

基础平面图1:100

图 10-53　绘制完成的基础平面图

10.4.3　基础详图的绘制方法

基础详图的绘制方法和步骤与钢筋混凝土构件详图的绘制方法与步骤类似。本节要绘制基础图的建筑物是小型建筑物,所采用的基础是墙下条形基础。下面具体介绍基础详图的绘制。

1. 绘制基础大样图

本例中条形基础高 800 mm,垫层厚 100 mm,绘制比例为 1:50。

(1) 选择"矩形"命令绘制基础轮廓和垫层,尺寸分别为 9 540×800 和 9 540×200。

(2) 选择"图案填充"命令填充垫层,选择 AR-CONC 图案,将填充比例设置为 2。

（3）选择"直线"命令和"偏移"命令绘制柱子轴线，偏移距离分别为 4 000、1 500、3 800。

（4）加载 Dashdot 线型，选中刚绘制的所有轴线，右击鼠标，在弹出的快捷菜单中选择"特性"选项，打开"特性"对话框。将线型设置为 Dashdot，将线型比例设置为 10。

（5）选择"矩形"命令和"复制"命令绘制所有柱子，矩形尺寸为 800×480，选择"分解"命令炸开所有矩形，选择"修剪"命令修剪多余线段，如图 10-54 所示。

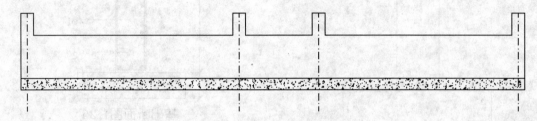

图 10-54　绘制完柱子的基础大样图

（6）在基础大样图中需要绘制的钢筋有上部、下部纵筋，腰筋，箍筋等，选择"多段线"命令绘制纵筋，将线宽设置为 12。当基础高超过 450 mm 时，需要在两侧配腰筋，腰筋间距一般不超过 200 mm。选择"复制"命令绘制腰筋，复制对象为纵筋，复制距离为 270、470、740。选择"多段线"命令绘制箍筋，将线宽设置为 8，选择"偏移"命令绘制其余箍筋。

（7）基础大样图中，需要标注的尺寸主要为基础高度，垫层厚度，轴线间距，还要标明钢筋的配置和箍筋的间距，绘制完成的基础大样图如图 10-55 所示。

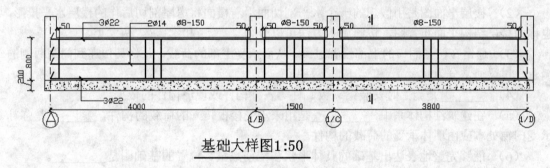

图 10-55　绘制完成的基础大样图

2．绘制基础断面图

除了基础大样图之外，尚需绘制基础断面图具体表示出断面各种钢筋的位置。基础断面图采用比例一般为 1:25。

（1）选择"矩形"命令绘制断面轮廓，矩形尺寸为 240×800 和 840×200。

（2）选择"图案填充"命令填充垫层，选择 AR-CONC 图案，将填充比例设置为 2。

（3）绘制纵筋。选择"圆"命令绘制半径为 15 的圆，并选择"图案填充"命令填充圆，填充图案选择为 Solid。将绘制的实心圆复制到图形中合适的位置。

（4）绘制腰筋。选择"圆"命令绘制半径为 10 的圆，并选择"图案填充"命令填充圆，填充图案选择为 Solid。将绘制的实心圆复制到图形中合适的位置，如图 10-56 所示。

（5）绘制箍筋。选择"多端线"命令绘制箍筋，将线宽设置为 8。

（6）在基础断面图中，需要标注基础的尺寸、各种钢筋的数目和直径等。由于本图采用比例为 1:25，因此需要将图形放大一倍，采用"缩放"命令绘制，绘制完成的基础断面图如图 10-57 所示。

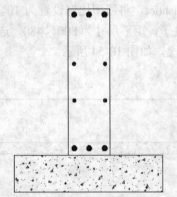

图 10-56　绘制完腰筋的基础断面图

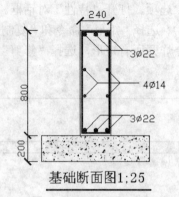

基础断面图1:25

图 10-57　绘制完成的基础断面图

10.5　习题与上机练习

10.5.1　填空题

（1）结构施工图包括_____、_____、_____、_____等图形。

（2）楼层平面图是用假想的一个水平剖切面沿着楼面将房屋剖切后作的楼层水平投影，也称为楼层结构平面布置图，按照施工方法可以分为_____和_____两大类。

（3）通常在门窗洞口的上部设置过梁，从而承受上部的荷载，并将其传递到门洞两侧的墙上。过梁通常分为_____和_____两种。

（4）_____是施工时安装梁、板、柱等各种构件或现浇构件的依据。

（5）在建筑结构体系中，_____是用来承受楼板传来的荷载的构件，_____是弥补承受门窗处本应由墙体承受的荷载的构件。

（6）能够完整地表达出基础的具体形状和配筋数量、位置的基础图是_____。

10.5.2　选择题

（1）构件详图包括（　　）。

    A. 配筋图　　　　　　　　　　　B. 模板图

    C. 预埋件详图　　　　　　　　　D. 楼层结构图

（2）表达基础结构布置及构造的图称为基础结构图，简称基础图。它是施工时在基地上放线、开挖基坑和做基础的依据。基础施工图通常包括（　　）。

    A. 基础平面图　　　　　　　　　B. 垫层详图

    C. 钢筋详图　　　　　　　　　　D. 基础详图

（3）梁配筋图一般包含（　　）。

    A. 构件名称和比例　　　　　　　B. 立面图

    C. 截面图　　　　　　　　　　　D. 钢筋详图

（4） 结构构件按制作方法可分为（　　）。

      A. 预制式   B. 现浇式

      C. 整体式   D. 装配式

（5） 为了保护钢筋、防蚀防火，及加强钢筋与混凝土的粘结力，在构件中的钢筋，外面要留有保护层。根据设计规范规定，梁、柱的保护层最小厚度为（　　）毫米，板、墙的保护层厚度为（　　）毫米。

      A. 10，20   B. 25，15

      C. 30，15   D. 40，30

（6） 基础详图应该表示出基础中（　　）等配筋的位置。

      A. 底部纵筋   B. 上部纵筋

      C. 腰筋   D. 箍筋

10.5.3　简答题

（1） 简述楼层结构平面图的绘制方法。

（2） 梁配筋图主要包括哪些部分，各部分又有哪些要素？

10.5.4　上机练习

结合本章所学的内容，绘制如图 10-58 所示楼层结构平面图、图 10-59 所示的柱配筋立面图和图 10-60 所示的基础断面图。

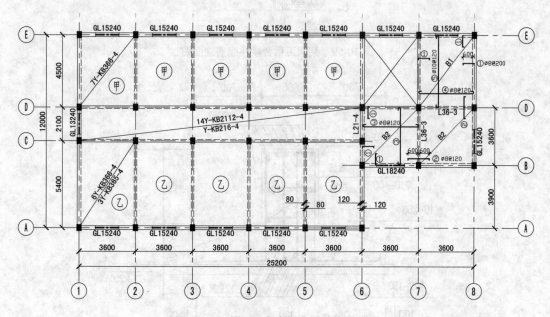

图 10-58　某职工宿舍标准层结构平面图

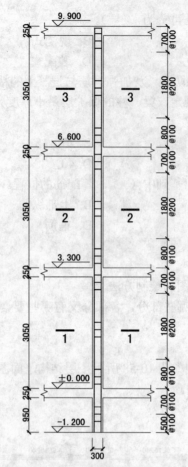

图 10-59　某职工宿舍楼柱配筋立面图

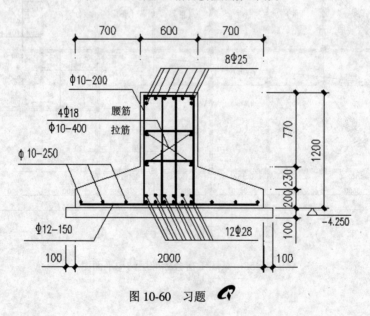

图 10-60　习题

第 11 章

三维绘图与编辑

教学目标：

AutoCAD 除了有非常强大的二维图形绘制功能外，还提供了比较强大的三维图形绘制功能。用户可以通过软件提供的命令直接绘制基本三维图形，通过三维编辑命令，可以绘制比较复杂的三维图形。通过本章的学习，读者可以掌握绘制三维图形的方法。

教学重点与难点：

1. 用户坐标系的使用。
2. 视觉样式的使用。
3. 绘制三维面和三维体。
4. 编辑三维实体。
5. AutoCAD 的渲染功能。

11.1 三维建模概述

在三维空间中观察实体，能感觉到它的真实形状和构造，有助于形成设计概念，有利于设计决策，同时也有助于设计人员之间的交流。采用计算机绘制三维图形的技术称之为三维几何建模。根据建模方法及其在计算机中的存储方式的不同，三维几何建模分为 3 种类型。

（1）线框模型。

线框模型是用直线和曲线表示对象边界的对象表示法。线框模型没有表面，是由描述轮廓的点、直线和曲线构成的。组成轮廓的每一个点和每一条直线都是单独绘制出来的，因此线框模型是最费时的。线框模型不能进行消隐和渲染处理。

（2）表面模型。

表面模型不仅具有边界，而且具有表面。因此它比线框模型更为复杂，表面模型的表面是由多个平面的多边形组成的，对于曲面来说，表面模型是由表面多边形网格组成的近似曲面。很显然，多边形网格越密，曲面的光滑程度越高。用户可以直接编辑构成表面模型的多边形网格。由于表面模型具有面的特征，因此可以对它进行计算面积、着色、消隐、渲染、求两表面交线等操作。

（3）实体模型。

实体模型具有实体的特征，例如体积、重心、惯性距等。在 AutoCAD 中，不仅可以建立基本的三维实体，而且可以对三维实体进行布尔运算，以得到复杂的三维实体。另外还可以通过二维实体产生三维实体。实体模型是这三种模型中最容易建立的一种模型。

11.2 用户坐标系

在用户打开 AutoCAD 时，系统默认提供世界坐标系，但是在实际绘图的时候，用户需要调整坐标系，以方便制图，这个时候用户可以选择"工具"|"新建 UCS"命令，弹出 UCS 子菜单，通过子菜单的命令，可以创建新的用户坐标系。AutoCAD 2009 提供了 9 种方法供用户创建新的 UCS，这 9 种方法适用于不同的场合，都非常有用，希望读者能够熟练掌握。

用户通过 UCS 命令也可定义用户坐标系，在命令行中输入 UCS 命令，命令行提示如下：

命令：ucs
当前 UCS 名称：*俯视*
指定 UCS 的原点或 [面(F)/命名(NA)/对象(OB)/上一个(P)/视图(V)/世界(W)/X/Y/Z/Z 轴(ZA)]
<世界>：

命令行提示用户选择合适的方式建立用户坐标系，各选项含义如表 11-1 所示。

表 11-1 创建 UCS 方式说明表

键盘输入	后续命令行提示	说　明
无	指定 X 轴上的点或 <接受>： 指定 XY 平面上的点或 <接受>：	使用一点、两点或三点定义一个新的 UCS。如果指定一个点，则原点移动而 X、Y 和 Z 轴的方向不改变；若指定第二点，UCS 将绕先前指定的原点旋转，X 轴正半轴通过该点；若指定第三点，UCS 将绕 X 轴旋转，XY 平面的 Y 轴正半轴包含该点
F	选择实体对象的面： 输入选项 [下一个(N)/X 轴反向(X)/Y 轴反向(Y)] <接受>：x	UCS 与选定的面边界对齐。在要选择的面边界内或面的边上单击，被选中的面将亮显，X 轴将与找到的第一个面上的最近的边对齐
NA	输入选项 [恢复(R)/保存(S)/删除(D)/?]：s 输入保存当前 UCS 的名称或 [?]：	按名称保存并恢复通常使用的 UCS 方向
OB	选择对齐 UCS 的对象：	新建 UCS 的拉伸方向（Z 轴正方向）与选定对象的拉伸方向相同
P	无后续提示	恢复上一个 UCS
V	无后续提示	以垂直于观察方向（平行于屏幕）的平面为 XY 平面，建立新的坐标系，UCS 原点保持不变
W	无后续提示	将当前用户坐标系设置为世界坐标系
X/Y/Z	指定绕 X 轴的旋转角度 <90>： 指定绕 Y 轴的旋转角度 <90>： 指定绕 Z 轴的旋转角度 <90>：	绕指定轴旋转当前 UCS
ZA	指定新原点或 [对象(O)] <0,0,0>： 在正 Z 轴范围上指定点 <-1184.8939,0.0000,-1688.7989>：	用指定的 Z 轴正半轴定义 UCS

11.3　视觉样式

在 AutoCAD 中，视觉样式是用来控制视口中边和着色的显示。一旦应用了视觉样式或更改了其设置，就可以在视口中查看效果。

用户选择"视图"|"视觉样式"菜单中的子菜单命令可以观察各种三维图形的视觉样式，选择"视觉样式管理器"子菜单命令，打开视觉样式管理器，如图 11-1 所示。

AutoCAD 提供了以下 5 种默认视觉样式。

- 二维线框：显示用直线和曲线表示边界的对象。光栅和 OLE 对象、线型和线宽均可见，如图 11-2 所示。
- 三维线框：显示用直线和曲线表示边界的对象，如图 11-3 所示。

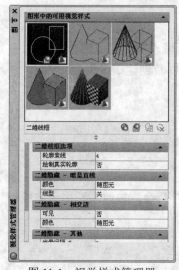

图 11-1　视觉样式管理器

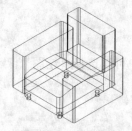

图 11-2　二维线框

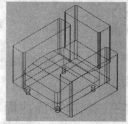

图 11-3　三维线框

- 三维隐藏：显示用三维线框表示的对象并隐藏表示后向面的直线，如图 11-4 所示。
- 真实：着色多边形平面间的对象，并使对象的边平滑化，将显示已附着到对象的材质，如图 11-5 所示。
- 概念：着色多边形平面间的对象，并使对象的边平滑化。着色使用古氏面样式，一种冷色和暖色之间的过渡而不是从深色到浅色的过渡。效果缺乏真实感，但是可以更方便地查看模型的细节，如图 11-6 所示。

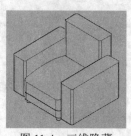

图 11-4　三维隐藏

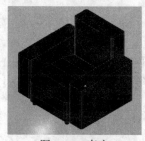

图 11-5　真实

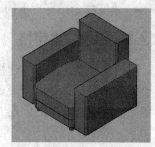

图 11-6　概念

11.4　绘制三维表面图形

三维面和三维体同为三维图形中的重要元素。本节将要介绍如何使用 AutoCAD 绘制三维面。

11.4.1　创建面域

面域是使用形成闭合环的对象创建的二维闭合区域。环可以是直线、多段线、圆、圆弧、椭圆、椭圆弧和样条曲线的组合。组成环的对象必须闭合或通过与其他对象共享端点而形成闭合的区域。创建面域后，可以使用"拉伸"命令拉伸面域生成三维实体，还可以通过 Union、Subtraction 和 Intersection 命令创建复合的面域。

定义面域的操作步骤如下：

（1）　选择"绘图"|"面域"命令。

（2）　选择对象以创建面域。这些对象必须各自形成闭合区域，例如圆或闭合多段线。

（3）　按 Enter 键。命令行上的消息指出检测到了多少个环以及创建了多少个面域。

```
命令：_region
选择对象：找到 1 个
选择对象：  //按 Enter 键
已提取 1 个环。
已创建 1 个面域。
```

还可以通过边界定义面域，用户可以选择"绘图"|"边界"命令，按照系统提示完成相应操作。

11.4.2　创建平面曲面

选择"绘图"|"建模"|"平面曲面"命令或者在命令行中输入 PLANESURF，命令行提示如下：

```
命令：PLANESURF
指定第一个角点或 [对象(O)] <对象>://指定角点或者输入 o，选择对象
```

使用 PLANESURF 命令，用户可以通过以下任一方式创建平面曲面：

● 选择构成一个或多个封闭区域的一个或多个对象。

● 通过命令指定矩形的对角点。

11.4.3　创建三维网格

用户选择"绘图"|"建模"|"网格"命令，弹出如图 11-7 所示的子菜单。用户执行这些命令可以绘制各种三维网格，表 11-2 演示了常见三维网格曲面的创建方法。

图 11-7　"网格"子菜单

表 11-2　三维网格曲面创建方法

选择"绘图"|"建模"|"网格"|"三维面"命令，或者在命令行输入 3dface 命令，用户可以创建具有三边或四边的平面网格

3DFACE 指定第一点或 [不可见(I)]://输入坐标或者拾取一点确定网格第一点 指定第二点或 [不可见(I)]:// 输入坐标或者拾取一点确定网格第二点 指定第三点或 [不可见(I)] <退出>://输入坐标或者拾取一点确定网格第三点 指定第四点或 [不可见(I)] <创建三侧面>://按回车创建三边网格或者输入或拾取第四点 指定第三点或 [不可见(I)] <退出>://按回车键退出，或以最后创建的边为始边，输入或拾取 网格第三点 　指定第四点或 [不可见(I)] <创建三侧面>://按回车创建三边网格或者输入或拾取第四点	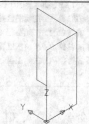

选择"绘图"|"建模"|"网格"|"三维网格"命令，或者在命令行输入 3dmesh 命令，用户可以创建具有 M 行 N 列个顶点的三维空间多边形网格

命令: 3dmesh 输入 M 方向上的网格数量: 4//指定网格行方向上的数量 输入 N 方向上的网格数量: 4//指定网格列方向上的数量 指定顶点 (0, 0) 的位置://输入或者拾取第 1 行第 1 列的点坐标 指定顶点 (0, 1) 的位置://输入或者拾取第 1 行第 2 列的点坐标 指定顶点 (0, 2) 的位置://输入或者拾取第 1 行第 3 列的点坐标 指定顶点 (0, 3) 的位置://输入或者拾取第 1 行第 4 列的点坐标 指定顶点 (1, 0) 的位置://输入或者拾取第 2 行第 1 列的点坐标 … 指定顶点 (M-1,N-1) 的位置://输入或者拾取第 M 行第 N 列的点坐标	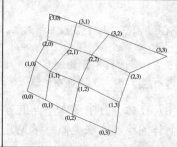

选择"绘图"|"建模"|"网格"|"旋转网格"命令，或者在命令行输入 revsurf 命令，用户可以通过将路径曲线或轮廓（直线、圆、圆弧、椭圆、椭圆弧、闭合多段线、多边形、闭合样条曲线或圆环）绕指定的轴旋转创建一个近似于旋转曲面的多边形网格

命令: _revsurf 当前线框密度: SURFTAB1=6　SURFTAB2=6 选择要旋转的对象://光标在绘图区拾取需要进行旋转的对象 选择定义旋转轴的对象://光标在绘图区拾取旋转轴 指定起点角度 <0>://输入旋转的起始角度 指定包含角 (+=逆时针, -=顺时针) <360>://输入旋转包含的角度	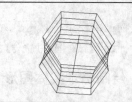

选择"绘图"|"建模"|"网格"|"平移网格"命令，或者在命令行输入 tabsurf 命令，可以创建多边形网格，该网格表示通过指定的方向和距离（称为方向矢量）拉伸直线或曲线（称为路径曲线）定义的常规平移曲面

命令: _tabsurf 当前线框密度: SURFTAB1=20 选择用作轮廓曲线的对象://在绘图区拾取需要拉伸的曲线 选择用作方向矢量的对象://在绘图区拾取作为方向矢量的曲线	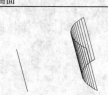

选择"绘图"|"建模"|"网格"|"直纹网格"命令，或者在命令行输入 rulesurf 命令，可以在两条直线或曲线之间创建一个表示直纹曲面的多边形网格

命令: _rulesurf 当前线框密度: SURFTAB1=20 选择第一条定义曲线://在绘图区拾取网格第一条曲线边 选择第二条定义曲线://在绘图区拾取网格第二条曲线边	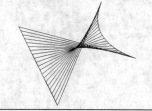

选择"绘图"|"建模"|"网格"|"边界网格"命令，或者在命令行输入 edgesurf 命令，可以创建一个边界网格。这类多边形网格近似于一个由四条邻接边定义的孔斯曲面片网格。孔斯曲面片网格是一个在四条邻接边（这些边可以是普通的空间曲线）之间插入的的双三次曲面

命令：_edgesurf 当前线框密度：SURFTAB1=20 SURFTAB2=20 选择用作曲面边界的对象 1：//在绘图区拾取第一条边界 选择用作曲面边界的对象 2：//在绘图区拾取第二条边界 选择用作曲面边界的对象 3：//在绘图区拾取第三条边界 选择用作曲面边界的对象 4：//在绘图区拾取第四条边界	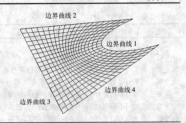

用户在命令行输入 3d 命令，可以沿常见几何体（包括长方体、圆锥体、球体、圆环体、楔体和棱锥体）的外表面创建三维多边形网格。执行后，命令行提示如下：

命令：3d

正在初始化... 已加载三维对象。

输入选项

［长方体表面(B)/圆锥面(C)/下半球面(DI)/上半球面(DO)/网格(M)/棱锥面(P)/球面(S)/圆环面(T)/楔体表面(W)］：//输入参数，绘制不同的常见几何体多边形网格

用户在命令行中输入不同的参数后，即可绘制不同的常见多边形网格，具体绘制方法与常见几何体的绘制方法类似。常见几何体的绘制将在后面的章节给予介绍。

11.5 绘制实体三维图形

建筑物三维模型中，几乎所有的墙体、门窗、屋顶等都是三维体。本节将要介绍 AutoCAD 提供的各种绘制三维体的命令，从而为第 12 章绘制三维模型打下基础。

11.5.1 绘制基本实体图形

利用 AutoCAD 的"绘图"｜"建模"子菜单（如图 11-8 所示）或者"建模"工具栏（如图 11-9 所示），均可以绘制各种基本的实体图形。用户可以选择其中的选项绘制一些基本的三维实体图形，例如长方体、圆锥体、圆柱体、球体、圆环体和楔体等。

图 11-8 "建模"子菜单

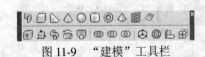

图 11-9 "建模"工具栏

下面就分别介绍几种比较常见的实体模型。

1. 多段体

选择"绘图"|"建模"|"多段体"命令，可以执行 polysolid 命令，用户可以将现有直线、二维多线段、圆弧或圆转换为具有矩形轮廓的实体，也可以像绘制多线段一样绘制实体。执行后，命令行提示如下：

命令：_polysolid 指定起点或 [对象(O)/高度(H)/宽度(W)/对正(J)] <对象>://输入参数，定义多段体的宽度、高度，设定创建多段体的方式

指定下一个点或 [圆弧(A)/放弃(U)]://指定多段体的第 2 个点
指定下一个点或 [圆弧(A)/放弃(U)]://指定多段体的第 3 个点
指定下一个点或 [圆弧(A)/闭合(C)/放弃(U)]://

其中几个参数的含义如下。

- 对象：指定要转换为实体的对象，可以转换的对象包括直线、圆弧、二维多段线和圆。
- 高度：指定实体的高度。
- 宽度：指定实体的宽度。
- 对正：使用对正命令定义轮廓时，可以将实体的宽度和高度设置为左对正、右对正或居中。对正方式由轮廓的第一条线段的起始方向决定。

图 11-10 是以边长为 2000 的矩形为对象，高度为 2000，宽度为 200，对正为居中，创建的多段体。

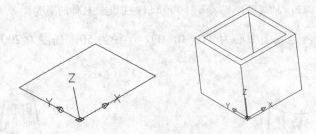

图 11-10　柱状多段体

2. 长方体

选择"绘图"|"建模"|"长方体"命令，可以执行 box 命令，命令行提示如下：

命令：_box
指定第一个角点或 [中心(C)]://输入长方体的一个角点坐标或者输入 c 采用中心法绘制长方体
指定其他角点或 [立方体(C)/长度(L)]://指定长方体的另一角点或输入选项，如果长方体的另一角点指定的 Z 值与第一个角点的 Z 值不同，将不显示高度提示。
指定高度或 [两点(2P)]://指定高度或输入 2P 以选择两点选项

如图 11-11 所示，是角点为（0，0，0）、（100，200，0），高度为 50 的长方体。

3. 楔体

选择"绘图"|"建模"|"楔体"命令，可以执行 wedge 命令，命令行提示如下：

命令：_wedge

指定第一个角点或 [中心(C)]:

指定其他角点或 [立方体(C)/长度(L)]:

指定高度或 [两点(2P)]:

楔体可以看成是长方体沿对角线切成两半的结构，因此整个绘制方法与长方体大同小异，图 11-12 即是角点为（0，0，0）、（100，200，0），高度为 50 的楔体。

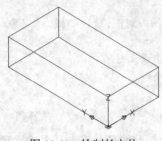

图 11-11　绘制长方体

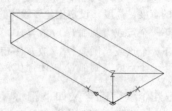

图 11-12　绘制楔体

4．圆柱体

选择"绘图"|"建模"|"圆柱体"命令，可以执行 cylinder 命令，命令行提示如下：

命令：_cylinder

指定底面的中心点或 [三点(3P)/两点(2P)/相切、相切、半径(T)/椭圆(E)]://指定圆柱体底面中心的坐标或者输入其他选项绘制底面圆或者椭圆

指定底面半径或 [直径(D)]://指定底面圆的半径或者直径

指定高度或 [两点(2P)/轴端点(A)] <50.0000>://指定圆柱体的高度

如图 11-13 所示，是底面中心为（0，0，0），半径为 50，高度为 200 的圆柱体。

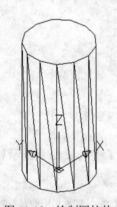

图 11-13　绘制圆柱体

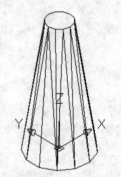

图 11-14　绘制圆锥体

5．圆锥体

选择"绘图"|"建模"|"圆锥体"命令，可以执行 cone 命令，命令行提示如下：

命令：_cone

指定底面的中心点或 [三点(3P)/两点(2P)/相切、相切、半径(T)/椭圆(E)]:

指定底面半径或 [直径(D)] <49.6309>:

指定高度或 [两点(2P)/轴端点(A)/顶面半径(T)] <104.7250>:

圆锥体与圆柱体的绘制也大同小异，仅存在是否定义顶面半径的问题，图 11-14 所示为底面中心为（0，0，0），半径为 50，高度为 200，顶面半径为 20 的圆锥体。

6. 球体

选择"绘图"|"建模"|"球体"命令，可以执行 sphere 命令，命令行提示如下：

命令：_sphere
指定中心点或 [三点(3P)/两点(2P)/相切、相切、半径(T)]://指定球体的中心点或者使用类似于绘制圆的其他方式绘制球体
指定半径或 [直径(D)] <50.0000>://指定球体的半径或者直径

如图 11-15 所示，为中心点为（0，0，0），半径为 100 的球体。

7. 圆环体

选择"绘图"|"建模"|"圆环体"命令，可以执行 torus 命令，命令行提示如下：

命令：_torus
指定中心点或 [三点(3P)/两点(2P)/相切、相切、半径(T)]: //指定圆环所在圆的中心点或者使用的其他方式绘制圆
指定半径或 [直径(D)] <90.4277>://指定圆环的半径或者直径
指定圆管半径或 [两点(2P)/直径(D)]://指定圆管的半径或者直径

图 11-16 所示，为中心点为（0，0，0），圆环半径为 100，圆管半径为 20 的圆环体。

图 11-15　绘制球体

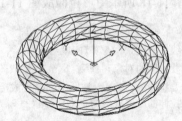

图 11-16　绘制圆环体

8. 棱锥体

选择"绘图"|"建模"|"棱锥体"命令，可以执行 pyramid 命令，命令行提示如下：

命令：_pyramid
4 个侧面　外切
指定底面的中心点或 [边(E)/侧面(S)]:// 指定点或输入选项
指定底面半径或 [内接(I)] <100.0000>://指定底面半径、输入 i 将棱锥面更改为内接或按 ENTER 键指定默认的底面半径值
指定高度或 [两点(2P)/轴端点(A)/顶面半径(T)] <200.0000>://指定高度、输入选项或按 ENTER 键指定默认高度值

图 11-17 所示，为中心点为（0，0，0），侧面为 6，外切，半径为 100，高度为 100 的棱锥体。

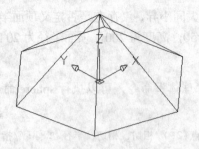

图 11-17　绘制棱锥体

11.5.2　二维图形绘制三维体

在 AutoCAD 2009 版本中，用户可以通过拉伸、放样、旋转、扫掠等方法由二维图形生成三维实体。

1．拉伸

选择"绘图"|"建模"|"拉伸"命令，可以执行 extrude 命令，将一些二维对象拉伸成三维实体。

extrude 命令可以拉伸多段线、多边形、矩形、圆、椭圆、闭合的样条曲线、圆环和面域，不能拉伸三维对象、包含在块中的对象、有交叉或横断部分的多段线，或非闭合多段线。拉伸过程中不但可以指定高度，而且还可以使对象截面沿着拉伸方向变化。

将图 11-18 所示图形拉伸成图 11-19 所示台阶实体，命令行提示如下：

```
命令: _extrude
当前线框密度:  ISOLINES=4
选择要拉伸的对象: 找到 1 个//拾取图 11-34 所示的封闭二维曲线
选择要拉伸的对象://按回车键，完成拾取
指定拉伸的高度或 [方向(D)/路径(P)/倾斜角(T)] <100.0000>: 100//输入拉伸高度
```

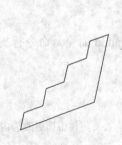

图 11-18　拉伸对象

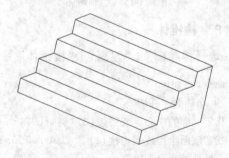

图 11-19　拉伸实体

2．放样

选择"绘图"|"建模"|"放样"命令，可以执行 loft 命令，可以通过对包含两条或两条以上横截面曲线的一组曲线进行放样（绘制实体或曲面）来创建三维实体或曲面。

loft 命令在横截面之间的空间内绘制实体或曲面，横截面定义了结果实体或曲面的轮廓（形状）。横截面（通常为曲线或直线）可以是开放的（例如圆弧），也可以是闭合的（例如圆）。

如果对一组闭合的横截面曲线进行放样，则生成实体。如果对一组开放的横截面曲线进行放样，则生成曲面。

如图 11-20 所示，将圆 1，2，3 沿路径 4 放样，放样形成的实体如图 11-21 和图 11-22 所示，命令行提示如下。

命令：_loft
按放样次序选择横截面：找到 1 个//拾取圆 1
按放样次序选择横截面：找到 1 个，总计 2 个//拾取圆 2
按放样次序选择横截面：找到 1 个，总计 3 个//拾取圆 3
按放样次序选择横截面：//按回车键，完成截面拾取
输入选项 ［导向(G)/路径(P)/仅横截面(C)］ <仅横截面>：p//输入 p，按路径放样
选择路径曲线：//拾取多段线路径 4，按回车键生成放样实体

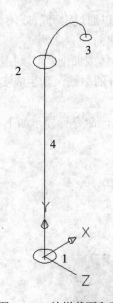

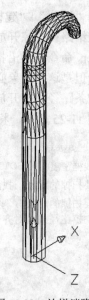

图 11-20　放样截面和路径　　　图 11-21　放样二维线框显示　　　图 11-22　放样消隐显示

3. 旋转

选择"绘图"|"建模"|"旋转"命令，可以执行 revolve 命令，将一些二维图形绕指定的轴旋转形成三维实体。使用 revolve 命令，可以将一个闭合对象围绕当前 UCS 的 X 轴或 Y 轴旋转一定角度来创建实体，也可以围绕直线、多段线或两个指定的点旋转对象。用于旋转生成实体的闭合对象可以是圆、椭圆、封闭多段线及面域。

如图 11-23 将多段线 1 绕轴线 2 旋转，形成图 11-24 所示的旋转实体，命令行提示如下：

命令：_revolve
当前线框密度： ISOLINES=4
选择要旋转的对象：找到 1 个//拾取旋转对象 1
选择要旋转的对象：//按回车键，完成拾取
指定轴起点或根据以下选项之一定义轴 ［对象(O)/X/Y/Z］ <对象>：o//输入 o，以对象为轴
选择对象：//拾取直线 2 为旋转轴
指定旋转角度或 ［起点角度(ST)］ <360>：//按回车键，默认旋转角度为 360°

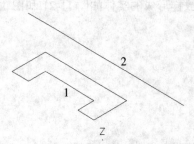

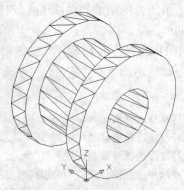

图 11-23　旋转对象和轴　　　　　　　　　　图 11-24　旋转形成的实体

4. 扫掠

选择"绘图"|"建模"|"扫掠"命令，可以执行 sweep 命令，可以通过沿开放或闭合的二维或三维路径扫掠开放或闭合的平面曲线（轮廓）来创建新实体或曲面。

sweep 命令用于沿指定路径以指定轮廓的形状（扫掠对象）绘制实体或曲面，可以扫掠多个对象，但是这些对象必须位于同一平面中。如果沿一条路径扫掠闭合的曲线，则生成实体；如果沿一条路径扫掠开放的曲线，则生成曲面。

如图 11-25 所示，将圆对象沿直线扫掠，形成图 11-26 所示的实体，命令行提示如下：

```
命令：_sweep
当前线框密度：ISOLINES=4
选择要扫掠的对象：找到 1 个//拾取面域对象
选择要扫掠的对象://按回车键，完成扫掠对象拾取
选择扫掠路径或 [对齐(A)/基点(B)/比例(S)/扭曲(T)]://拾取直线扫掠路径
```

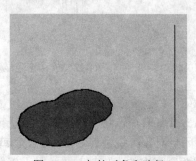

图 11-25　扫掠对象和路径　　　　　　　　图 11-26　扫掠实体

11.5.3　布尔运算

对于绘制完成的基本实体和其他实体，用户可以使用并运算、差运算和交运算来创建比较复杂的组合实体。

1. 并运算

并运算用于将二个或多个相重叠的实体组合成一个新的实体。在进行"并"操作后，多个实体相重叠的部分合并为一个，因此复合体的体积只会等于或小于原对象的体积。union 命令用于完成"并"运算。

选择"修改"|"实体编辑"|"并集"命令，或者单击"建模"或"实体编辑"工具栏中的并集按钮⦿，或者在命令提示符下输入 union 命令，即可激活此命令，此时命令行提示如下：

命令：_union
选择对象：找到 1 个//拾取第一个合并对象
选择对象：找到 1 个，总计 2 个//拾取第二个合并对象
选择对象：　　　　　　//按 Enter 键

执行并运算后的图形如图 11-27 所示。

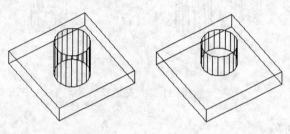

图 11-27　并运算

2. 差运算

差运算用于从选定的实体中删除与另一个实体的公共部分。选择"修改"|"实体编辑"|"差集"命令，或者单击"建模"或"实体编辑"工具栏中的差集按钮⦿，或者在命令提示符下输入 subtract 命令，即可激活此命令，命令行提示如下：

命令：_subtract 选择要从中减去的实体或面域...
选择对象：找到 1 个//拾取要从中减去实体的实体
选择对象：　　　　//按 Enter 键
选择要减去的实体或面域 ..
选择对象：找到 1 个//拾取要被减去的实体
选择对象：　　　　//按 Enter 键

执行差运算后的图形如图 11-28 所示。

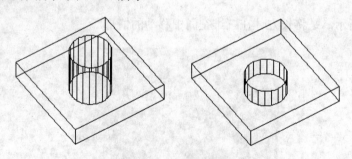

图 11-28　差运算

3. 交运算

交运算用于绘制两个实体的共同部分。要调用交运算命令，选择"修改"|"实体编辑"|"交集"命令，或者单击"建模"或"实体编辑"工具栏中的交集按钮⦿，或者在命令提示符下输入 intersect 命令，即可激活此命令，此时命令行提示如下：

```
命令: _intersect
选择对象: 找到 1 个//拾取第一个对象
选择对象: 找到 1 个, 总计 2 个//拾取第二个对象
选择对象:          //按 Enter 键
```

执行交运算后的图形如图 11-29 所示。

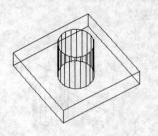

图 11-29　交运算

11.5.4　编辑三维对象

对于三维实体，用户也可以进行移动、阵列、镜像、旋转、剖切、圆角和倒角等操作，与二维对象不同的是，这些操作将在三维空间进行，这些操作都在"修改"|"三维操作"子菜单下。

1.　三维移动

选择"修改"|"三维操作"|"三维移动"命令，可以执行 **3dmove** 命令，将三维对象移动。命令行提示如下：

```
命令: _3dmove
选择对象: 找到 1 个//拾取要移动的三维实体
选择对象://按回车键，完成对象选择
指定基点或 [位移(D)] <位移>:  //拾取移动的基点
指定第二个点或 <使用第一个点作为位移>: 正在重生成模型。//拾取第二点，三维实体沿基点和第二点的连线移动
```

如图 11-30 所示，是将长方体在三维空间中移动的情形。

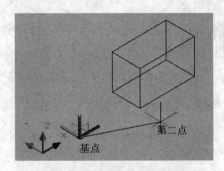

图 11-30　移动三维实体

2.　三维阵列

选择"修改"|"三维操作"|"三维阵列"命令，可以执行 **3darray** 命令，可以在三维空间

中创建对象的矩形阵列或环形阵列。三维阵列除了指定列数（**X** 方向）和行数（**Y** 方向）以外，还要指定层数（**Z** 方向）。

将图 11-31 所示的圆柱矩形阵列，命令行提示如下：

命令：_3darray
选择对象：找到 1 个//拾取需要阵列的圆柱体对象
选择对象://按回车键，完成选择
输入阵列类型 [矩形(R)/环形(P)] <矩形>:r//输入 r，执行矩形阵列
输入行数 (---) <1>://指定行数
输入列数 (|||) <1>: 4//指定列数
输入层数 (...) <1>://指定层数
指定列间距 (|||): 40//指定列之间的间距，效果如图 11-32 所示

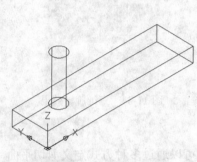

图 11-31　待阵列的对象

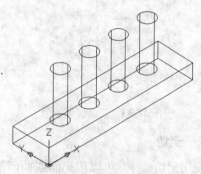

图 11-32　矩形阵列效果

3.　三维镜像

选择"修改"|"三维操作"|"三维镜像"命令，可以执行 mirror3d 命令，可以通过指定镜像平面来镜像三维对象。镜像平面可以是平面对象所在的平面、通过指定点且与当前 UCS 的 XY、YZ 或 XZ 平面平行的平面、由三个指定点定义的平面。

将图 11-32 所示的柱阵列效果镜像，命令行提示如下：

命令：_mirror3d
选择对象：指定对角点：找到 5 个//选择需要镜像的所有对象
选择对象://按回车键，完成选择
指定镜像平面 (三点) 的第一个点或
　[对象(O)/最近的(L)/Z 轴(Z)/视图(V)/XY 平面(XY)/YZ 平面(YZ)/ZX 平面(ZX)/三点(3)] <三点>: //拾取圆柱体上顶面一点
　在镜像平面上指定第二点： //拾取圆柱体上顶面另一点
　在镜像平面上指定第三点://拾取另一个圆柱体上顶面圆心
　是否删除源对象? [是(Y)/否(N)] <否>://按回车键，不删除源对象，效果如图 11-33 所示

4.　三维旋转

选择"修改"|"三维操作"|"三维旋转"命令，可以执行 3drotate 命令，可以操作三维对象在三维空间绕指定的 X 轴、Y 轴、Z 轴、视图、对象或两点旋转。

将图 11-33 所示的镜像效果绕 Z 轴旋转，命令行提示如下：

命令：_3drotate

UCS 当前的正角方向：ANGDIR=逆时针 ANGBASE=0

选择对象：指定对角点：找到 10 个//拾取需要旋转的对象

选择对象://按回车键，完成选择

指定基点：//指定旋转的基点

拾取旋转轴://拾取旋转轴 Z 轴

指定角的起点：//指定旋转角的起点

指定角的端点：正在重生成模型。//指定旋转角的另一个端点，效果如图 11-34 所示

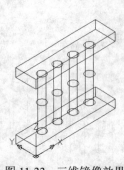

图 11-33　三维镜像效果

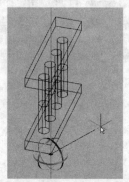

图 11-34　三维旋转效果

5. 剖切

使用剖切命令，可以用平面或曲面剖切实体，用户可以通过多种方式定义剪切平面，包括指定点或者选择曲面或平面对象。使用该命令剖切实体时，可以保留剖切实体的一半或全部，剖切实体保留原实体的图层和颜色特性。

选择"修改" I "三维操作" I "剖切"命令，或者在命令行中输入 slice，可执行剖切命令，命令行提示如下：

命令：_slice

选择要剖切的对象：找到 1 个//选择剖切对象

选择要剖切的对象://按回车键，完成对象选择

指定 切面 的起点或 [平面对象(O)/曲面(S)/Z 轴(Z)/视图(V)/XY/YZ/ZX/三点(3)] <三点>://选择剖切面指定方法

指定平面上的第二个点：//指定剖切面上的点

在所需的侧面上指定点或 [保留两个侧面(B)] <保留两个侧面>：//指定保留侧面上的点

在剖切面的指定选项中，命令行提示了 8 个选项，各选项含义如下。

- "平面对象"：该选项将剪切面与圆、椭圆、圆弧、椭圆弧、二维样条曲线或二维多段线对齐。
- "曲面"：该选项将剪切平面与曲面对齐。
- "Z 轴"：该选项通过平面上指定一点和在平面的 Z 轴（法向）上指定另一点来定义剪切平面。
- "视图"：该选项将剪切平面与当前视口的视图平面对齐，指定一点定义剪切平面的位置。
- XY：该选项将剪切平面与当前用户坐标系（UCS）的 XY 平面对齐，指定一点定义剪

切平面的位置
- **YZ**：该选项将剪切平面与当前 UCS 的 YZ 平面对齐，指定一点定义剪切平面的位置。
- **ZX**：该选项将剪切平面与当前 UCS 的 ZX 平面对齐，指定一点定义剪切平面的位置。
- **"三点"**：该选项用三点定义剪切平面。

图 11-27 所示显示了将底座空腔剖开的效果。

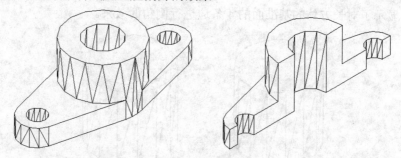

图 11-35　剖切效果

6. 三维圆角

使用圆角命令可以对三维实体的边进行圆角，但必须分别选择这些边。执行"圆角"命令后，命令行提示如下：

```
命令：_fillet
当前设置：模式 = 修剪，半径 = 0
选择第一个对象或［放弃(U)/多段线(P)/半径(R)/修剪(T)/多个(M)］：//选择需要圆角的对象
输入圆角半径：3//输入圆角半径
选择边或［链(C)/半径(R)］：//选择需要圆角的边
已选定 1 个边用于圆角。
```

图 11-36 显示了对长方体 3 条边进行圆角操作，圆角半径为 3 的圆角效果。

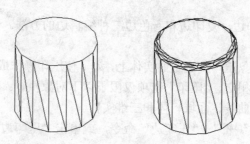

图 11-36　三维圆角效果

7. 三维倒角

使用倒角命令，可以对基准面上的边进行倒角操作。执行倒角命令，命令行提示如下：

```
命令：_chamfer
（"修剪"模式）当前倒角距离 1 = 0，距离 2 = 0
选择第一条直线或［放弃(U)/多段线(P)/距离(D)/角度(A)/修剪(T)/方式(E)/多个(M)］：//指定
```
倒角对象

基面选择...

输入曲面选择选项 [下一个(N)/当前(OK)] <当前(OK)>://输入曲面的选项

指定基面的倒角距离：3//输入倒角距离

指定其他曲面的倒角距离 <3>://输入倒角距离

选择边或 [环(L)]：选择边或 [环(L)]://选择倒角边

图 11-37 显示了对长方体的基准面的 4 条边进行倒角的效果。

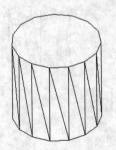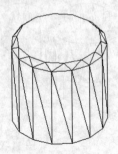

图 11-37　三维倒角效果

11.6　三维实体编辑

对已经绘制完成的三维实体，用户可以对三维实体的边、面以及实体本身进行各种编辑操作，在"实体编辑"工具栏中可以对实体边、面和体进行各种操作，工具栏效果如图 11-38 所示。

图 11-38　"实体编辑"工具

11.6.1　编辑边

AutoCAD 提供了压印边、复印边和着色边三种编辑边的方法。

（1）压印边。

压印边命令可以将对象压印到选定的实体上，为了使压印操作成功，被压印的对象必须与选定对象的一个或多个面相交。"压印"选项仅限于以下对象执行：圆弧、圆、直线、二维和三维多段线、椭圆、样条曲线、面域、体和三维实体。

选择"修改"|"实体编辑"|"压印边"命令，或单击"压印边"按钮 来执行该命令，命令行提示如下：

命令：_imprint

选择三维实体：//选择需要进行压印操作的三维实体

选择要压印的对象：//选择需要压印的对象

是否删除源对象 [是(Y)/否(N)] <N>://输入 n，删除源对象，输入 y，保留源对象

选择要压印的对象：//按回车键，显示压印边效果如图 11-39 所示

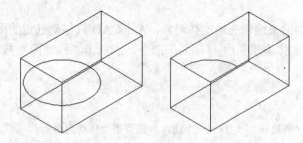

图 11-39　压印边效果

（2）复制。

用户可以将三维实体的边复制为独立的直线、圆弧、圆、椭圆或样条曲线等对象。如果指定两个点，AutoCAD 将使用第一个点作为基点，并相对于基点放置一个副本。如果只指定一个点，然后按 Enter 键，AutoCAD 将使用原始选择点作为基点，下一点作为位移点。

用户可以通过选择"修改"|"实体编辑"|"复制边"命令，或单击"复制边"按钮 来执行该命令。

（3）着色。

可以为三维实体对象的独立边指定颜色。用户可以通过选择"修改"|"实体编辑"|"着色边"命令，或单击"着色边"按钮 来执行该命令。选择需要着色的边之后，弹出"选择颜色"对话框，该对话框的用法不再赘述。

11.6.2　编辑面

对于已经存在的三维实体的面，用户可以通过拉伸、移动、旋转、偏移、倾斜、删除或复制实体对象来对其进行编辑，或改变面的颜色。

（1）拉伸。

用户可以沿一条路径拉伸平面，或者通过指定一个高度值和倾斜角来对平面进行拉伸，该命令与"拉伸"命令类似，各参数含义不再赘述。选择"修改"|"实体编辑"|"拉伸面"命令，或单击"拉伸面"按钮 ，命令行提示如下。

```
…
_extrude
选择面或 [放弃(U)/删除(R)]: 找到一个面。//选择需要拉伸的面
选择面或 [放弃(U)/删除(R)/全部(ALL)]://按回车键，完成面选择
指定拉伸高度或 [路径(P)]: 10//输入拉伸高度
指定拉伸的倾斜角度 <0>: 10//输入拉伸角度
```

图 11-40 演示了使用拉伸面拉伸长方体上表面的效果。

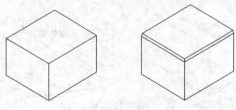

图 11-40　拉伸面的效果

（2）移动。

用户可以通过移动面来编辑三维实体对象，AutoCAD 只移动选定的面而不改变其方向。

选择"修改" | "实体编辑" | "移动面"命令，或单击"移动面"按钮 ，命令行提示如下。

```
...
_move
选择面或 ［放弃(U)/删除(R)］: 找到一个面。//选择需要移动的面
选择面或 ［放弃(U)/删除(R)/全部(ALL)］://按回车键，完成选择
指定基点或位移://拾取或者输入基点坐标
指定位移的第二点://输入位移的第二点，按回车键，完成面移动
已开始实体校验。
已完成实体校验。
```

图 11-41 演示了移动长方体侧面的效果。

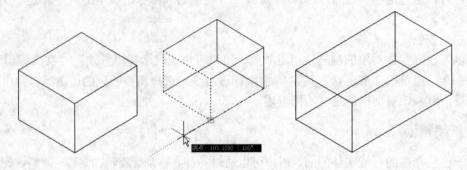

图 11-41　移动面效果

（3）旋转。

通过选择一个基点和相对（或绝对）旋转角度，可以旋转选定实体上的面或特征集合。所有三维面都可绕指定的轴旋转，当前的 UCS 和 ANGDIR 系统变量的设置决定了旋转的方向。

用户可以通过指定两点，一个对象、X 轴、Y 轴、Z 轴或相对于当前视图视线的 Z 轴方向来确定旋转轴。

用户可以通过选择"修改" | "实体编辑" | "旋转面"命令，或单击"旋转面"按钮 来执行该命令。

该命令与 ROTATE3D 命令类似，只是一个用于三维面旋转，一个用于三维体旋转，这里不再赘述。

图 11-42 演示了绕图示轴旋转长方体侧面 30º 的效果。

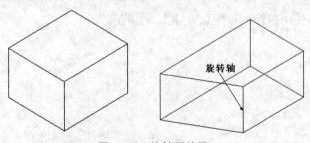

图 11-42　旋转面效果

（4）偏移。

在一个三维实体上，可以按指定的距离均匀地偏移面。通过将现有的面从原始位置向内或向外偏移指定的距离可以创建新的面（在面的法线方向上偏移，或向曲面或面的正侧偏移）。例如，可以偏移实体对象上较大的孔或较小的孔，指定正值将增大实体的尺寸或体积，指定负值将减少实体的尺寸或体积。

选择"修改"|"实体编辑"|"偏移面"命令，或单击"偏移面"按钮 ⬜，可执行此命令，该命令与二维制图中的偏移命令类似，对命令行不再赘述。

图 11-43 演示偏移圆锥体锥体面的效果。

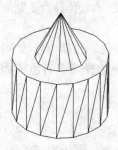

图 11-43　偏移面效果

（5）倾斜。

用户可以沿矢量方向以绘图角度倾斜面，以正角度倾斜选定的面将向内倾斜面，以负角度倾斜选定的面将向外倾斜面。

选择"修改"|"实体编辑"|"倾斜面"命令，或单击"倾斜面"按钮 ⬜，命令行提示如下：

```
…
_taper
选择面或［放弃(U)/删除(R)］：找到一个面。//选择需要倾斜的面
选择面或［放弃(U)/删除(R)/全部(ALL)］://按回车键，完成选择
指定基点://拾取基点
指定沿倾斜轴的另一个点://拾取倾斜轴的另外一个点
指定倾斜角度：30//输入倾斜角度
已开始实体校验。
已完成实体校验。
```

图 11-44 演示了沿图示基点和另一个点倾斜长方体侧面 30° 的效果。

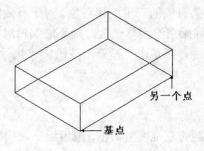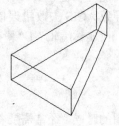

图 11-44　倾斜面效果

（6） 删除。

在 AutoCAD 三维操作中，用户可以从三维实体对象上删除面、倒角或圆角。只有当所选的面删除后不影响实体的存在时，才能删除所选的面。

选择"修改"|"实体编辑"|"删除面"命令，或单击"删除面"按钮来执行该命令。

（7） 复制。

用户可以复制三维实体对象上的面，AutoCAD 将选定的面复制为面域或体。如果指定了两个点，AutoCAD 使用将第一点用做基点，并相对于基点放置一个副本。如果只指定一个点，然后按 Enter 键，AutoCAD 将使用原始选择点作为基点，下一点作为位移点。

选择"修改"|"实体编辑"|"复制面"命令，或单击"复制面"按钮来执行该命令。

（8） 着色。

着色面命令可以修改选中的三维实体面的颜色。选择"修改"|"实体编辑"|"着色面"命令，或单击"着色面"按钮来执行该命令。选择需要着色的面之后，弹出"选择颜色"对话框，该命令与着色边命令类似，不再赘述。

11.6.3　编辑体

用户可以使用分割、抽壳、清除和检查等命令，直接对三维实体本身进行修改。

（1） 分割。

用户可以利用分割实体的功能，将组合实体分割成零件，或者组合三维实体对象不能共享公共的面积或体积。在将三维实体分割后，独立的实体保留其图层和原始颜色，所有嵌套的三维实体对象都将被分割成最简单的结构。

选择"修改"|"实体编辑"|"分割"命令，或单击"分割"按钮来执行该命令。

（2） 抽壳。

用户可以从三维实体对象中以指定的厚度创建壳体或中空的墙体。AutoCAD 通过将现有的面向原位置的内部或外部偏移来创建新的面。偏移时，AutoCAD 将连续相切的面看作单一的面。

选择"修改"|"实体编辑"|"抽壳"命令，或单击"抽壳"按钮来执行该命令。

（3） 清除。

如果三维实体的边的两侧或顶点共享相同的曲面或顶点，那么可以删除这些边或顶点。AutoCAD 将检查实体对象的体、面或边，并且合并共享相同曲面的相邻面，三维实体对象所有多余的、压印的，以及未使用的边都将被删除。

选择"修改"|"实体编辑"|"清除"命令，或单击"清除"按钮来执行该命令。

（4） 检查。

检查实体的功能可以检查实体对象是否为有效的三维实体对象。对于有效的三维实体，对其进行修改不会导致 ACIS 失败错误信息。如果三维实体无效，则不能编辑对象。

选择"修改"|"实体编辑"|"检查"命令，或单击"检查"按钮来执行该命令。

11.7　渲染

在绘制效果图的时候，经常需要将已绘制的三维模型染色，或者给三维模型设置场景，或是给模型增加光照效果，使三维模型更加逼真。本节将向读者介绍如何使用 AutoCAD 提供的

渲染，实现对已绘制的三维图形润色。用户可以使用如图 11-45 所示的"视图"|"渲染"子菜单的命令或者如图 11-46 所示的"渲染"工具栏中的按钮进行各种渲染操作。由于篇幅所限，本节仅介绍经常用到的渲染命令。

图 11-45 "渲染"子菜单

图 11-46 "渲染"工具栏

11.7.1 光源

在 AutoCAD 中，系统为用户提供点光源、聚光灯、平行光三种光源，用户在"视图"|"渲染"|"光源"子菜单中可以分别创建这些光源。选择"视图"|"渲染"|"光源"|"光源列表"命令，弹出如图 11-47 所示的"模型中的光源"动态选项板，选项板中按照名称和类型，列出了每个添加到图形的光源（LIGHTLIST），其中不包括阳光、默认光源以及块和外部参照中的光源。

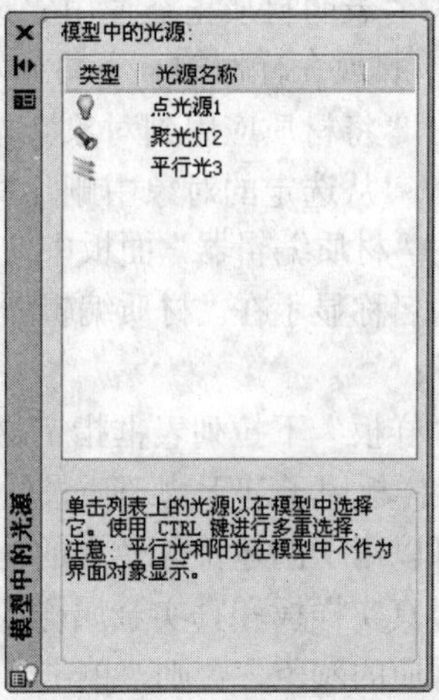

在列表中选定一个光源时，将在图形中选定该光源，反之亦然。列表中光源的特性按其所属图形保存。在图形中选定一个光源时，可以使用夹点工具来移动或旋转该光源，并更改光源的其他某些特性（例如聚光灯中的聚光锥角和衰减锥角），更改光源特性后，可以在模型上看到更改的效果。

选择"视图"|"渲染"|"光源"子菜单中的"地理位置"和"阳光特性"两个命令，可以分别设置太阳光受地理位置的影响，以及不同的日期、时间等各种状态下阳光的特性。

11.7.2 材质

选择"视图"|"渲染"|"材质"命令，弹出"材质"动态选项板，如图 11-48 所示。在选项板中用户可以为对象选择各种材质，并将材质附加到对象上。

在"图形中可用的材质"面板中，显示图形中可用材质的样例。单击样例可以选择材质，该材质的设置显示在"材质编辑器"面板中，样例轮廓为黄色来表明已选择。样例上方的一个按钮和位于其下方的两组按钮可以提供以下选项。

图 11-47 "模型中的光源"动态选项板

图 11-48 "材质"动态选项板

- "切换显示模式"按钮■：切换样例的显示（从一个样例切换为多行样例）。
- "样例几何体"按钮●：控制选定样例显示的几何体类型，长方体、圆柱体或球体。在其他样例中选择几何体时，其中的几何体将会改变。
- "关闭/打开交错参考底图"按钮▓：显示彩色交错参考底图以帮助用户查看材质的不透明度。
- "创建新材质"按钮●：弹出"创建新材质"对话框，输入材质名称后，将在当前样例的右侧创建新样例并选择新样例。
- "从图形中清除"按钮▩：从图形中删除选定的材质。用户无法删除全局材质和任何正在使用的材质。
- "表明材质正在使用"按钮●：更新正在使用的图标的显示。图形中当前正在使用的材质在样例的右下角显示图形图标。
- "将材质应用到对象"按钮▨：将当前材质应用到选定的对象和面。
- "从选定的对象中删除材质"按钮▨：从选定的对象和面中拆离材质。

在"材质编辑器"面板中，用户可以编辑"图形中可用的材质"面板中选定的材质。选定材质的名称显示在"材质编辑器"中。材质编辑器的配置根据选定的样板而更改，各参数的含义如下：

"样板"下拉列表框指定材质类型，系统提供了各种材质供用户选择。"真实"和"真实材质"样板用于基于物理质量的材质。"高级"和"高级金属"样板用于具有更多选项的材质，包括可以用于创建特殊效果的特性（例如模拟反射）。

对真实样板和真实金属样板而言，选择"随对象"复选框，则根据材质附着的对象的颜色设置材质的颜色，否则，单击"漫射"后面的颜色框，弹出"选择颜色"对话框，从中可以指定显示材质的颜色。

"反光度"平衡器设置材质的反光度。极其有光泽的实体面上的亮显区域较小但显示较亮。较暗的面可将光线反射到较多方向，从而可创建区域较大且显示较柔和的亮显。

"折射率"平衡器设置材质的折射率。控制通过附着部分透明材质的对象时如何折射光。

"半透明度"平衡器设置材质的半透明度，不适用于真实金属材质类型。"自发光"平衡器当设置为大于 0 的值时，可以使对象自身显示为发光而不依赖于图形中的光源。

选择"漫射贴图"复选框后，选中后，将使漫射贴图在材质上处于活动状态并可被渲染，贴图类型包括纹理贴图、木材或大理石程序材质。

单击"选择图像"按钮，弹出"选择图像文件"对话框，选定文件后，将显示文件名称。

如果用户自己创建材质有难度，AutoCAD 提供了如图 11-49 所示的"材质"和"材质库"工具选项板，在这两个选项板中，为用户提供了许多常见材质，用户直接使用即可。需要注意的是，"材质库"工具选项板需要安装 AutoCAD 2009 软件的时候选装材质库。这两个选项板都集成在"工具选项板"里，用户单击工具选项板的标题栏，选择右键快捷菜单即可打开这两个工具选项板。

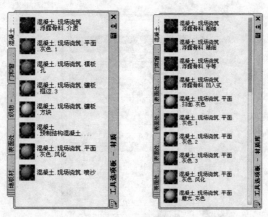

图 11-49　各种材质

11.7.3　贴图

选择"视图"|"渲染"|"贴图"子菜单下的命令，可以为对象添加各种已经定义好的材质，贴图类型包括平面贴图、长方体贴图、柱面贴图和球面贴图等。

11.7.4　渲染环境

选择"视图"|"渲染"|"渲染环境"命令，弹出"渲染环境"对话框，如图 11-50 所示。在该对话框中，用户可以对雾化和深度的一些参数进行设置。

雾化和深度设置是同一效果的两个极端：雾化为白色，而传统的深度设置为黑色，可以使用其间的任意一种颜色。各参数含义如下：

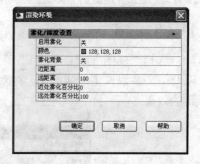

图 11-50　"渲染环境"对话框

- "启用雾化"选项设置启用雾化或关闭雾化，而不影响对话框中的其他设置。
- "颜色"选项指定雾化颜色。单击"选择颜色"按钮，打开"选择颜色"对话框。可以从 255 种 AutoCAD 颜色索引（ACI）颜色、真彩色和配色系统颜色中进行选择来定义颜色。
- "雾化背景"选项设置可以对背景进行雾化，也可以对几何图形进行雾化。
- "近距离"选项指定雾化开始处到相机的距离。
- "远距离"选项指定雾化结束处到相机的距离。
- "近处雾化百分比"选项指定近距离处雾化的不透明度。
- "远处雾化百分比"选项指定远距离处雾化的不透明度。

11.7.5　高级渲染设置

选择"视图"|"渲染"|"高级渲染设置"命令，弹出"高级渲染设置"动态选项板，如图 11-51 所示。在该对话框中，选项板包含渲染器的主要控件，用户从中可以设置渲染的各种具体参数。

图 11-51 "高级渲染设置"动态选项板

"高级渲染设置"动态选项板被分为从基本设置到高级设置的若干部分。"基本"部分包含了影响模型的渲染方式、材质和阴影的处理方式,以及反锯齿执行方式的设置(反锯齿可以削弱曲线式线条或边在边界处的锯齿效果)。"光线跟踪"部分控制如何产生着色。"间接发光"部分用于控制光源特性、场景照明方式以及是否进行全局照明和最终采集。

11.7.6 渲染

选择"视图"|"渲染"|"渲染"命令,弹出"渲染"对话框,一般在光源、材质、贴图以及渲染参数设定的情况下,对对象进行快速渲染。如图 11-52 所示,为快速渲染一个室内场景的效果。

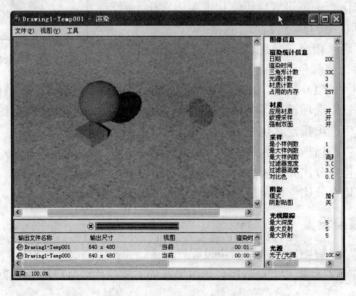

图 11-52 "渲染"对话框

11.8 习题与上机练习

11.8.1 填空题

（1）三维阵列可以在三维空间中创建对象的矩形阵列或环形阵列。与二维阵列不同，用户除了指定列数和行数之外，还要指定_____。

（2）压印对象必须与选定实体上的面_____，这样才能压印成功。

（3）布尔操作用于两个或两个以上的实心体，包括_____、_____、_____运算。

（4）在 AutoCAD 中，有很多命令既适用于二维图形绘制的各种情况，也适用于三维空间的任意平面图形，所有线框、表面和实体模型，这样的命令有_____和_____等。

（5）用户在放置好相机之后，将显示"相机预览"对话框，"视觉样式"下拉列表框中指定应用于预览的视觉样式，系统提供了_____、_____、_____和_____4 种视觉样式。

（6）创建路径动画，主要是要确定_____和_____的设置。

（7）在渲染过程中光线是十分重要的部分，AutoCAD 2009 提供了 3 种常用光源，分别是_____、_____和_____。

（8）在 AutoCAD 2009 中，材质被映射后，用户可以调整材质以适应对象的形状，系统提供了 4 种纹理贴图形状_____、_____、_____和_____。

11.8.2 选择题

（1）设定新的 UCS 时，需要通过绕指定轴旋转一定的角度来指定新的 UCS，使用_____创建方式_____。

    A. 对象   B. 面   C. 三点   D. X/Y/Z

（2）执行 3dmesh 命令，要绘制 4×4 的网格，在指定第 3 行，第 4 列的坐标点时，命令行提示_____。

    A. 指定顶点（3,4）的位置   B. 指定顶点（3,3）的位置

    C. 指定顶点（4,4）的位置   D. 指定顶点（2,3）的位置

（3）AutoCAD 三维制图中_____命令使用三维线框表示显示对象，并隐藏表示对象后面各个面的直线。

    A. 重生成   B. 重画   C. 消影   D. 着色

（4）对三维面进行_____操作后，三维体不会发生形状上的改变。

    A. 拉伸   B. 移动   C. 偏移   D. 删除

（5）从三维实体对象中以指定的厚度创建壳体或中空的墙，可以使用_____命令。

    A. 抽壳   B. 压印   C. 分割   D. 清除

11.8.3 上机练习

（1）创建如图 11-53 所示的燃气灶效果图。

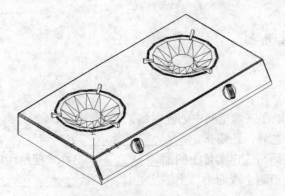

图 11-53 燃气灶三维效果图

（2） 创建如图 11-54 所示的烟灰缸效果图。

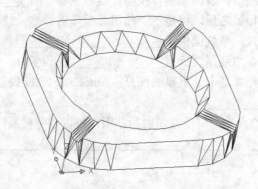

图 11-54 烟灰缸效果图

（3） 打开 AutoCAD 安装路径下的 ":\Program Files\AutoCAD 2009\Sample\3dhome" 文件，效果如图 11-55 所示。使用本章所学到的知识，创建相机、创建路径动画，添加点光源观察效果。

图 11-55 AutoCAD 2009 自带三维房屋效果

第 12 章

建筑制图三维效果图的创建

教学目标：

设计人员要很好地表现所设计建筑的外部形式和内部空间，以及建筑群中间的空间关系，通常借助于建筑效果图来表达。在过去通常使用手工绘制建筑效果图，要准确地表达是一件非常复杂的工作。AutoCAD 提供了大量的三维绘图工具，即使设计人员不具备绘制透视图方面的知识，也能够快速地通过建立建筑模型，然后选择视点，自动地完成透视图的绘制。

本章将要给读者讲解建筑制图中三维单体、三维室内和三维小区三类效果图的绘制。通过本章的学习，希望读者能够熟练掌握使用三维实体和编辑工具创建三维模型，使用视图工具更有效地观察图形的方法。

教学重点与难点：

1. 三维单体效果图的创建。
2. 三维室内效果图的创建。
3. 三维小区效果图的创建。
4. 巡游动画的创建。

12.1 建筑制图中三维单体的创建

在绘制三维效果图时，通常需要绘制一些常见的家俱，如沙发、茶几、床等来增加效果图的表现。

本节通过运用实体建模的方法来创建家俱模型。通过沙发、茶几、门、床的创建来向读者详细介绍三维操作和三维实体编辑工具的运用。

在绘制家俱的过程中，需要灵活运用三维创建和编辑。如布尔运算这一三维家俱的绘制中最基本的绘制原则，实际上就是加法和减法的运用。所谓加法，就是将一系列的三维实体叠加成为一个三维家俱；所谓减法，如同雕刻，就是将一个完整的三维实体按照自己的要求减去不需要的部分从而形成一个三维家俱。这两种方法没有明显的优劣性，根据不同情况适用不同方法。因此，实际绘图中，读者可以根据实际情况灵活应用各种实体的创建和编辑方法，多看多练，才能熟练掌握各种三维家俱的绘制方法。

12.1.1 创建单人沙发

下面通过一个单人沙发的完整绘制过程，学习各种三维实体创建和修改方法，创建完成的单人沙发效果如图 12-1 所示。

具体操作步骤如下：

（1）绘制沙发扶手。切换到俯视图，单击"建模"工具栏中的"长方体"按钮⬚，命令行提示如下：

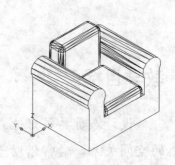

图 12-1 单人沙发效果

命令：_box
指定第一个角点或 [中心(C)]：<200,200>//指定点(200，200)
为长方体的第一个角点
指定其他角点或 [立方体(C)/长度(L)] 1//选择输入长度。
指定长度 <200.0000>：<正交 开> 200//输入长方体长度。
指定宽度 <200.0000>:700//输入长方体宽度。
指定高度或 [两点(2P)] <200.0000>：560//输入长方体高度。
长方体创建完成，如图 12-2 所示。

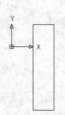

图 12-2 绘制 200×770×560 长方体

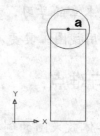

图 12-3 创建圆柱体图

（2）切换到主视图，单击"圆柱体"按钮⬚，以（300，560，-970）为底面圆心，底面半径为 120，高度为 770 绘制圆柱体，效果如图 12-3 所示。

（3）执行"并集"命令，将图 12-3 中所示的长方体与圆柱体合并，消隐后效果如图 12-4 所示。

（4）绘制沙发垫。执行"长方体"命令，以坐标为（400,200）的点（如图 12-5 中 a 点）为起点绘制一个长、宽、高分别为 550 mm，770 mm，560 mm 的长方体，效果如图 12-5 所示。

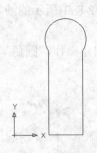

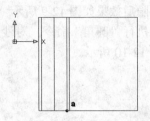

图 12-4　并集效果　　　　　　　　　　图 12-5　绘制 550×770×300 长方体

（5）　绘制另一个沙发扶手。切换到西南等轴测视图，选择"修改"|"三维操作"|"三维镜像"命令，命令行提示如下：

命令：minor3d

选择对象：找到 1 个//选择步骤 3 绘制的三维对象。

选择对象：//按回车键，完成选择

指定镜像平面（三点）的第一个点或[对象(O)/最近的(L)/Z 轴(Z)/视图(V) XV 平面(YZ)/ZX 平面(ZX)/三点(3)]<三点>：//捕捉步骤 2 绘制的长方体长为 550 一条边的中点

在镜像平面上指定第二点：//捕捉步骤 2 绘制的长方体长为 550 第二条边的中点

在镜像平面上指定第三点：//捕捉步骤 2 绘制的长方体为 550 第三条边的中点

是否删除源对象？[是(Y)/否(N)]<否>：//按回车键，完成镜像，消隐后效果如图 12-6 所示。

（6）　绘制沙发背。切换到俯视图，执行"长方体"命令，以坐标为（400，970，300）的点为起点绘制一个长、宽、高分别为 550 mm，200 mm，520 mm 的长方体，效果如图 12-7 所示。

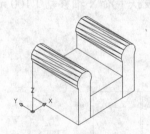

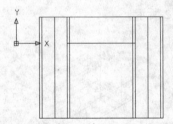

图 12-6　镜像长方体　　　　　　　　　图 12-7　绘制 550×200×520 长方体

（7）　绘制沙发坐垫。执行"长方体"命令，以坐标为（400，770，300）的点为起点绘制一个长、宽、高分别为 550 mm，570 mm，100 mm 的长方体，效果如图 12-8 所示。

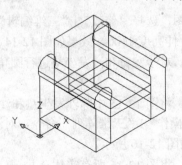

图 12-8　绘制 550×570×100 长方体

（8）切换到西南等轴测视图，执行"并集"命令，将图 12-8 中所示的沙发扶手和沙发垫合并，消隐后效果如图 12-9 所示。

（9）执行"圆角"命令，对沙发的靠背和沙发坐垫进行圆角操作，圆角半径为 50，消隐效果如图 12-10 所示。

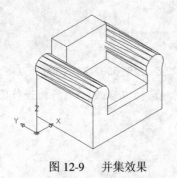

图 12-9　并集效果

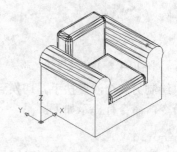

图 12-10　圆角长方体

12.1.2　创建多人沙发

以上介绍了完全使用叠加的方法创建单人沙发的过程，本节将讲解在单人沙发的基础上创建三人沙发的方法，阐述了如何由现有的三维实体创建目标实体的方法。下面将讲解创建三人沙发的方法。

具体操作步骤如下：

（1）打开"绘制沙发"步骤 7 中的三维对象，如图 12-11 所示。在此基础上继续绘制完成三人沙发。

（2）切换到俯视图，执行"移动"命令，将右侧沙发扶手沿 X 轴移动 1 100 mm，效果如图 12-12 所示。

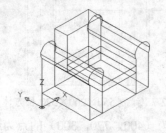

图 12-11　单人沙发

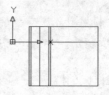

图 12-12　移动沙发扶手

（3）切换到东南等轴测视图，选择"修改" | "三维编辑" | "拉伸面"命令，拉伸如图 12-13 所示虚线部分所在的面，拉伸高度 1100，效果如图 12-14 所示。

（4）执行"圆角"命令 □，对沙发背和沙发坐垫进行圆角操作，圆角半径为 50，消隐后效果如图 12-15 所示。

（5）执行"并集"命令 ⑩，将图 12-15 中除沙发坐垫和沙发背以外的三维对象合并。

（6）选择"修改" | "三维操作" | "三维阵列"命令，对沙发背和沙发坐垫进行阵列，列数为 3，列间距为 550，效果如图 12-16 所示。

（7）执行"并集"命令 ⑩，将图 12-16 所有实体合并。

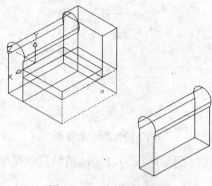

图 12-13 选择要拉伸的面

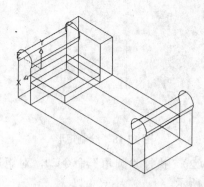

图 12-14 拉伸面

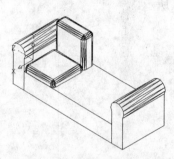

图 12-15 圆角长方体

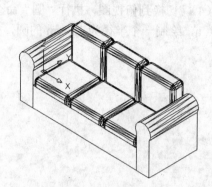

图 12-16 阵列圆角长方体

12.1.3 创建茶几

本节中将通过创建茶几模型向读者讲解"扫掠"工具，该工具使用类似放样的建模方法，通过一个二维截面型或二维路径型扫率方式来绘制三维实体，图 12-17 为创建完成后的茶几模型效果。

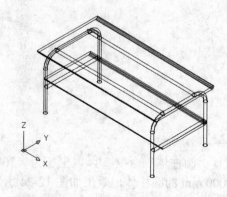

图 12-17 茶几效果

（1）切换到左视图，执行"矩形"命令 □ ，以坐标为（200,200）的点为起点，创建一个长、宽分别为 500 mm，450 mm 的矩形，如图 12-18 所示。

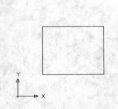

图 12-18　绘制矩形

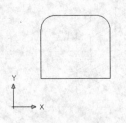

图 12-19　圆角光滑

（2）执行"圆角"命令 ，对矩形进行圆角操作，圆角半径为 100，消隐后效果如图 12-19 所示。

（3）执行"修剪"命令 ，修剪如图 12-19 所示的直角边，修剪后效果如图 12-20 所示。

（4）切换到俯视图，执行"圆"命令，以坐标为（0,-200,200）的点为圆心，如图 12-21 所示点 a，绘制一个半径为 15 mm 的圆，效果如图 12-21 所示。

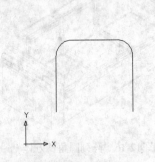

图 12-20　修剪直角边

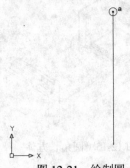

图 12-21　绘制圆

（5）切换到东南等轴测图，单击"建模"工具栏中的"扫掠"按钮 ，选择步骤 4 绘制的圆为扫掠对象，步骤 3 修剪后的矩形多段线为扫掠路径，效果如图 12-22 所示。

（6）执行"复制"命令 ，将茶几腿沿 X 轴复制并移动 1000 mm，复制效果如图 12-23 所示。

图 12-22　绘制茶几腿

图 12-23　复制茶几腿

（7）切换到右视图，执行"圆柱体"命令 ，以坐标为（300,650,0）的点为圆心绘制一个半径为 15 mm，高度为 1000 mm 的圆柱体，效果如图 12-24 所示。

（8）执行"复制"命令 ，将步骤 7 中绘制的圆柱体沿 X 轴复制并移动 300 mm，复制效果如图 12-25 所示。

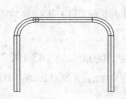

图 12-24　绘制圆柱体

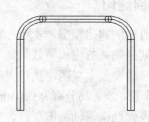

图 12-25　复制圆柱体

（9）　切换到主视图。执行"圆柱体"命令 ，以坐标为（0,400, 200）的点为圆心绘制一个半径为 15 mm，高度为 550 的圆柱体。

（10）　切换到西南等轴测视图，执行"复制"命令 ，将步骤 9 中绘制的圆柱体沿 X 轴复制并移动 1 000 mm，复制效果如图 12-26 所示。

（11）　切换到俯视图，执行"长方体"命令 ，分别以坐标为（-50,772.5,665）、（-50,-735,415）的点为起点绘制长 1 100 mm，宽 600 mm，高 200 mm 和长 1 100 mm，宽 520 mm，高 20 mm 的长方体，效果如图 12-27 所示。

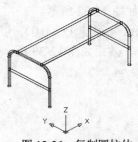

图 12-26　复制圆柱体

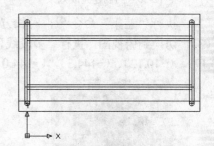

图 12-27　绘制长方体

（12）　切换到西南等轴测视图，执行"圆角"命令 ，选择步骤 11 绘制的长方体的所有边，圆角半径为 20，效果如图 12-28 所示。

（13）　执行"并集"命令 ，将图 12-28 所示的实体合并，消隐效果如图 12-29 所示，茶几绘制完成。

图 12-28　设置圆角光滑

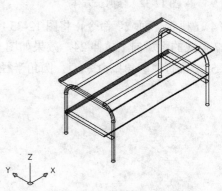

图 12-29　绘制茶几完成效果

12.1.4　创建门

本节通过创建门模型，学习三维实体的创建及修改，其中应注意用户坐标系在创建过程中的使用。创建完成的门模型效果如图 12-30 所示。

（1）切换到主视图，执行"长方体"命令 □，分别以点（0,0,0）、（143,1927,−22）为起点绘制两个长、宽、高分别为 900 mm，2 000 mm，50 mm 和 200 mm，1 800 mm，100 mm 的长方体。切换到西南等轴测图观察，效果如图 12-31 所示。

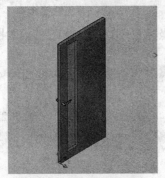

图 12-30　门创建完成效果

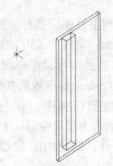

图 12-31　创建长方体

（2）执行"差集"命令 ◎，对长方体进行修剪，效果如图 12-32 所示。

（3）切换到俯视图，执行"多段线"命令 ↵ 绘制多段线，指定起点（0,0），以下点依次为（0,12）、（−10,12）、（−144,3），（−144,0），最后输入 c 闭合，效果如图 12-33 所示。

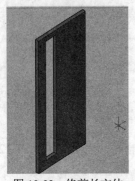

图 12-32　修剪长方体

图 12-33　绘制门把手多段线

（4）执行"面域"命令，将图 12-33 所示的图形转换成为面域。执行"拉伸"命令，将步骤 27 形成的面域向上拉伸 24，效果如图 12-34 所示。

（5）执行"圆角"命令 □，圆角半径为 0.5，效果如图 12-35 所示。

图 12-34　拉伸面域

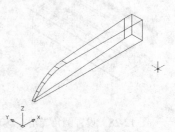

图 12-35　圆角门把手

（6）　在命令行中输入 UCS 命令，命令行提示如下：

命令：ucs
当前 UCS 名称：*世界*
指定 UCS 的原点或 [面(F)/命名(NA)/对象(OB)/上一个(P)/视图(V)/世界(W)/X/Y/Z/Z 轴(ZA)]
<世界>：from//输入 from，使用相对点法确定新的用户坐标系的原点
基点：//捕捉图 12-36 所示的点为基点
<偏移>：-12,0,-12//输入相对偏移距离
指定 X 轴上的点或 <接受>://按回车键，完成用户坐标系原点的移动，效果如图 12-36 所示。

（7）　在命令行中输入 UCS 命令，将坐标系绕 X 轴旋转 90°，效果如图 12-37 所示。

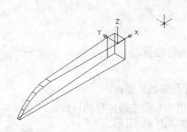

图 12-36　创建新用户坐标系

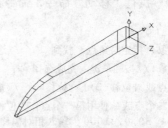

图 12-37　旋转用户坐标系

（8）　激活俯视图，执行"圆柱体"命令，以如图 12-38 所示点 a 为圆心，半径为 12，高为 60 绘制圆柱体，如图 12-121 所示。

（9）　执行"并集"命令，消隐效果如图 12-39 所示。

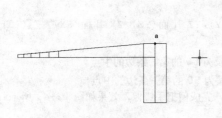

图 12-38　绘制圆柱体

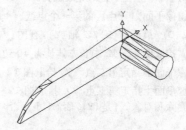

图 12-39　消隐结果

（10）　在命令行中输入 UCS 命令，输入 w，回到世界坐标系。

（11）　切换到西南等轴测图，选择"修改"|"三维操作"|"三维旋转"命令，命令行提示如下：

命令：_3drotate
UCS 当前的正角方向：ANGDIR=逆时针　ANGBASE=0
选择对象：找到 1 个//选择图 12-40 所示的门把手。
选择对象://按回车键，完成对象选择。
指定基点://捕捉图 12-40 所示圆心为基点。
拾取旋转轴://旋转轴如图 12-40 所示。
指定角的起点：180//输入旋转角度，效果如图 12-41 所示。

正在重生成模型。

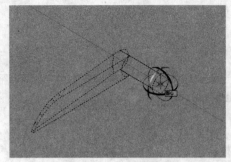

图 12-40　旋转门把手　　　　　　　　　　　　　图 12-41　旋转效果

（12）　执行"移动"命令，命令行提示如下：

命令：_move
选择对象：指定对角点：找到 1 个//选择图 12-41 所示的门把手。
选择对象://按回车键，完成选择
指定基点或 [位移(D)] <位移>：　//捕捉门把手圆柱体底面圆心为基点。
指定第二个点或 <使用第一个点作为位移>：from// /使用相对点法确定移动目标点。
<偏移>：50,0,-1000//输入相对偏移距离，移动效果如图 12-42 所示。

（13）　选择"修改" | "三维操作" | "三维镜像"命令，命令行提示如下：

命令：_mirror3d
选择对象：指定对角点：找到 1 个//选择图 12-42 图中的门把手。
选择对象://按回车键，完成选择。
指定镜像平面（三点）的第一个点或。
[对象(O)/最近的(L)/Z 轴(Z)/视图(V)/XY 平面(XY)/YZ 平面(YZ)/ZX 平面(ZX)/三点(3)] <
三点>：//拾取图 12-42 中长方体长为 40 边的中点。
在镜像平面上指定第二点：//拾取图 12-42 中长方体长为 50 的第二条边的中点。
在镜像平面上指定第三点：// 拾取图 12-42 中长方体长为 50 的第三条边的中点。
是否删除源对象？[是(Y)/否(N)] <否>://按回车键，完成门把手镜像，效果如图 12-43 所示.。

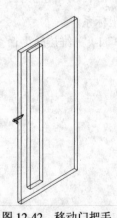

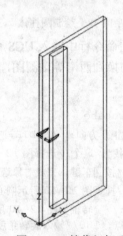

图 12-42　移动门把手　　　　　　　　　　　　图 12-43　镜像门把手

（14）单击"建模"工具栏中的"平面曲面"按钮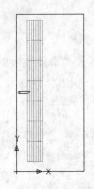，命令行提示如下：

命令：_Planesurf
指定第一个角点或[对象(O)]<对象>://单击视口中门框模型下端点。
指定其他角点://按住鼠标左键不妨，拖动到窗框模型上端端点。创建面如图 12-44 所示。

（15）使用"并集"命令，将门和门把手合并。

至此，门创建完毕，选择"概念"样式观察效果如图 12-30 所示。

图 12-44　创建门玻璃

12.2　建筑制图中三维室内效果图的创建

用户在绘制房间效果图时，通常是在已经绘制完成的平面图的基础上来进行的，在 X 和 Y 方向的尺寸，都可以通过平面图来确定，绘制房间三维效果图的主要工作就是绘制墙体、楼面板、屋面板以及门和窗，所以三维房间的绘制对于技术的使用比较单一，墙体、楼面板和屋面都可以使用拉伸法来绘制，门和窗的绘制也比其他三维家俱的绘制要简单。自 AutoCAD 2007 推出后，增加了多段体功能，利用多段体功能可以绘制墙体。本节就给读者讲解两种绘制三维房间效果图的方法。

12.2.1　拉伸法创建墙体

在图 12-45 所示的基础上主要通过拉伸法创建三维房间效果图，对于建筑物来说，读者知道了某一层房屋的三维模型创建方法，其他层的房屋创建方法是类似的。

使用拉伸方法绘制三维房间的具体步骤如下：

（1）打开"图层特性管理器"对话框，将"门"，"窗"，"梁"层隐藏，再次激活"墙体"层，将该层设置为当前层，如图 12-46 所示。

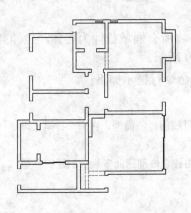

图 12-45　三维房间效果图源图

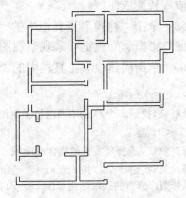

图 12-46　隐藏门窗等图层

（2）单击"合并"按钮 ，合并被截断的墙线，合并效果如图 12-47 所示。

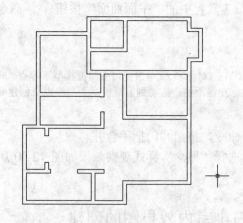

图 12-47　合并墙线

（3）　使用"多段线"命令 ↵，首先沿墙的外轮廓线绘制封闭的多段线，然后绘制内部空间的多段线，如图 12-48 所示。

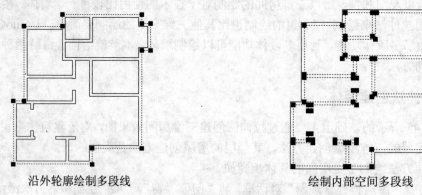

沿外轮廓绘制多段线　　　　　　　　　　　　　绘制内部空间多段线

图 12-48　绘制多段线

（4）　将绘制的封闭多段线转变成面域。选择"绘图" | "面域"命令，将步骤 3 绘制的封闭多段线转变成面域。

（5）　单击"建模"工具栏中的"拉伸"按钮 ⬆，将所有面域拉伸为实体，拉伸高度为 2800，通过"概念"视觉样式观察视图，效果如图 12-49 所示。

（6）　单击"建模"工具栏中的"差集"按钮 ⬤，命令行提示如下：

命令：_subtract
选择对象：找到 1 个//选中西南等轴测图上由墙体外轮廓多段线创建的模型，在命令行里出现"找到一个"，按 Enter 键。
选择对象：//选择要减去的实体或面域，选中西南轴测图上由各个内部空间多段线创建的模型。
选择对象：找到 5 个//按 Enter 键。
完成修剪，修剪的三维结构如图 12-50 所示。

（7）　使用"多段线"命令 ↵ 绘制绕平面图的外轮廓绘制轮廓线，如图 12-51 所示，然后将多段线转换成面域。

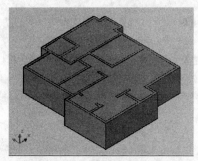

图 12-49　创建的三维模型

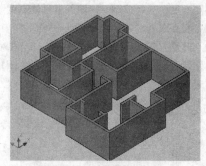

图 12-50　修剪的三维结构

（8）　执行"拉伸"命令，拉伸步骤 7 创建的面域形成楼面板，拉伸高度为 100。到此，用拉伸法创建墙体已经全部完毕，如图 12-52 所示。

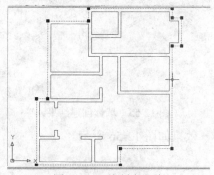

图 12-51　绘制多段线

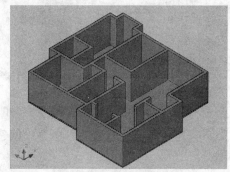

图 12-52　墙体创建完成

12.2.2　多段体法创建墙体

多段体功能的推出为用户绘制墙体创造了方便，它的功能就和平面制图中的多线功能类似，读者通过本节可以学习多段体的使用方法，图 12-53 是 12.2.1 节中已经处理好的平面轮廓图，本节绘制的三维房间效果图在该图所示的轮廓图基础上创建。

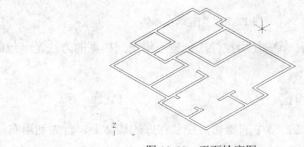

图 12-53　平面轮廓图

具体操作步骤如下：

（1）　切换到"墙体"图层，单击"多段体"按钮 ，命令行提示如下：

命令：_Polysolid
指定起点或 [对象(O)/高度(H)/宽度(W)/对正(J)] <对象>：w//输入 w，设置多段体宽度。
指定宽度 <0>：240//输入宽度为 240。
指定起点或 [对象(O)/高度(H)/宽度(W)/对正(J)] <对象>：h//输入 h，设置多段体高度

指定高度 ＜4＞：2800//输入多段体高度

指定起点或［对象(O)/高度(H)/宽度(W)/对正(J)］＜对象＞：j//输入j，设置多段体对正方式

输入对正方式［左对正(L)/居中(C)/右对正(R)］＜居中＞：l//输入l，表示左对正。

指定起点或［对象(O)/高度(H)/宽度(W)/对正(J)］＜对象＞：//指定如图12-54所示捕捉起点。

指定下一个点或［圆弧(A)/放弃(U)］：//指定如图12-54所示捕捉第二点。

指定下一个点或［圆弧(A)/放弃(U)］：//按回车键，完成绘制，效果如图12-55所示。

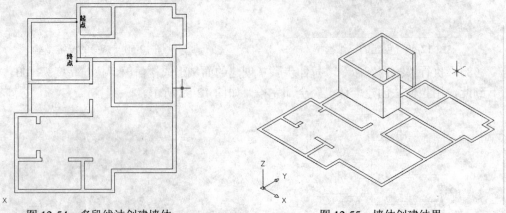

图 12-54　多段线法创建墙体　　　　　　　　图 12-55　墙体创建结果

（2）继续执行"多段体"命令，创建其他墙体，效果如图12-56所示。

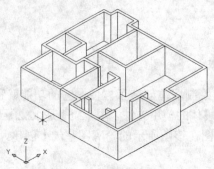

图 12-56　创建其余墙体

（3）关于地板，与12.2.1节中使用拉伸法创建三维空间模型的方法是一致的，这里不再赘述。

12.2.3　布尔运算创建门和窗

在本节中，我们继续12.2.2节中的操作，在制作好的墙体上，首先利用布尔运算创建门洞和窗洞。

（1）打开"图层特性管理器"对话框，将"门"，"窗"，"梁"层激活，隐藏"墙体"。

（2）单击"建模"工具栏中的"长方体"按钮囗，命令行提示如下：

命令：_box

指定第一个角点或［中心(C)］：＜25248，10109，0＞//捕捉平面图中的门角点

指定其他角点或［立方体(C)/长度(L)］：l//选择长度

指定长度：900//输入长方体长度，按回车键，结束选择

指定宽度:240//输入长方体宽度，按回车键，结束选择

指定高度[两点(2P)]2000://输入长方体高度，按回车键，结束选择

创建出如图 12-57 所示的长方体

（3）使用同样方法在剩下的门的位置创建长方体，门的宽度和厚度由平面图中的尺寸决定，门的高度为 2000。

（4）切换到东北等轴测图，使用"建模"工具栏中的"差集"工具 ⊙，修剪墙体上的门，如图 12-58 所示。

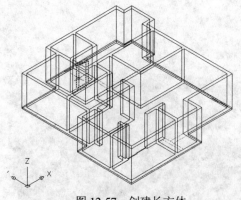

图 12-57　创建长方体

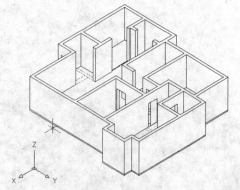

图 12-58　修剪门

（5）切换到主视图，执行"长方体"命令，以点（20218,900,-1468）为起点，创建一个长 240，宽 1500，高 1200 的长方体，如图 12-59 所示。

（6）使用同样方法，在俯视图中，分别以（20 218,2 328,900），（21 118,5 503,900），（21 118,8 254,900），（24 398,11 288,900），（262 068,11 938,900），（27 168,11 938,900），（31 698,9 754,900），（30 948,6 248,900）为长方体第一个角点，创建出长和高都为 240 和 1500，宽分别为 2 100，860，1 770，560，560，560，1 140，1 480 的 8 个长方体，如图 12-60 所示。

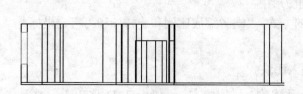

图 12-59　创建长方体

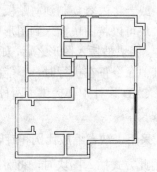

图 12-60　创建长方体

（7）激活西南等轴测图，使用"建模"工具栏中的"差集"工具 ⊙，修剪墙体上的窗户，如图 12-61 所示。

在创建完成的门洞和窗洞的基础上，用户可以继续添加门框、门、窗框、窗以及玻璃等，绘制的方法与 12.1 节绘制三维单体的方法类似，这里不再赘述。创建的门窗效果如图 12-62 所示，最终的墙体加门窗效果如图 12-63 所示。

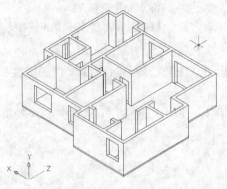

图 12-61　修剪窗户

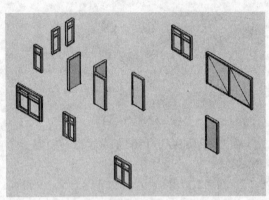

图 12-62　创建门和窗

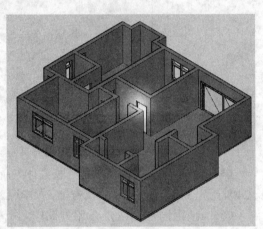

图 12-63　添加了门窗的房间效果

12.2.4　插入家俱

通过 AutoCAD 设计中心，可以从内容显示框或查找结果列表中直接添加内容到打开的图形文件，或者将内容复制到剪贴板上，然后将内容粘贴到图形中。

插入块可以将图块插入到图形中，当将一个图块插入到图形中时，块定义就被复制到图形数据库中。图块被插入图形之后，如果原来的图块被修改，则插入到图形中的图块也随之改变。注意当其他命令正在执行时，不能插入图块到图形中。

AutoCAD 设计中心提供了两种插入图块的方式："缺省缩放比例和旋转"和"指定坐标、比例和旋转"。

1.　采用"缺省缩放比例和旋转"方式插入图块

利用此方式插入图块时，将对图块进行自动缩放。采用此方法，AutoCAD 比较图和插入图块的单位，根据二者之间的比例插入图块。当插入图块时，AutoCAD 根据"单位"对话框中设置的"设计中心块的图形单位"对其进行换算。

（1）打开"图层特性管理器"对话框，将"家俱"层置为当前层。

（2）从设计中心的内容显示框或"搜索"对话框中的记过列表框中选择要插入的图块——餐桌，将其拖动到打开的图形中，如图 12-64 所示。

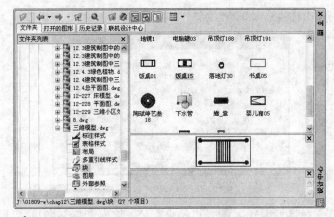

图 12-64　"设计中心"对话框

（3）在要插入对象的地方松开鼠标左键，则选中的对象就根据当前图形的比例和角度插入到图形中。利用当前设置的捕捉方式，可以将对象插入到任何已有的图形中。插入效果如图 12-65 所示。

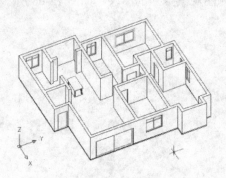

图 12-65　通过拖动插入块

2. 采用"指定坐标、比例和旋转"方式插入图块

采用该方法插入图块的操作步骤如下：

（1）从设计中心的内容显示框或"搜索"对话框中的结果列表框中单击鼠标右键选择要插入的对象，则弹出的快捷菜单如图 12-66 所示。

图 12-66　快捷菜单

（2）在快捷菜单中选择"插入为块"选项，打开"插入"对话框，如图 12-67 所示。

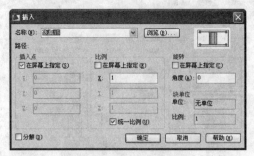

图 12-67　"插入"对话框

（3）在"插入"对话框中输入插入点的坐标值、比例和旋转角度，或选择"在屏幕上指定"复选框。如果要将图块分解，则选择"分解"复选框。

（4）单击"插入"对话框中的"确定"按钮，则被选择的对象根据指定的参数插入到图形中。

（5）切换到东南等轴测图观察插入的图块，如图 12-68 所示。

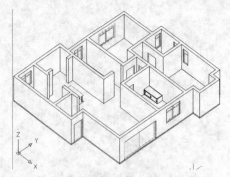

图 12-68　插入块效果

使用以上方法，完成其他家俱的插入，效果如图 12-69 所示。

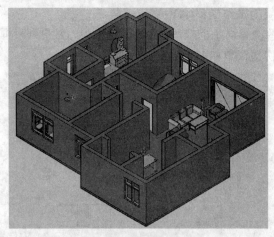

图 12-69　插入家俱效果

12.3 建筑制图中三维小区效果图的创建

在建筑制图中，设计师们在对一个建筑物进行设计时，都需要一个大概的建筑模型来分析建筑物的总体关系、各种建筑物的布置以及各种环境分析，这个时候就需要使用 AutoCAD 来创建小区三维效果图。

12.3.1 总平面图中面域创建

这样的效果图的创建一般不会从零开始，通常是在原有的总平面图的基础上进行创建。

具体操作步骤如下：

（1）打开小区建筑总平面图，效果如图 12-70 所示。

（2）选择"格式" | "图层"命令，打开"图层特性管理器"选项板，如图 12-71 所示，仅保留楼体、地线等图层，其余图层关闭。

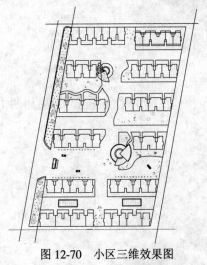

图 12-70　小区三维效果图

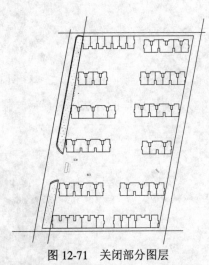

图 12-71　关闭部分图层

（3）切换到西南等轴测视图，将"面域"置为当前层。选择"绘图" | "面域"命令，拾取房屋轮廓线，创建面域。使用同样的方法，将所有的房屋轮廓线都转换成面域，如图 12-72 所示。

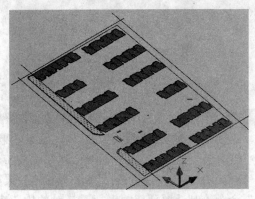

图 12-72　创建面域

12.3.2　拉伸方法使用

AutoCAD 来创建小区三维效果图，主要用到的技术是拉伸。

具体操作步骤如下：

（1）执行"拉伸"命令 🔲，对前物排楼进行拉伸，向上拉伸 15 000 mm，效果如图 12-73 示。

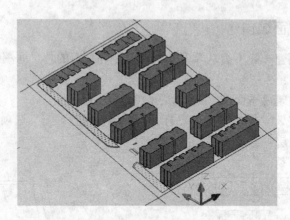

图 12-73　拉伸面域

（2）使用同样的方法，对最后一排楼进行拉伸，拉伸高度 18 000 mm，效果如图 12-74 所示。

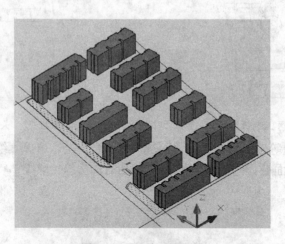

图 12-74　拉伸后侧面域

12.3.3　绿色植物

（1）从一些常见的建筑制图图块文件中复制两个树的立面图图块，调用时注意设置插入比例，或者复制到文件中，再使用"缩放"命令进行缩放，图案效果如图 12-75 所示。

（2）由于步骤 1 创建的图形原来都在 XY 平面内，所以需要旋转到与 XY 平面垂直，使用"三维旋转"命令，旋转轴如图 12-76 所示，旋转 90º，旋转效果如图 12-77 所示。

（3）使用"构造线"命令绘制过树顶部的平行于 Z 轴的构造线，效果如图 12-78 所示。

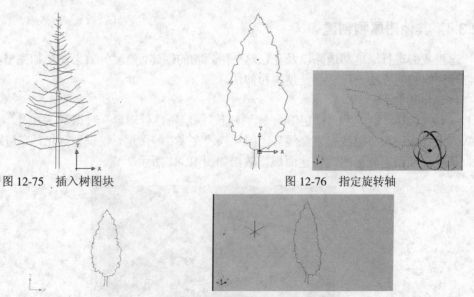

图 12-75　插入树图块　　　　　　　　　　　　　图 12-76　指定旋转轴

图 12-77　旋转效果

（4）使用"三维阵列"命令，设置为环形阵列，阵列数为 8，当然如果读者需要更逼真的效果，可以将阵列数增大，旋转轴为步骤 9 绘制的构造线，保存为图块"树 1"，基点为树底部一点，效果如图 12-79 所示。

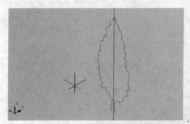

图 12-78　绘制旋转阵列轴

图 12-79　树 1 图块

（5）使用同样的方法，绘制另一个树也如此操作，命名图块为"树 2"。

（6）打开绿化层，插入树图块，比例为 2，为了看清树的效果，关闭了一些图层，效果如图 12-80 所示。

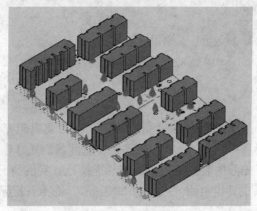

图 12-80　插入三维树木

12.3.4　其他附属物创建

这里我们进行绿地和道路以及花坛这些附属物的创建，使室外效果图更加完整。创建方法与创建建筑物的方法一样，都是使用拉伸法。

创建步骤如下：

（1）选择"格式"|"图层"命令，打开"图层特性管理器"对话框，关闭"楼层"、"花坛"、"尺寸标注"、"轴线"、"红线"、"绿化"、"文字"等图层，仅保留绿化地、道路、花坛图层，切换到西南等轴测图，创建面域，效果如图 12-81 所示。

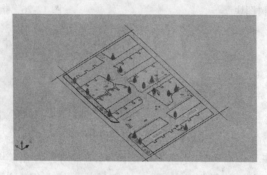

图 12-81　创建面域

（2）执行"拉伸"命令，对前物排楼进行拉伸，向下拉伸 100 mm，效果如图 12-82 所示。

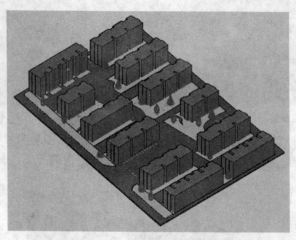

图 12-82　拉伸创建楼体室外效果

12.3.5　创建日光

在本节中，将为场景设置光源，由于是室外场景，所以将以阳光为主光源。在软件中设置的光源与实际的光源效果是有差别的，所以还需要补充两盏泛光灯作为辅助光源，辅助光源设有阴影效果，并且设置了光源的衰减范围，以使其更接近真实的情况。

（1）单击"光源"工具栏中的"点光源"按钮，命令行提示如下：

```
命令：_pointlight
```

指定源位置 <0,0,0>60000, 175000, 0://指定点光源位置。

输入要更改的选项 [名称(N)/强度(I)/状态(S)/阴影(W)/衰减(A)/颜色(C)/退出(X)] <退出>:X//输入回车键，结束点光源的创建。

（2）使用同样的方法，在点（40 000,80 000,0）处创建另一点光源，效果如图 12-83 所示。

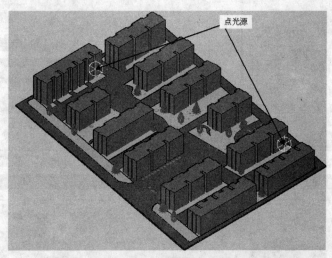

图 12-83　创建"点光源"

（3）选择"视图"|"渲染"|"光源"|"光源列表"命令，打开"模型中的光源"选项板，效果如图 12-84 所示。双击"光源 1"选项，打开"特性"面板，依照图 12-85 所示的参数设置光源 1。

图 12-84　"特性"面板

图 12-85　设置光源 1

（4）在"模型中的光源"面板内，选择"光源 2"，打开"特性"面板，依照图 12-86 所示的参数设置光源 2。单击"关闭"按钮，关闭"特性"面板。

（5）切换到"三维建模"工作空间，单击功能区"可视化"选项卡中的"阳光特性"面板中的"阳光状态"按钮，使阳光状态变为开，再单击"阳光特性"按钮，弹出"阳光特性"选项板，依照图 12-87 所示设置阳光。

（6）关闭所有面板，完成光源的设置，执行"平移"命令，在绘图区单击鼠标右键，在弹出的快捷菜单中选择"透视模式"命令，将模型切换到透视投影。单击"输出"选项卡的"渲染"面板中的"渲染"按钮，渲染模型，效果如图 12-88 所示。

图 12-86　设置光源 2

图 12-87　设置阳光

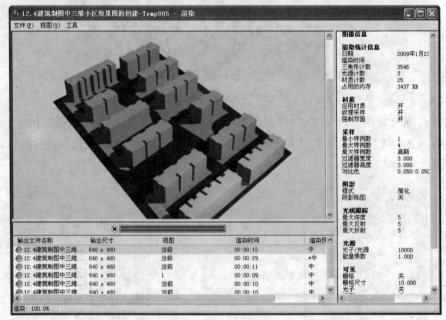

图 12-88　渲染模型

12.3.6　创建巡游动画

本节给读者讲解在室外效果图的基础上创建相机和巡游动画的方法。

具体操作步骤如下：

（1）切换到俯视图，放置相机，命令行提示如下：

命令：_camera
当前相机设置：高度=-403 镜头长度=50 mm
指定相机位置://在俯视图中指定相机的位置
指定目标位置://在俯视图中指定目标的位置
输入选项 [?/名称(N)/位置(LO)/高度(H)/目标(T)/镜头(LE)/剪裁(C)/视图(V)/退出(X)] <退

出>://按 Enter 键，相机放置如图 12-89 所示。

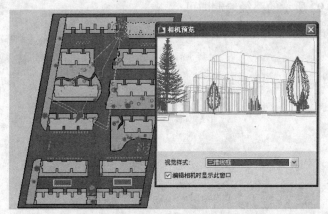

图 12-89　放置相机观察相机预览效果

（2）　切换到右视图，调整相机的位置，调整位置及调整相机的结果都会通过如图 12-90 所示的"相机预览"对话框反映出来。

图 12-90　右视图中调整相机的位置

（3）　再切换到俯视图，捕捉相机的夹点，对相机的方向和目标点的方向以及相机的位置进行调整，调整结果如图 12-91 所示。

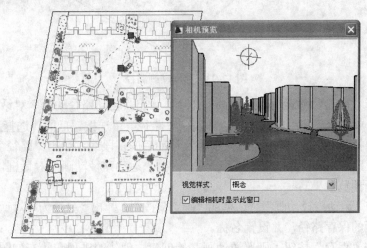

图 12-91　俯视图中调整相机的位置

（4） 切换到俯视图，使用"多段线"命令绘制动画路径，动画路径的绘制没有具体的位置要求，参照图 12-92 所示的路径绘制即可。

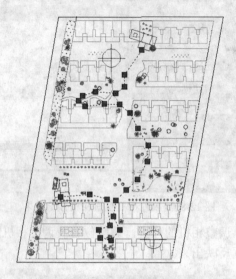

图 12-92　绘制动画路径

（5） 切换到西南等轴测图，执行"移动"命令，以步骤 5 绘制的多段线为移动对象，基点为任意点，向上移动到合适位置，移动效果如图 12-93 所示。

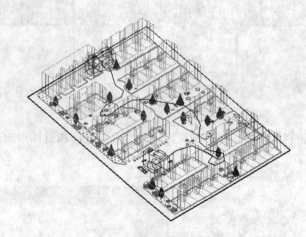

图 12-93　移动动画路径

（6） 选择"视图"|"运动路径动画"命令，弹出"运动路径动画"对话框，如图 12-94 所示进行设置，单击"将相机链接至"选项组中"路径"单选按钮后的"选择路径"按钮，命令行提示"选择路径"，在绘图区选择步骤 6 移动后的多段线，弹出"路径名称"对话框，采用默认名称"路径 1"，单击"确定"按钮，回到"运动路径动画"对话框，单击"预览"按钮，显示动画预览效果。

（7） 单击"运动路径动画"对话框的"确定"按钮，弹出"另存为"对话框，如图 12-95 所示。选择动画的保存路径，并设置名称。

（8） 单击"保存"按钮，则巡游动画开始创建，创建的进程和状态如图 12-96 所示。

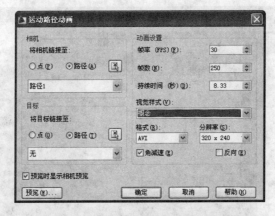

图 12-94 设置"运动路径动画"对话框

图 12-95 保存巡游动画

（9）在视频创建的过程中，会弹出如图 12-97 所示的"动画预览"对话框，用户可以看到巡游动画的预览效果。

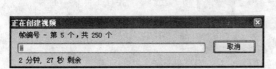

图 12-96 显示创建视频状态

图 12-97 巡游动画预览效果

（10）图 12-98 显示了输出的动画视频的播放效果，视频创建成功。

图 12-98　视频输出播放效果

12.4　习题与上机练习

（1）结合本章所学的内容，绘制类似于图 12-99 所示的餐桌。

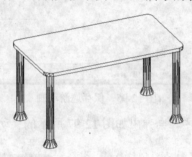

图 12-99　餐桌

（2）绘制如图 12-100 所示床模型。

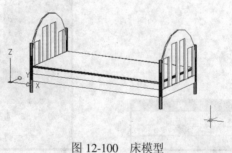

图 12-100　床模型

（3）打开"三室两厅三维空间源图"，效果如图 12-101 所示，在此基础上创建如图 12-102 所示的室内三维效果图。

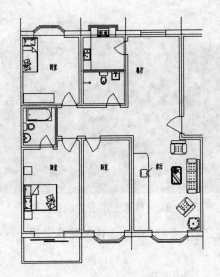

图 12-101　三室两厅平面布置图

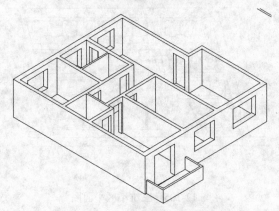

图 12-102　三室两厅三维效果图

（4）　创建如图 12-103 所示的别墅模型图，图 12-104 所示为添加材质后的渲染效果。

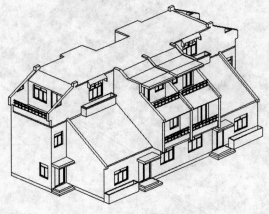

图 12-103　别墅模型图

图 12-104　设置光源后的别墅模型

（5）　打开如图 12-105 图形，绘制如图 12-106 所示三维小区效果。

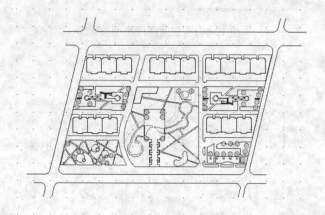

图 12-105　三维小区平面图

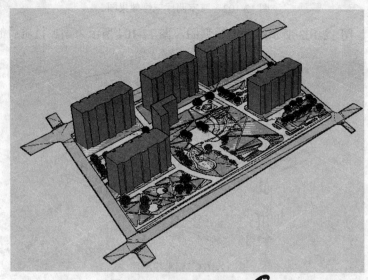

图 12-106　三维小区效果

附录 A

习 题 答 案

第1章

1. 填空题

（1） 二维绘图与注释　三维建模

（2） 菜单浏览器

（3） 1　 0

（4） DWT

（5） dwf、JPEG 或 PNG

2. 选择题

（1） B　　　（2） B　　　（3） A B C D　　　　（4） B

3. 简答题

（1） 答：(a)确定绘制图样的数量；(b)图形分析；(c)选择合适的比例；(d)进行合理的图面布置；(e)绘制图样；(f)画图框和图签。

（2） 答：(a)在"标准"工具栏中单击"打开"按钮，也可以在"文件"菜单中选择"打开"选项，或者在命令行中输入 open 命令，均可以打开"选择文件"对话框，选择想要打开的图形文件，然后单击"打开"按钮打开图形文件；(b)单击"标准"工具栏中的"保存"按钮，或者在"文件"菜单中选择"保存"选项，便可以保存图形文件。

第2章

1. 填空题

（1） pan

（2） zoom

（3） 鸟瞰视图

（4） "受约束的动态观察"、"自由动态观察"和"连续动态观察"

（5） 俯视图

2. 选择题

（1） A B C D　　　　（2） A　　　　（3） B

3. 简答题

（1）答：将系统变量 Tilemode 修改为 0，在"视图"菜单中选择"视口"选项，在弹出的子菜单中选择"新建视口"选项；或者单击"布局"工具栏中的"显示'视口'对话框"按钮；或者在命令提示符下，输入 Vports 命令并按 Enter 键或者空格键，打开"视口"对话框，在对话框中选择视口的格式，单击"确定"按钮，便可新建浮动视口。

（2）答：在"视图"菜单中选择"三维视点"选项，在弹出的子菜单中选择"视点预置"选项，则弹出"视点预置"对话框，在对话框中设置三维视图的视点。

（3）答：一般来说用户切换到俯视图中，处理相机在与 XY 平行平面中的位置，切换到主视图中处理相机的高度，以及与目标的远近问题，这样调整好后，可切换到轴测图中整体观察相机的整体效果，用户也可以创建多个视口，在不同的视口中设置不同的视图，在不同的视图中分别调整相机。

第 3 章

1. 填空题

（1）2.0 mm、1.4 mm、1.0 mm、0.7 mm、0.5 mm、0.35 mm；0.35 mm~1 mm

（2）长仿宋体；$1:1/\sqrt{2}$；1:0.7；1/20

（3）1.8、2.5、3.5、5、7、10、14、20 号

（4）尺寸界线、尺寸线、尺寸起止符号、尺寸数字

（5）米、三、二、±0.000

（6）（a）剖视的剖切符号；（b）断面的剖切符号；（c）剖面图的索引符号；（d）详图符号；（e）引出线

2. 选择题

（1）C   （2）A   （3）C   （4）B

3. 简答题

（1）答：（a）尺寸界线用细实线画，离开图样轮廓线不小于 2 mm，另一端宜超出尺寸线 2 mm~3 mm；（b）尺寸线应用细实线画，与图样最外轮廓线的距离不宜小于 10 mm；平行排列的尺寸线间距为 7 mm~10 mm，且应保持一致；（c）尺寸起止符号一般应用中粗斜短线画，其倾斜方向应与尺寸界线成顺时针 45°角，长度宜为 2 mm~3 mm，半径、直径、角度与弧长的尺寸起止符号，宜用箭头表示；（d）尺寸数字为被标注长度的实际尺寸，尺寸数字一般应依据其方向注写在靠近尺寸线的上方中部，任何图线都不得穿过尺寸数字。

（2）答：为方便施工时查阅图样，在图样中的某一局部或构件，如需另建详图时，注明详图的位置、详图的编号以及详图所在的图纸编号，这种符号称为索引符号。在详图中注明详图的编号和被索引的详图所在图纸的编号，这种符号称为详图符号。将索引符号和详图符号联系起来，就能顺利地查找详图，以便施工。

第 4 章

1. 填空题

（1）长度、角度、插入比例、方向

（2） 名称、颜色、线型、线宽；开/关、冻结/解冻、锁定/解锁、打印/不打印

（3） F7、F9、F3、F10、F12

（4） 指针输入、标注输入、动态提示

2. 选择题

（1） C　　　　　（2） B　　　　　（3） B　　　　　（4） C

3. 简答题

（1） 提示：（a）捕捉模式设置为打开状态时，通过捕捉特性，可将光标锁定在距光标最近的捕捉栅格点上，这样就能够快速、精确地设置点的位置；（b）对象捕捉是通过已经绘制的图形上的几何特征点定位新的点。

（2） 提示："动态输入"使工具栏提示在光标附近显示信息，该信息会随着光标移动而动态更新。当某条命令为活动时，工具栏提示还将为用户提供输入命令及相关信息的位置。用此在光标附近所提供的命令界面，以帮助用户在绘图工程中尽量专注于绘图区域。

第5章

1. 填空题

（1） 单个、多个

（2） 矩形阵列、环形阵列

（3） 窗交、圈交

（4） 线性　　线性

2. 选择题

（1） A　　　　　（2） B、C、D　　　　　（3） C

（4） C　　　　　（5） A

3. 简答题

（1） 答：（a）普通，从外部边界向内填充。如果其过程中遇到一个内部孤岛，它将停止进行填充，直到遇到该孤岛内的另一个孤岛。（b）外部：从外部边界向内填充。如果其过程中遇到内部孤岛，它将停止进行图案填充。只对结构的最外层进行填充，而结构内部保留空白。

（c）忽略，忽略所有内部的对象，填充图案时将通过这些对象。

（2） 答：将整个图形的端点和顶点都位于交叉窗口内，那么整个图形将被移动。对于文字、块和圆，它们不可拉伸，只有当它们的主定义点位于交叉窗口内时，它们可移动；否则也不会移动。

（3） 答：若要将对象一分为二但不删除任何部分，可将输入的第一个打断点和第二个打断点相同，即在指定第二个打断点时，输入@0,0指定第二个点便可实现此过程。

第6章

1. 填空题

（1） 度的符号（º）　正/负公差符号（±）　直径标注符号（ø）

（2） Standard

（3）"表格样式"

（4）185

2．选择题

（1）B　　　　（2）A　　　　（3）B　　　　（4）A　　　　（5）D

3．简答题

（1）答：单击"文字格式"工具栏中的@符号按钮打开子菜单，其中列出了常用符号及其控制代码或 Unicode 字符串。如果需要更多的符号，可单击"其他"按钮将打开"字符映射表"对话框，在其中选择一个字符，然后单击"选定"按钮将其放入"复制字符"框中。选中所有要使用的字符后，单击"复制"按钮关闭对话框。在编辑器中，单击鼠标右键并单击"粘贴"按钮。

（2）答：选中表格中的多个列或行，单击右键打开表格快捷菜单，选择在多个单元内添加多个列或行，添加列或行的数量与用户选择单元包括的列和行的数量相同。其中"插入列"→"右侧"：在选定单元的右侧插入列；"插入列"→"左侧"：在选定单元的左侧插入列；"插入行"→"上方"：在选定单元的上方插入行；"插入行"→"下方"：在选定单元的下方插入行。

第 7 章

1．填空题

（1）　59 400×42 000

（2）　mm，1∶100

（3）　仿宋_GB2312

2．选择题

（1）ABCD　　　　（2）A　　　　（3）A

3．简答题

（1）答：（a）选择"矩形"命令绘制图纸范围。选择"矩形"命令后，指定第一个角点为（0,0），第二个角点为（42 000,29 700）；（b）选择"多段线"命令绘制外图框。指定起点为（2 000,500），其余各点分别为（41 500,500），（41 500,29 200），（2 000,29 200），指定起点宽度和终点宽度均为 80；（c）运用相对坐标绘制互相垂直的两条直线，长度分别设为 18 000 和 3 300，分别偏移竖向和横向直线，使用修剪工具修剪多余线段，添加高度为 400 的文字，完成标题栏的绘制。

（2）答：（a）在"文件"菜单中选择"另存为"命令，在"文件类型"下拉列表中选择"AutoCAD 图形样板（*.dwt）"选项，在"文件名"下拉列表框中输入 A3，单击"保存"按钮，打开"样板说明"对话框，可在"说明"文本框中输入样板图的简要说明，单击"确定"按钮，完成样板图的保存；（b）在"文件"菜单中选择"新建"命令，打开"创建新图形"对话框，单击"使用样板"按钮，在"选择样板"下拉列表中已经显示了 A3 样板，选择 A3.dwt 选项，单击"确定"按钮即可打开 A3 样板。

第8章

1. 填空题

（1）米、两

（2）测量坐标网、建筑坐标网

（3）±0.00、绝对标高

2. 选择题

（1）D　　　　（2）A　　　　（3）C

第9章

1. 填空题

（1）建筑平面图、建筑立面图、建筑剖面图、建筑详图

（2）施工放线、墙体砌筑、门窗安装、室内装修

（3）平面

（4）使用、结构构造、技术

（5）门窗洞

（6）节点详图、构配件详图、房间详图

2. 选择题

（1）C　　　　（2）ABCD　　　　（3）ABCD

（4）C　　　　（5）ABC

3. 简答题

（1）答：建筑物某侧立面的立面形式、外貌及大小；图名和比例；外墙面上装修做法、材料、装饰图线、色调等；外墙上投影可见的建筑构配件，如室外台阶、梁、柱、挑檐、阳台、雨篷、室外楼梯、屋顶以及雨水管等的位置、立面形状；标注建筑立面图上主要标高；详图索引符号，立面图两端轴线及编号；反映立面上门窗的布置、外形及开启方向（应用图例表示）。

（2）答：（a）选择"多段线"命令绘制；（b）选择"多线"命令绘制。

第10章

1. 填空题

（1）楼层结构平面图、构件详图、楼梯结构图、基础图

（2）预制装配式、现浇整体式

（3）砖砌过梁、钢筋混凝土过梁

（4）楼层结构平面图

（5）梁、过梁

（6）基础详图

2．选择题

（1）ＡＢＣ　　　　　（2）ＡＤ　　　　　（3）ＡＢＣＤ

（4）ＣＤ　　　　　（5）Ｂ　　　　　（6）ＡＢＣＤ

3．简答题

（1）答：（a）设置图层；（b）绘制辅助线和定位轴线；（c）绘制墙线、柱子；（d）绘制梁和过梁；（e）布置楼板。

（2）答：钢筋混凝土梁结构图主要包括配筋立面图、截面配筋图、钢筋详图三部分。其中，配筋立面图主要反映梁的立面轮廓、长度尺寸以及钢筋在梁内上下左右的配置情况，截面配筋图与立面配筋图对照阅读，从而更好地了解梁的截面形状、宽度尺寸和钢筋上下前后的排列情况，钢筋详图的主要作用是方便于下料加工。

第11章

1．填空题

（1）层数

（2）相交

（3）并集、差集、交集

（4）move、copy

（5）概念、三维线框、三维隐藏和真实

（6）相机和目标

（7）点光源、平行光、聚光灯

（8）平面贴图、长方体贴图、球面贴图和柱面贴图

2．选择题

（1）Ｄ　（2）Ｄ　（3）Ｃ　（4）Ｄ　（5）Ａ